산지생태축산

(사)한국초지조사료학회 편저

에피스테메
epísteme

집필진

대표 저자 이효원 (한국방송통신대학교)

저자 고한종 (한국방송통신대학교) **성경일** (강원대학교)

권찬호 (경북대학교) **윤 창** (전북대학교)

김명화 (건국대학교) **이병현** (경상대학교)

김병완 (강원대학교) **이상무** (경북대학교)

김종근 (서울대학교) **이수기** (충남대학교)

김종덕 (천안연암대학교) **이종경** (농업기술실용화재단)

김태환 (전남대학교) **이효진** (성균관대학교)

김현섭 (국립축산과학원) **전영대** (대관령양떼목장(주))

문상호 (건국대학교) **정종성** (국립축산과학원)

박형수 (국립축산과학원) **황보순** (대구대학교)

서 성 (전 국립축산과학원)

산지생태축산

초판 1쇄 인쇄 2015년 11월 25일
초판 1쇄 발행 2015년 11월 30일

편저자 (사)한국초지조사료학회
발행인 이동국
발행처 한국방송통신대학교출판문화원
주소 서울특별시 종로구 이화장길 54 (110 - 500)
대표전화 1644-1232 팩스 (02)741-4570 http://press.knou.ac.kr
출판등록 1982. 6. 7. 제1- 491호

ⓒ 이효원 · 고한종 · 권찬호 · 김명화 · 김병완 · 김종근 · 김종덕 · 김태환 · 김현섭 · 문상호 · 박형수 ·
서 성 · 성경일 · 윤 창 · 이병현 · 이상무 · 이수기 · 이종경 · 이효진 · 전영대 · 정종성 · 황보순
ISBN 978-89-20-01812-1 93520
책값은 뒤표지에 있습니다.

편집 디자인 / (주)동국문화
표지 디자인 / 김현진

　국제 곡물가격 상승과 국내 가축 사육두수의 꾸준한 증가로 양질 자급 조사료의 안정적 공급이 필요한 시점입니다. 그러나 이러한 요구를 충족시키지 못하고 다량의 축산물과 곡물사료가 수입되는 안타까운 현실을 마주하고 있습니다. 현재 국내 축산업의 안정적 발전을 위한 기반을 구축하고 미래를 준비하기 위해서는 초지의 적극적인 이용을 통한 국산 조사료의 생산 및 이용의 확대가 어느 때보다 절실합니다.

　다행히 우리나라는 항구적인 축산 기반인 초지축산을 할 수 있는 넓은 산지를 가지고 있습니다. 이러한 산지에 초지를 조성하여 축산물을 자급할 수 있는 길을 찾아야 합니다. 그리고 이를 복합영농과 연계시켜 농가의 소득증대에 기여할 수 있도록 해야 합니다.

　산지초지의 활용은 자연환경을 보전하고 국토의 종합적인 이용을 고려하여 추진되어야 합니다. 그리고 이를 점차적으로 확대하고 분위기를 생산 환경 조성으로 연결시켜, 축산물의 자급도를 높이고 국토이용의 효율성을 제고해야 할 것입니다. 또한 산지초지를 농업 6차산업화의 한 축인 3차산업의 중심 역할을 할 수 있는 농촌관광을 위한 관광자원으로써 활용하기 위하여, 산지초지의 경관보전 기능과 보건휴양 기능이 적극적으로 활용되어야 할 것입니다.

　이러한 시점에서 저명 집필자가 힘을 모아 공동으로 발간하는 『산지생태축산』은 산지초지축산에 관심을 갖고 있는 조사료 생산농가 및 양축농가에 필요한 지침으로써의 역할을 다하여 국내 조사료산업의 발전과 축산업의 대외 경쟁력 강화에 일조하기를 기원합니다.

2015년 11월

(사)한국초지조사료학회 회장 이 효 원

차례 ●●●

차례 • • •

1장

산지생태축산의 의의와 중요성

개 관

지금까지 국내 축산업은 규모화, 전업화 등 생산성 위주의 양적 성장 추구로 환경 및 질병문제가 유발되어 왔다. 특히, 가축분뇨로 인한 수질오염, 악취발생, 구제역 등 가축질병 피해 등으로 축산업에 대한 부정적 인식이 급속히 증가하였으며, 안전한 식품, 동물복지 등 웰빙 축산물에 대한 소비자의 요구가 증가하고 가축분뇨 등 축산환경 규제가 강화되고 있는 추세에 있다. 또한 국제 곡물가 불안 등 사료값 상승으로 농가 경영부담이 가중되고 현 축산업의 위기극복과 지속 가능한 친환경 축산업 구현을 위한 질적 성장체제로의 패러다임의 전환이 필요했다. 이를 위해 최근 들어 산지를 활용하여 자급률 제고, 친환경, 동물복지, 관광, 힐링, 소득증대 등을 도모하는 산지생태축산의 필요성이 증대되기 시작했다. 이는 21세기 환경친화형, 저투입 지속형, 환경보전형 축산의 핵심이며, 현재 우리나라 농업정책의 기본방향인 조사료 자급률의 향상에 공헌하는 농법인 동시에 수입사료에 의존하여 가축 배설물로 인한 환경문제에 직면한 우리나라 축산이 가야 할 방향이다.

학/습/목/표

1. 초지축산의 장점에 대해 서술할 수 있다.
2. 과거 한국 산지초지의 문제점을 파악한다.
3. 일반 관행축산과 산지생태축산의 차이를 이해한다.
4. 축산중심의 6차 산업에 대한 이해를 넓힌다.

주/요/용/어

산지생태축산, 임간방목, 초지, 토양, 임업, 공익적 기능, 다면적 기능, 6차 산업

1.1. 산지생태축산 개발의 의의

1.1.1. 산지생태축산의 개념과 배경

산지생태축산이란 자연 그대로의 산지를 최대로 활용, 동물복지를 고려한 가축사육과 환경 친화적 축산물 생산을 추구하는 축산으로 친환경, 동물복지를 토대로 관광, 체험 등을 접목함으로써 국민을 행복하게 하는 6차 산업형 축산을 추구하는 21세기 한국 축산의 새로운 모델이다. 이러한 산지생태축산이 태어나게 된 배경은 그동안 국내 축산업은 규모화, 전업화 등 생산성 위주의 양적 성장 추구로 환경 및 질병문제가 유발되어 왔다. 특히, 가축분뇨로 인한 수질오염, 악취발생, 구제역 등 가축질병 피해 등으로 축산업에 대한 부정적 인식이 급속히 증가하였으며, 안전한 식품, 동물복지 등 웰빙 축산물에 대한 소비자의 요구가 증가하고 가축분뇨 등 축산환경 규제가 강화되고 있는 추세에 있다. 또한 국제 곡물가 불안 등 사료값 상승으로 농가 경영부담이 가중되고 있는 현 축산업의 위기극복과 지속 가능한 친환경 축산업 구현을 위한 질적 성장체제로의 패러다임의 전환이 필요했다. 〈표 1-1〉은 산지생태축산과 축사 중심의 우리나라 관행축산을 서로 비교한 것이다.

표 1-1 산지생태축산과 일반 관행축산의 상대적 비교

	산지생태축산	축사중심 축산
개념	– 환경과 사람, 가축과 농가 소득을 동시에 고려하는 지속 가능한 친환경 축산업 구현 – 자연 그대로의 산지를 최대로 활용, 동물복지를 고려한 가축 사육과 환경 친화적 축산물 생산을 추구하는 축산(친환경·동물복지를 토대로 관광·체험 등을 접목, 국민을 행복하게 하는 6차 산업형 축산 추구)	– 가축생산 위주의 산업과 축산물 가공 및 이용을 내용으로 하는 소득중심의 축산 – 밀식사육을 통한 이윤 추구형 축산 형태로 대부분 수입사료와 볏짚에 의존
공간/지형	넓은 면적/산지경사지	좁은 면적/평지
경영형태	복합경영	단순경영
농법	토지–풀–가축의 지역 내 물질순환의 생물학적 농법	사료–가축의 기계적 농법
에너지 의존도	화석에너지 탈피형(저감형)	에너지 의존형
사료자원	초지(다년생 목초, 야초)	농후사료/조사료
가축생산을 위한 토지이용방식	임업과 축산업의 공존방식	축산업 단일방식
초지조성법	– 불경운초지(임간초지, 산림농업의 Silvopastoral system) – 경운초지: 산지 내의 평지에 제한	– 초지없이 가능 – 경운초지/사료작물포
가축이용방법	방목	feedlot/운동장
방목강도	적정 방목강도 유지	과방목이 대부분
가축의 활동영역	조방형/활동형	집약형/밀식형
분뇨처리	방목에 의한 토양환원 처리	분뇨처리시설 이용
생산물	친환경 및 기능성 축산물	일반 축산물
6차 산업화 여부	초지기반 축산물 가공, 판매 및 각종 체험·관광 등이 가능	매우 어려움
지역활성화 기여도	6차산업화를 통한 지역경제 활성화에 직간접으로 기여	민원발생 소지로 인한 지역활성화 저하위험

생산자와 소비자 교류	직접교류에 의한 활성화/극대화	유통시스템 이용
소득	1차생산 소득 외 6차 산업화를 통한 농외소득 증가	축산물 생산 위주의 소득

1.1.2. 산지생태축산의 현황

(1) 국내현황

산지를 활용한 목장은 방목형, 초지형, 체험 및 관광형 등 다양하게 운영 중이며, 일부는 임간초지를 병행 운영하고 있다. 산지활용 축산 농가는 2013년 102개소이며, 이 중 초지 내 축사는 18개소, 초지 외 축사는 28개소, 초지 내외 병행축사는 8개소, 채초용은 48개소로 이용되고 있다. 이러한 농가의 대부분은 친환경, 동물복지 축산보다는 대부분 조사료 비용 절감을 추구하고 있고, 대규모 농장의 경우 한우, 젖소 중심으로 운영하고 있으며, 비육우보다는 번식우의 생산성 제고를 위해서 산지를 활용하고 있는 실정이다.

축산형 농가의 소득창출은 대부분 밀식사육을 통해 이루어지고 있다. 현재 초지면적은 산림환원, 농어업용지 및 각종 개발사업 등에 따른 전용으로 지속적으로 감소하고 있는 추세에 있다. 2013년도 초지면적은 37,030ha로 2012년 대비 645ha가 감소하였고, 1990년 90,000ha에 비하면 1/3 이상 감소하였다. 이렇게 감소되어 온 초지도 다양한 용도 및 초지관리의 한계 등으로 인하여 실제 축산이용은 매우 미흡한 실정이다.

(2) 외국현황

일본은 목초지 및 야초지를 활용한 공공목장 운영을 통해 위탁 사육서비스 제공이 활발히 이루어지고 있으며 이를 통해 자급사료기반을 확대해 나가고 있다. 일부 공공목장은 시민공원, 교육농장, 리조트농원 및 컨트랙터 사업 등으로 사업을 확대해 나가고 있는 실정이다.

한편, 유럽의 경우는 산림과 축산이 결합된 산림축산시스템을 운용하고 있으며, 조건 불리지역에서는 가축사육에 따른 보조금 지급 등으로 산지초지축산을 활성화하고 있다. 예를 들어 영국은 임업, 초지 및 사료작물을 결합하여 가축을 생산하는 산림축산 정책을 추진하고 있으며, 스위스 등 산악지형이 많은 국가에서는 산지 및 임지를 이용한 방목으로 축산물 생산 시 보조정책을 추진하고 있다.

1.2. 산지생태축산 개발의 중요성

산지생태축산은 경제적, 환경적, 사회적, 임업적 및 공익적·다면적 측면에서 그 중요성이 다양하게 나타난다. 경제적으로는 축산물의 가공·판매에 의한 소득향상과 고용을 확대하고 저비용 생산방식을 유지하며 가축 생산비를 절감하고 매우 시장 친화적 산업이다. 환경적 측면으로는 자연의 순환시스템을 최대한 활용한 환경보전형 농법, 잔디 등 단초형 초종과 수목림의 물·토양 보전효과, 가축의 분뇨처리 불필요를 들 수 있다. 사회적 측면에서 생태축산은 소비자의 요구에 부합되는 축산물을 제공하고 저투입 지속형 생산방식을 유지하며 농가의 여유를 창출해 줄 수 있는 한편 가축의 복지를 배려한 지속형 산업이다. 또한, 생태축산은 초지의 생물 다양성 보전기능, 도시민들에게 목가적 경관을 제공하는 어메니티 기능은 초지의 공익적 · 다면적 기능이라 할 수 있다. 다음은 이와 같은 산지생태축산의 중요성을 경제적, 환경적, 사회적, 임업적 및 공익적 · 다면적 측면에서 살펴보자.

1.2.1. 경제적 관점

(1) 축산물의 가공 · 판매에 의한 소득향상과 고용 확대

산지생태축산을 통한 풍미가 좋은 축산물의 생산은 소비자로부터 높은 평가를 받을 수 있고, 이런 양질의 축산물 생산은 한걸음 더 나아가서 가공 · 판매함으로써 부가가치 생산에 의한 소득 증대를 기대할 수 있다. 또한 지역의 고용 확대에도 기여할 수 있다. 특히, 축산물의 가공 · 판매는 원료부문인 축산과 함께 연중 가동이 가능하기 때문에 안정된 고용기회가 증대될 뿐 아니라 산지축산의 도입으로 연중 고용의 기회를 창출할 수 있다면 농업 이외의 취업기회가 드문 산간지역 활성화에도 크게 기여할 수 있다는 큰 이점이 있다.

(2) 저비용 생산방식

산림원야, 경작포기지, 저이용지 등 초자원을 효과적으로 이용하여 축산농가의 소득향상을 위한 다양한 방식들이 있다. 첫째, 산지생태축산은 조건이 좋지 않아 경종농업을 하기 힘든 지역에 인간이 식용으로 사용하지 않는 풀과 나뭇잎을 소를 통해서 인간의 먹을거리로 바꾸는 생산방식. 둘째, 저이용 · 미이용 토지, 노는 땅, 임지를 효과적으로 이용하는 생산방식. 셋째, 산지축산은 자연의 입지조건과 생태학적 특성을 살린 저투입 지속형 생산방식. 지역자원의 효과적인 이용과 환경보전의 양립이 가능하고, 여기서 저투입이라는 것은 농가소득 증가에도 연결된다. 최근 가격이 폭등하고 있는 곡류사료를 대체하면서 귀중한 외화를 절약할 수 있고 사료비 절감으로 가격경쟁력을 얻을 수 있을 뿐 아니라 국가경제에도 많은 도움을 줄 수 있다.

(3) 가축 생산비의 절감

산지생태축산을 운영하는 농가는 가축의 사료를 산림의 풀로 대체함으로써 생산비가 절감된다는 것이 최대의 장점이다. 사료생산비 절감은 인공초지에서의 방목이용에서도 동일하지만, 인공 경운초지처럼 집약초지를 조성하지 않는 임간초지는 인공초지에 비하여 땅값이 낮으므로 인공초지보다 유리하다고 할 수 있다. 또한, 가축의 육성성적에 대한 결과는 방목조건에 따라 다양하게 나타날 수 있다. 육우의 육성성적은 번식성적 등으로 평가되기도 하지만, 송아지나 번식우는 발육성적에 의하여 평가하는 경우가 많다. 육성성적은 사료의 질이나 양 및 방목강도 등의 방목방법에 따라 크게 좌우되므로 임간방목에서의 성적을 일반화하기에는 어려움이 있다. 하지만, 번식우나 포유송아지에서는 임간방목으로 발육이 양호해진다는 보고가 많다. 반면, 이유 후의 육성우에서는 방목기간 중의 발육이 양호하지 않다는 보고도 있다. 이것은 가축생산성의 경우 방목하는 소의 종류에 따라 임간방목이 유리한 경우와 불리한 경우가 존재한다는 것을 의미한다. 사료성분의 변화에 의한 가축생산비 절감을 기대할 수 있다. 최근의 연구보고에서 임간방목의 경우 일정한 수준의 빛의 차단은 초지의 생산량은 다소 감소하지만, 섬유질 성분을 감소시키므로 영양가치가 높은 목초를 생산할 수 있다고 보고되고 있다.

(4) 시장 친화적 산업

우리나라의 농산물은 3~5%만 과잉생산이 되어도 가격이 폭락하는 등 많은 문제점이 발생되지만, 산지의 임간초지를 통한 자급 풀 사료는 과잉생산 하더라도 다른 농산물에 영향을 미치지 않아 시장교란이 없다.

1.2.2. 환경적 관점

(1) 환경보전과 경관의 제공

산지생태축산은 초지조성 시 자연지형을 그대로 이용하는 것 이외에 초지의 유지에 관해서도 생태계의 순환시스템을 최대한 이용하는 농법을 말한다. 즉, 환경에 부담을 주는 비료 등의 투입물은 최소한이 되며, 방목형 목초 등으로 구성된 초지는 토양침식에도 강하여 지구환경보전에도 적합한 농법이다. 산지생태축산이 경영되는 곳은 초지·야초지·임지 등이 섞여 있는 푸른 토지를 말하며, 그곳에 가축을 방목함으로써 경관에 악센트와 친근감이 더해져 도시 사람들이 찾아올 때 사람들에게 평온함이 느껴지는 공간을 제공한다.

(2) 자연의 순환시스템을 최대한 활용한 환경보전형 농법

산지생태축산에서는 자연 그대로의 지형을 이용하여 기계의 힘에 의존하지 않고 소 발굽의 특성과 풀을 뜯어 먹는 행동을 이용하는 이른바 제경법에 의해 초지를 조성하는 것이 기본이다. 이 때문에 조성 시 토양의 유실도 방지할 수 있으며, 초지의 유지와 관리에서도 방목가축의 분뇨는 초지에 환원되므로 화학비료 등의 투입이 억제될 수 있다. 더구나, 가축, 식물, 토양을 연결하는 영양 염류의 순환에 의해 질소, 인 등의 환경부가물질이 지하수, 강 등에 유출되는 것도 방지할 수 있는 큰 장점이 있다.

(3) 잔디 등 단초형 초종과 수목림의 물·토양 보전효과

단초형 초종들은 줄기와 뿌리를 땅 표면과 땅속에 망을 치듯이 둘러쳐 있어서 가축의 발굽과 밟는 압력에 의한 손상을 최소화할 수 있다. 집중적 강우에도 빗물이 초지 표면을 그냥 흘러가기 때문에 토양침식, 토양붕괴를 방지할 수 있다. 한편, 수목의 뿌리는 목초의 뿌리가 닿지 않는 심층부까지 깊게 뻗어 나가기 때문에 토양붕괴 방지효과가 강화된다. 일반적으로 잡초가 없는 임지에는 많은 비에 의해 토양침식이 되기 쉬운데 초지와 임지의 적정한 조합을 이룬 경우에는 토양과 물의 보전기능이 더욱 향상될 수 있다. 이렇듯 산지생태축산을 통한 방목환경의 정비는 자연재해 발생을 방지할 수 있는 데도 크게 공헌할 수 있다.

(4) 가축의 분뇨처리 불필요

농가당 사육두수가 증가함에 따라 분뇨처리가 사회 전체적인 문제이므로 이러한 점은 오히려 임간방목의 커다란 장점으로 부각될 수 있다. 그러나 가축의 분뇨처리는 분뇨를 임지에 환원한다는 장점을 갖는 반면 그 기간 동안에는 퇴비를 이용할 수 없다는 단점도 있지만, 산지생태축산의 경우 화학비료 없이도 가축분뇨만을 이용하여 초지를 관리하고 풀 사료를 재배할 수 있어 자원순환농업을 실현할 수 있다.

1.2.3. 사회적 관점

(1) 소비자의 요구(건강 · 안전 · 맛)에 대응한 산업방식

산지생태축산은 자연자원의 내재력을 이용해서 식물-토양-가축의 자연 순환 속에서 축산물을 얻는 농법이다. 가축은 화학비료를 의지하지 않고 생산된 사료를 먹고 자랐으므로 생산된 축산물은 맛이 좋고 미네랄, 비타민 등도 풍부하게 함유하여 산지생태축산은 안전하고 건강에 좋은 식품을 제공한다. 요즘 소비자 측에도 건강을 지향하는 소리가 높아져서 자연식품 또는 유기농식품에 대한 요구가 점차 높아지므로 이런 소비자의 필요 변화에 대응하기 위해서라도 산지생태축산은 큰 의의가 있는 농법이라고 할 수 있다.

(2) 가축의 힘을 이용한 초지조성 · 유지관리

초지의 조성 · 유지 시에는 가축의 발굽과 입을 이용하는 제경법이 기본이기 때문에 자재의 투입과 화석에너지의 소비량을 최소한으로 줄일 수 있다. 특히 한번 초지가 조성되면 유지, 관리에 자재의 투입이 거의 필요 없어서 반영구적으로 이용할 수 있다.

(3) 식물 – 토양 – 가축의 물질순환에 의한 지속적 생산

방목가축의 배설물 중에 있는 영양 염류는 식물-토양-가축의 자연 순환기능에 의해 재활용이 되기 때문에 화학비료 등 외부에서부터의 자재투입이 거의 필요 없다. 또한, 방목가축이 밟는 적절한 압력에 의해 적절한 식생밀도가 유지되기 때문에 초지의 갱신은 불필요하여 반영구적인 지속적 생산이 가능하다.

(4) 가축의 운동과 소화생리에 적절

방목가축은 충분한 운동을 하면서 가축의 소화생리에 가장 적당한 목초, 야초를 뜯어 먹기 때문에 건강이 유지되고 번식성적도 향상되며 가축의 수명도 늘어난다.

(5) 여유 창출

방목기간 중에는 가축사료의 수확 · 조제 · 제공 등의 관리 작업이 경감되므로 산지축산은 축산농가에 여유를 제공해 줄 수 있다. 그 결과 중요한 시간을 연수, 휴양, 충실한 여가생활에 사용할 수 있게 된다. 이와 같은 영농환경은, 특히 젊은 사람들에게도 산지생태축산이 줄 수 있는 큰 매력 중의 하나이다.

(6) 가축의 복지를 배려한 생산방식

유럽과 미국 등 축산 선진국에서는, 농후사료 과다 급여, 고밀도사양 등이 가축에게 스트레스를 주므로 되도록 행동을 속박하지 않고, 가축의 생리 · 생태에 적당한 환경에서 사육하는 경향이 늘고 있는 실정이다. 최근, 우리나라 축산에서도 가축의 복지 배려가 요구되는데 이런 관점에서 방목을 주로 하는 산지생태축산은 우수한 사육환경을 제공할 수 있다. 또한, 우리의 산지를 이용한 초지를 이용한다면 우리 땅에서 자란 풀 사료를 우리 가축에게 먹일 수 있어 신토불이 친환경 안전축산물을 생산할 수 있다.

(7) 경관 및 개방공간으로서의 초지·야초지·임지

개방감 넘치는 초원, 임지가 제공하는 녹색, 그늘, 대지와 방목가축이 만들어 내는 평온한 방목장면은 산지생태축산이 도시 사람들에게 평온한 장소를 제공할 수 있다. 최근, 농촌관광, 동물복지 및 6차산업에 대한 사회적 필요가 급속히 늘고 있는 현실에서 산지생태축산은 환경교육, 자연교육의 장으로서도 귀중한 공간을 제공할 수 있다.

1.2.4. 임업적 관점

(1) 임업적 의의

산간지역의 풍부한 임지를 효과적으로 이용한 임간방목 타입의 산지생태축산은 축산과 임업의 상호 보완관계를 창출·강화하므로 지속형 축산의 진흥을 위한 관점뿐 아니라 경영 부진이 계속되는 임업 경영에 있어서도 큰 의의가 있다. 임간방목은 삼림정비에 필요한 풀베기 작업·덩굴 자르기 등 임업작업의 경감효과를 가져오고, 임업농가 스스로 임간방목을 함으로써 일반적으로 임업 경영이 투자자금의 회수에 오랜 시간이 걸리는 것과 달리 비교적 빨리 투자자금을 회수할 수 있는 이점도 기대할 수 있다.

(2) 임업의 효과
1) 육림효과: 가축을 임지에 방목함으로써 나무 밑의 풀이나 잡관목류의 제거.
2) 시비효과: 동일한 육림효과로서 가축의 분뇨에 의한 산림으로의 시비.
   현재, 우리나라에서 식목을 할 경우 화학비료를 많이 사용하고 있으나 이것을 가축분뇨의 퇴비나 액비로 대체한다면 토양의 이화학적 성질 개선, 비옥도 증진 및 우리나라의 분뇨처리 해결에도 커다란 도움을 줄 것으로 사료됨.
3) 잡관목류 제거로 인한 유해동물의 제거효과: 들쥐 등의 인간이나 가축에게 유해한 동물을 제거.
4) 천연맹아 갱신효과: 잡관목류 등의 제거로 수광성이 양호한 식물 등의 생육이 촉진.

1.2.5. 공익적·다면적 관점

풀 사료, 특히 초지의 주된 구성단위인 목초는 토양 내 유기물을 증가시켜 토양의 생산성을 향상시키며, 토양의 입단구조형성으로 토양수분과 공기의 확보력을 강하게 하여 토양보전에 기여한다. 또한, 두과목초인 경우 질소고정으로 화학비료를 절감하는 경제적 기능뿐만 아니라 토양을 비옥하게 하고 토양생태계를 건강하게 하는 등의 공익적 기능을 수행한다.

다음은 초지의 공익적·다면적 기여를 나누어 살펴보면, 첫째, 초지는 환경오염방지와 환경개선에 크게 기여한다. 퇴비나 폐기물 등 각종 오염원인 침전물의 운반을 줄여 주며, 질소나 인산 등을 정화하여 수자원보호 기능을 수행할 뿐만 아니라, 유해가스를 흡수하거나 방출된 유독물 입자를 식물체 표면에 붙잡아 두고, 불경운과 퇴비시비로 토양 탄소의 축적이 크며, 메탄의 흡수 등의 공기 정화기능을 갖는다.

둘째, 초지는 삼림, 하천, 호수 등과는 달리 특유의 생물이 서식하고 있으며, 초지에 의존한 생물의 생육장소로서 중요하다. 그러나 초지의 감소 및 쇠퇴로 인하여 많은 초지 생물종이 감소하고 있으며, 그중에는 멸종 위기종도 나타나고 있다. 따라서 초지의 생물다양성 보전기능을 유지할 수 있게 하기 위해서는 초지의 적정 이용, 관리가 선행되어야 한다.

표 1-2 자연생태계에 대한 초지의 공익적 기능가치

구분		평가가치	
		평가액(원/ha)	지수(%)
환경적 기능	홍수 방지 및 수자원 함양	581,981	2.6
	토양침식 방지	1,087,544	4.8
	축산분뇨 처리	597,883	2.6
	대기 정화	1,551,478	6.8
	소계	3,818,886	16.8
사회문화적 기능	경관, 휴양 등 정서함양	14,786,485	65.0
풀 사료 생산기능	목초 등 생산량	4,135,196	18.2
계		22,740,567	100

주) 천 등(한초지, 2007)

셋째, 어메니티(amenity) 등 초지경관에 중요한 역할을 한다. 초지경관은 그 개방성, 심미적 기능 등에서 귀중한 자원이며, 드넓은 초지에서 가축이 여유롭게 풀을 뜯고 있는 목가적 정경은 일상생활의 번잡함에서 해방시켜 주는 기능도 함께 수행한다.

자연생태계에 대한 초지의 공익적 기능가치를 종합해 보면 〈표 1-2〉에서 보는 바와 같다.

1.3. 산지생태축산의 과거와 미래

1.3.1. 과거 산지초지축산의 문제점

우리나라의 과거 임간방목 위주의 산지초지는 종합적이고 복잡한 문제점으로 인해 지금까지 부실화되어 왔고, 현재 산지초지가 활성화되기 시작했던 1980년에서 1990년대에 비해 초지면적이 1/3 이상 감소되어 왔으며, 초지 상태도 매우 부실화된 상태에 처해 있다. 다음은 우리나라의 과거 산지초지축산의 문제점을 기술적·사회적 및 경제적·산업적 측면으로 나누어 살펴보자.

(1) 기술적 요인
① 야초지 방목에 따른 기술 부족
방목은 임목이 어리거나 임목분포도가 낮은 지역을 중심으로 야생초가 많은 지역을 선택한다. 야초의 생육이 왕성한 봄에서부터 여름 초까지 방목가축은 방목 초기에는 비교적 양호한 야초를 섭취한다. 그러나 여름 및 가을에는 야초의 생육이 급격히 감소하여 가축의 섭취량도 현저한 저하를 초래하게 된다. 특히 야초는 1~2년 후에는 재생력이 급격히 떨어지므로 시비와 목초파종(보파)을 통하여 초지를 유지, 관리하고 목초수량을 증가시켜야 하나 이에 대한 기술적인 관리가 제대로 이루어지지 못하였다. 이와 같이 불경운법 등 산지초지 관리기술, 방목기술 등 개발이 미흡하였다.

② 간벌 및 가지치기의 부족

나무 사이에 생육하는 목초의 생육을 촉진하기 위하여 간벌과 가지치기 등을 하여 광선의 투과량을 증가시키기 위한 작업이 지속적으로 이루어져야 하지만, 이에 대한 의식이 없었고, 또한 이에 관련된 지식과 기술도 부족한 상태였다.

③ 과방목 피해

방목이용에만 치중함으로써 과방목 되어 목초는 제상을 입는 등 초지는 황폐화되었으며, 토양이 유실되기도 하였다. 또한, 임간방목지 선정 시 어린나무가 있는 장소를 구별하지 않고 방목함으로써 나무에 피해를 주기도 하였다.

④ 목책의 관리 소홀

가축과 초지의 효율적인 관리를 위하여 설치한 전기목책이 1~2년 후에는 지주목이 부식되거나 넘어지는 등, 이에 대한 보수관리가 노력이 많이 든다는 이유로 참여 농가의 참여도가 매우 낮았다. 더구나 임간방목이 진행됨에 따라 초지의 유지, 관리가 더욱더 제대로 이루어지지 못하였고, 봄부터 가을까지 목초, 야초 및 나무 등이 생육하면서 전기목책과 접촉하게 되면 전기가 이를 통하여 누전되어 전기목책으로서의 역할이 떨어지므로 식물이 전기목책에 닿지 않도록 주위의 장애물을 수시로 제거하여야 하는 번거로움을 극복하지 못했다.

⑤ 임간방목에 대한 정확한 개념 결여

임간초지에 가축을 방목한다는 것이 단순히 가축을 초지에 풀어놓고 사육하겠다는 방목장으로서의 의미가 컸다. 임간방목은 가축에게는 섭취량을 최대로 하는 것과 동시에 초지의 유지 및 관리가 잘 이루어지도록 하는 형태로서, 가축의 섭취량과 목초의 재생과의 균형을 맞추는 것이 기본적인 개념인데, 이러한 임간방목에 대한 기술적인 개념부족으로 가축을 개방된 상태로 사육하는 이른바 방목장으로 변질되어 결국 초지관리가 어려워지는 결과를 초래했다.

⑥ 시험연구의 부족

실제로 임간방목이 실시되기 위해서는 시험연구 등이 먼저 실행되어야 한다. 그 후, 그 결과의 바탕 위에서 실연사업이 실시되어야 하나, 시험연구가 임간초지방목사업과 동시에 이루어지거나 나중에 이루어짐으로써 발생하는 기술적인 문제점을 즉시 해결하기가 어려웠다. 기초적인 기술자료의 부족으로 가축을 기호성이 좋은 수종이 있는 곳에 방목하거나, 육성우의 성장발육을 임간방목에 전적으로 기대함으로써 실패하는 경우도 종종 나타났다. 또한 방목이용의 경우 적정 방목강도 등의 방목기술은 가축 및 초지의 생산성 향상에 아주 중요하며, 적정 방목강도는 목초의 종류 및 생산량 등에 따라 달라질 수 있다. 실제로 방목강도는 임간방목지에서 섭취하는 식물(초류, 나뭇잎 등 포함) 및 생산량과 가축이 기대하는 섭취량으로부터 설정하는 것이 바람직하지만 이것을 정확히 또한 자주 측정한다는 것이 농가로서는 아주 어려운 일이므로, 이러한 기술적인 측면은 시험연구를 통하여 해결되어야 했다.

⑦ 환경오염문제

과방목으로 인하여 초지의 이화학 성질이 나빠지고, 토양유실이나 분뇨의 토양 하부로의 유출 등으로 환경이 오염되는 경우 이에 대한 보도나 불평에 의해 초지축산 전반에 대한 이미지가 저하되었다.

(2) 사회적 요인

① 집약적 축산으로의 변화

임간방목사업과 동시에 행하여진 초지조성사업(특히, 산림에 경운초지조성)은 임업과 축산업이 모두 이익을 얻을 수 있어야 함에도 불구하고 축산의 집약화로 보다 간편하고 토지 면적당 생산량이 높은 인공경운초지를 산지에 조성하여 방목으로 이용하였다. 그러나 산지에서 생산성이 높은 인공경운초지도 생산성을 유지하기 위해서는 시비, 갱신 등의 초지관리에 많은 비용이 들게 되므로 산지에 인공초지가 조성된 경우 상당한 비용이 들 수밖에 없어, 결국은 관리부실 등으로 황폐화되어 버리는 경우가 존재하기도 하였다.

② 임간방목지의 국공유지 및 타인소유지의 문제

대부분이 국공유지 및 타인소유지로 나무에 대한 간벌 및 가지치기 등에 제한을 받았다. 또한 참여농가 공동이용형태의 임간방목이었으므로 임간방목지를 유지, 관리하여도 내 것이 되지 않는다는 의식으로 책임감이 결여되어 있었다.

③ 볏짚과 배합사료 위주의 사육

참여농가 대부분이 1～5두의 소규모 부업농가로 볏짚과 배합사료만으로 손쉽게 사육할 수 있는 생각으로 임간방목지에 대한 관리가 이루어지지 않았다. 1980년 후반부터는 경제성장에 따라 축산농가도 수입조사료에 의존하며, 쉽게 할 수 있는 축산을 하려는 경향이 아주 뚜렷하게 나타났다.

④ 실무관련자의 사명의식 결여

최고책임자에 의하여 이루어진 임간방목사업은 최고책임자가 떠남으로써 점차 약화되고, 실무관련자의 기술부족, 여기에 사회적 여건의 변화가 가세하여 일시적인 유행으로 간주되는 경향이 컸다.

⑤ 축산에 대한 일방적이고 과도한 기대로 실패

본래 임간초지방목은 임업과 축산업이 양쪽 모두가 이익을 추구하는 것이지만 한쪽의 이익을 과도하게 기대하게 되면 다른 한쪽은 손해를 보는 형태가 된다. 임간방목은 어디까지나 임업과 축산업이 양쪽이 유기적으로 결합함으로써 존재하는 것이므로, 양쪽 모두 생산목표의 설정이 적절히 이루어지지 않아서 실패하는 경우가 종종 발생했다.

⑥ 규제강화와 축산농가의 기피현상

싼 조사료 구입활동을 통한 편한 축산업을 고수하고 양축농가의 고령화로 인한 관리의 어려움이 발생하였다. 또한 초지축산을 위한 허가절차가 복잡하고, 환경영향평가 등으로 금전적 비용을 감당하기가 쉽지 않았다.

(3) 경제적·산업적 요인

① 발육성적의 부진 및 벌채작업의 피해

이유 후의 육성우에서는 방목기간 중의 발육이 양호하지 않는 경우가 종종 일어나고, 가축방목을 위한 목책시설이 임목의 벌채작업 등의 관리상 방해가 될 수 있었다.

② 목책실시 및 일상 관리에 노력 증가

가축과 초지의 효율적인 관리를 위해 목책 등의 설치비가 증가하는 경우의 비용발생과 인공경운초지보다 가축을 보호하고 감시하는 등의 일상 관리에 노력이 증가하였다.

③ 관리비용 상승 및 용도전환

초지가 주로 경사지를 이용하기 때문에 효율성, 생산성 저하로 인한 축산농가의 관리 부담 및 비용 상승과 단위 면적당 땅값은 낮지만 경우에 따라서는 임대료가 증가하는 경우로 인한 초지축산 기피현상이 나타났다. 한편, 일부초지는 경제성이 높은 타 용도 전환(골프장 등) 및 편법으로 활용되는 경우도 있다.

④ 임목과 토양피해

임목피해는 방목지의 수종이나 방목강도에 따라 크게 좌우된다. 가축의 답압이나 나무에 몸을 비비는 것에 대한 피해는 아주 적지만, 단풍나무나 기호성이 높은 활엽수 수종은 방목 강도에 상관없이 임목피해가 높을 수 있다. 임간방목이 토양성질에 미치는 영향을 보면 가축의 답압에 의하여 토양이 밀집화되고 침투성이 저하된다.

1.3.2. 미래 산지생태축산의 성공과제

(1) 기술적 과제
① 산지생태축산에 적합한 가축품종의 선발 및 개량

산지생태축산의 가축은 자연적응력이 높고 방목에 적합한 것이어야 한다. 지금까지의 가축의 선발 및 개량은 방목에 의해 가축이 스스로 사료를 섭취하는 것이 아니라, 인간이 가축에게 제공하는 것을 전제로 하여 실시되어 왔다. 방목을 전제로 한 산지축산을 추진하기 위해서는 종래의 선발 및 개량과는 다른 새로운 접근을 확립할 필요가 있다. 새로운 접근은, 산지축산 적응 능력이 높은 가축을 목표로 한 ①형질의 조사 분석, ②계통선발, ③교배에 의한 개량증식 등의 수법으로부터 시작해야 한다. 이를 위한 산지축산에 있어서 바람직한 가축의 공통적 특성은 아래 항목과 같다.

- 방목초지에서 풀을 뜯어 먹는 능력이 높고 사료의 이용 효율이 높은 것
- 강한 팔다리, 발굽과 튼튼한 등, 허리로 경사지 이동 능력이 뛰어난 것
- 더위와 추위에 강하고 피로플라즈마, 쇠가죽파리 등의 병충해 내성이 뛰어난 것
- 온화하고 집단 관리가 용이한 것
- 초지·토양 보전상 배려가 많이 필요한 경우에는 소형화 품종별로 살펴보면,
  - 젖소에서는 유방의 부착이 쉽고, 유량·유성분이 우수한 것
  - 육우에서는 방목지에서 자연분만, 새끼를 먹여 기를 수 있는 능력이 높은 것
- 산지축산에 특히 적당한 품종은 젖소 저지종, 브라운스위스종과 육용소 등의 산지 방목에 알맞은 것

② 산지축산에 적합한 초종·품종의 선발 및 육성

산지축산에 적합한 초종 및 품종은 지역의 기상조건이나 토양조건에 적합하고, 토지보전 능력, 발굽 상처에 내성이 뛰어나 적은 힘으로 유지관리가 용이하며 지속성이 있는 것이 바람직하다. 종래의 초종·품종의 선발 및 육성에 있어서는, 이러한 형질에 대해서도 일정한 고려를 하였으나, 비교 우위성은 직접 소득으로 판단하여 채초급여를 전제로 한 특성을 중시하는 수법에 치우쳐 있었다. 앞으로, 산지축산에 적합한 초종·품종의 선발 및 육성을 실행하기 위해서는, 방목적성의 관점을 한층 더 고려하는 것과 함께 각 지역에서 시행하는 계통 적응성 비교 시험에 있어서는, 필요한 경우 방목을 취한 비교시험을 강화하는 등의 대응이 필요하다. 다음 항목은 산지에 적합한 초종의 공통적인 특징이다.

- 기상·토양조건 등 지역의 입지조건에 적합한 것
- 발굽 질병 방제, 토지보전능력, 재생력, 방목 가능 기간이 길고 지속성이 뛰어난 것(잔디형 초종 등)
- 기호성이 좋고 영양이 높으며, 수확량이 많은 것

이상과 같이, 산지축산에 있어서 바람직한 초종·품종은 자연 적응력이 높고 방목이용을

전제로 하여 사료가치가 높은 것이지만, 지금까지의 선발 및 개량은 일반적으로 말하면, 작물의 수확량 및 영양수량에 더불어 재배적성에 착안하여 주로 채초를 전제로 실시되어 왔다.

③ 산지생태축산에 있어서의 사양 관리 및 위생상의 문제

산지축산은 풀이나 가축이 본래 갖고 있는 능력을 최대한 발휘시켜 양질의 축산물을 생산하는 실천기술이 필요하다. 이러한 기술은 지역의 자연 조건과 친화성이 높은 것이어야만 한다. 자연 조건은 지역에 따라 다르며 시간이 지남에 따라 변화하고 있어, 환경의 미묘한 변화를 해독하여 이에 대응할 수 있는 기술이 요구된다. 구체적인 사양관리기술이나 위생상의 문제에 대해서 보면, 연중 방목이 가능한 지역은 별도로 하고 월동용 사료 확보를 위한 사료기반이나 기계시설이 필요하다. 또한, 방목에 동반되는 관리 작업(인공수정, 치료, 약제 투여 등을 위한 방목우의 포획, 고정, 발정우 발견의 감독 등)이 필요하다.

④ 방목축산의 과제

우리나라에 풍부하게 보유하고 있는 임지의 유효활용에 이어지는 임간방목은 산지생태축산의 실천과제이다. 시장 측의 고급 쇠고기 지향의 강화, 임업 측으로부터의 가축에 의한 식림지 해충에 따른 기피 등으로 행정적으로 임간방목 추진이 요구되고 있음에도 불구하고 전체적으로 쇠퇴하고 있는 실정이다. 이러한 흐름 속에서 임업과 축산의 적극적인 연계에 따라 임간방목의 유효성이 재평가되어 지역에 정착유도 되어야 한다. 기본적인 방목 기술이 확립되고 있는 것에 더해 환경에 대한 배려가 강하게 요구되고 있다는 점에서 임업의 역할도 단순한 목재산업뿐 아니라 지구환경보호를 중요한 사명으로 여기고, 특히 산간지역에 있어서는 국토보전의 관점에서 임지나 농지의 황폐를 방지하는 것의 중요성이 증대되어야 한다. 삼림 속 지표면의 관리를 인간을 대신하여 가축이 실시하는 임간방목은 이러한 시대의 요청에 잘 들어맞는 방법임을 명심하여야 한다.

⑤ 사육관리기술의 향상 및 보급

산지축산은 다른 농업부문에 비해 기술취득에 많은 시간과 노력이 필요하므로 그 보급과 추진을 위해서는 새로운 실천농가의 기술취득 지원뿐 아니라, 지도자 양성의 관점에서 나온 것을 포함하여 특별한 재정적 뒷받침이 되는 지원이 필요하다. 산지축산을 한층 더 추진하기 위해서는 현행 연수 사업의 확충과 함께, 내용을 충실히 하고 강화하는 것이 필요하다. 또한, 산지축산기술의 보급과 추진에 대해서는 개별 실천 대응과 농가 스스로 지도를 네트워크화하는 것이 기본이어야 한다. 좀 더 효과적인 추진을 위해서는 공통의 기본 기술에 관한 실천 매뉴얼이 효과적이다. 그것을 위해 기술 전문가 집단에 산지축산의 선구적인 실천농가가 포함된 위원회 방식에 의해 매뉴얼을 작성할 필요가 있다.

⑥ 신기술의 개발과 도입

산지생태축산의 기술은 될 수 있는 한 자연 조건에 거스르는 일 없이, 그 잠재능력을 최대한 발휘하는 기술이어야 한다. 따라서 선조들이 실시했던 오래된 기술로 다시 돌아가려는 시도라고 인식하는 방향의 전환이 필요하다. 산지생태축산의 기술에는 실천가가 자연과 함께 나아가며 체득한 경험에 기초하여 합리성이 발휘되는 것이 필요하다. 방목관련 기술에 있어서도, 초지와 토양의 성분분석에 기초한 초지관리, 무선관리에 의한 우군(牛群)관리, 간이전기 울타리, 종자 펠릿의 개발, 착유 로봇의 개발이 필요하며, 가축 번식 기술에서는 수정란 이식이나 핵이식, 복제 작출 등의 기술 진전이 있어야 한다. 즉, 산지생태축산 추진을 위해서 필요한 신기술에 대해서는, 새로운 기술개발을 기반으로 이미 개발된 기술의 도입에 적극적인 대처가 필요하다. 현재로서는 간이 전기 울타리, 토양 분석에 기초한 초지 관리, 종자 펠

릿에 의한 간이 초지 조성, 수정란 이식에 의한 고품질 소의 생산 등을 들 수 있고, 앞으로 검토해 보아야 하는 기술로는, 무선 컨트롤에 의한 소의 관리, 방목 착유 로봇의 도입 등을 생각해 볼 수 있다.

(2) 사회적 과제

① 산지생태축산용 토지의 집적·취득의 곤란성

산지축산은 방목에 의해 땅과 풀, 가축의 본래의 힘을 최대한으로 발휘시킨 농법이라는 점에서 일정한 생산량을 확보하기 위해서는, 방목에 적합한 하나로 이어져 넓게 펼쳐진 땅이 반드시 필요하다. 하나로 정리된 땅이 확보된다면, 그 토지가 현재 임야, 야초지, 인공 초지, 경작지이든 산지축산에 이용될 수 있다. 원래 산간 지역에는 임지·초지·경작지가 풍부하게 존재하지만, 이를 이용할 수 없는 토지나 이용 빈도가 낮은 토지가 증가할 경우 이러한 토지를 개인이 유효하게 이용하기 위하여 사용 권리를 확보하는 것은 어려운 실정이다. 권리의 실태파악에 힘을 많이 들여야 할 뿐 아니라, 만약 파악이 가능했다고 해도, 그 토지의 권리가 다수의 사람에게 걸쳐 있는 경우가 종종 있다. 또한 상대방과의 교섭이 다수의 노력과 비용을 필요로 하는 등 현시점에서 산지축산을 시작하거나 확대하고자 하는 농가가 개인의 힘으로 충분한 토지를 확보하는 것은 쉽지 않다. 개인들에게 의존한 권리의 조정이 불가능한 경우, 권리조정을 둘러싼 과제의 정리·검토가 급선무로 각각의 사정에 입각한 행정의 지원을 아껴서는 안 된다.

② 산지생태축산과 공공목장

산지축산을 추진하고자 하는 경우, 공공목장을 유용하게 활용하는 것도 고려할 필요가 있다. 산지생태축산의 진흥을 적극적으로 진행하기 위해서는, 방목에 적합한 하체가 강한 가축의 확보가 전제 조건이 되어야 한다. 이러한 면에서도 방목에 의해 하체가 강한 가축의 육성을 담당하고 있는 공공목장은 산지생태축산을 전국적으로 넓히기 위한 중요한 전략 거점으로서 자리매김하여야 한다. 또한, 공공목장이 운영되게 되면 주변 지역에서 사육되고 있는 가축이 감소하는 등으로 인해 폐장을 하게 되는 경우도 볼 수 있는데, 이들 목장의 초자원을 산지축산 경영을 토대로 재이용하는 것도 앞으로 해결해야 할 과제이다.

③ 초기투자와 일손을 둘러싼 문제

산지축산은 경영의 개시나 확대에 따라 초지를 조성할 때 기계에 의한 단기간의 시공이 아닌 인력에 의지한 노동력이 필요하다는 점에서 조성 시에는 많은 노동과 오랜 시간을 필요로 한다. 가축 도입에 있어서 가축이 자연 초지에 익숙해지기까지 훈련하는 기간도 필요하고 가축을 산지축산에 적응시키기 위하여 경영 내에서의 선발 및 선별에도 긴 시간이 걸린다. 이러한 기술적인 특성을 가진 산지축산은 다른 농업보다도 투자자금의 회수에 장기간이 필요하게 된다.

④ 토지의 집적과 이용의 직불제와 연결

산지생태축산에 적합한 토지가 어디에 존재하는가에 대해 검색하여 그 정보를 산지축산 희망자에게 전달이 필요하다. 토지의 이용 희망자와 그 권리자 사이에 서서 권리조정을 알선하는 기구가 있어야 한다. 이 두 가지 과제에 대한 대처가 적극적으로 진행되려면, 공적 기관의 관여가 반드시 필요하다. 토지권리정보의 수집과 전달에는 국가와 도, 시, 면, 읍 등의 지원이 반드시 필요하게 되며, 지역의 특색 있는 대응이 필요한 권리조정의 중개와 알선에 대해서는 농업 위원회나 지역 단위의 농지보유 합리화 법인에 덧붙여 농협 등이 그 추진역할의 핵심이 되어야 한다. 산지생태축산의 추진을 위해서는, 직접 지불 제도의 활용은 큰 임팩트가 될 수 있다. 이 제도와 앞서 기술한 집합적 이용권 등 조정 사업과의 원활한 연계에 의하여 토지의 이용 집적을 진행하는 것이 가능하다면, 산지축산의 추진에 큰 역할을 할 것으로 기대할 수 있다.

⑤ 공공목장의 유효활용

산지생태축산의 적극적 추진을 위해서 공공목장이 가진 기능의 활성화가 효과적이다. 이것을 위해서 공공목장 내에서의 방목관리, 사육기술의 향상, 방목사육에 적합한 초지관리 기술의 향상, 관리운영 체제의 강화를 꾀하는 것이 중요하다. 또한 목장 직원의 기술력 향상을 목표로 한 연수 및 교육 등을 강화할 필요가 있다. 이용할 수 없게 된 공공목장의 초자원을 산지축산에 재이용하는 것도 검토할 필요가 있고, 특히 부실화된 초지 등의 토지에 대해서, 산지생태축산을 실천하는 농가에 이용권을 부여하는 것이 검토되어야 한다. 이런 경우, 공공목장의 토지는 일반적으로 시, 읍, 면 등 공적 기관의 소유물이며, 토지의 소유권을 양도하는 것에는 곤란한 점이 발생할 수 있다. 따라서 해당 토지의 이용권에 대한 위임(관리위탁, 임대차계약 등)에 의한 대응이 현실적인 대안이다.

⑥ 방목의 기술체계 추진

앞으로, 임간방목을 활용한 산지생태축산을 추진하기 위해서는 지금까지 축적된 방목기술을 활용하면서, 입지조건과 경영 형태 등에 유의하여 축산과 임업을 전반적, 종합적으로 지지하는 새로운 기술체계구축이 필요하다. 이러한 검토를 할 때에는, 산간 지역에 있어서의, 농지·농업과 삼림·임업을 둘러싼 여러 가지 조건이 과거와는 크게 변화되어 자연환경보전의 관점에서 산지축산에 대한 재검토가 필요하다. 그리고 무엇보다도 공통인식을 기반으로 임간방목을 숲, 풀, 경작의 종합적 토지 이용의 일환으로 자리매김하는 것이 중요하다.

⑦ 후계자·신규 유입자 대책

산지생태축산의 실천에는 땅, 풀, 가축 각각의 특성에 대해 숙지하는 것뿐 아니라 이들 3요소 간 상호작용에 대해서도 깊은 이해가 필요하다. 따라서 기술취득에 장기간을 필요로 하는 것뿐 아니라, 토지의 집적이 곤란하고, 투자자금의 회수에도 오랜 시간이 걸린다. 게다가 기상조건이나 생활환경 등이 풍부하지 않은 지역에 입지하는 사례도 많아 산지생태축산에 높은 관심을 가지면서도, 새로운 역할을 가지고 참여하는 것을 망설이는 후계자 및 신규 창업자들이 부족한 실정이다. 이러한 문제를 해결하기 위해서는 후계자 및 신규 창업자들이 안정적인 형태에 이르기까지의 과정에 많은 지원과 시간을 제공해 주어야 한다. 경영 개시 혹은 확대 시에 초기 투자에 대해서는 기존 제도의 활용뿐 아니라 산지축산의 이러한 특성을 가미한 장기 저리 자금의 융자나, 인력을 동반한 초지 조성이 필요하다. 또한, 경영이 안정될 때까지 일정기간의 경영지원과 안정화 대책 등이 필요하다.

⑧ 산지생태축산 농정의 적극적, 창의적 접근

산지생태축산은 21세기의 한국축산에 확고한 지위를 차지한 농법으로, 21세기의 산간지역 농업의 견인차가 될 농법이다. 산지축산의 착실한 확대를 꾀하기 위해 유익한 지원책을 과감히 강구하며, 다양한 제약을 극복할 대책을 강구해야 한다. 기존의 제도가 시대적으로 뒤처진다는 결함이 있었다면 이것을 감수해 가면서 극복하는 것이 아닌, 제도의 개선을 제안해야 한다. 국가나 도 단위의 지역은 종래의 발상을 넘은 지역의 대처에 제동을 거는 일 없이 오히려 선구적인 시·읍·면의 활동을 전력으로 지원하는 자세를 가져야 한다. 그래야만 새로운 식품·농업·농촌의 기본법에 내걸린 지역의 창의적인 궁리를 살린 농정의 실현으로 진정한

6차산업을 구현할 수 있다.

(3) 경제적 과제
① 산지생태축산 생산물의 유통·거래의 문제
산지축산이 입지하는 지역에서는, 엄격한 자연조건을 바탕으로 도로 등의 인프라의 정비가 늦은 경우가 많이 발생할 수 있다. 이것은 집유·출하, 가축의 수출입 등의 면에서도 핸디캡을 갖고 있다는 것을 의미한다. 육우에 있어서는 방목 육성에 의해 운동·소화기관이 발달되어 있고, 대상성 발육이 있음에도 불구하고 시장출하 시에 '외관'이 좋지 않아, 가격형성상 불리해지는 경우가 종종 발생할 수 있다. 게다가 가격 면에서 유리한 목우방식에 대해서도, 일반적으로 우량종 수소의 도입이 곤란하여 가격형성 면에서 불리하도록 작용할 수 있다.

② 산지생태축산의 계몽, 생산물의 유통 촉진
축산물에 대응하는 소비자의 이해가 반드시 필요하다. 그러기 위해서는 가장 먼저, 산지축산이 자연과 공유하는 농법이며 지구환경에 좋은 농법임을 좀 더 전달할 필요가 있다. 구체적으로는 매스미디어를 통한 PR, 팸플릿 등을 통한 소개, 소비자 자신이 생산현장에 방문하여 산지축산의 매력을 실감할 수 있는 그린 관광의 실천 등을 들 수 있다. 자연환경과 조화를 이루는 산지축산의 식품이 자연의 활력으로 받은 은혜이며, 건강 유지와 증진에 좋은 역할을 한다는 것을 명백히 제시해야 한다. 이를 위해서는, 영양소나 미량영양소 등의 성분 분석과 그 결과에 기초한 품질 표시의 실시가 효과적이다. 또한 소비자의 이해를 한층 더 높이기 위해서는, 일반 식품과 구별되는 로고 마크 등 원산지나 생산 방식 표시 제도의 채용 등을 검토할 필요가 있다. 소비자와 생산자의 신뢰 관계를 높이는 산지 직송 방식의 추진이 중요하다. 소비자가 식품이 어디서 어떻게 생산되고 있는가를 아는 것은 안심하고 식품을 소비할 수 있는 가장 확실한 길이다. 이를 위해서 생산자와 소비자 쌍방의 조직이 일체가 되어 산지직송 방식을 확립하고 추진하는 것이 효과적이다.

③ 산간지역에 있어서의 산지생태축산 종합 지원 프로그램
산지생태축산을 산간지역 농업의 중심으로 자리매김시켜, 표면적으로 보급해 나가기 위해서는 종래의 농업 행정과 자치단체의 행정의 연장선과는 다른 발상에 의한 새로운 시책의 전개가 필요하다. 시책의 제1단계는 행정조직을 통한 산지축산에 적합한 토지의 검색과 조사를 실시하는 것이다. 지형, 기후, 식생 등의 자연 조건, 토지 권리 등의 사회적 조건을 전국규모로 조사하여 산지축산에 적합한 지역을 일정한 기준에 의해 선정하여 목록화해야 한다. 시책 제2단계는, 1단계의 조사에 기초한 후보지에 대하여, 산지축산의 종합적인 지원 프로그램을 입안, 실행하는 것이다. 지원 프로그램을 실시할 때에 산지축산 대처의 담당자가 있는지 없는지가 결정적으로 중요하다는 것은 논할 여지도 없지만, 이런 점에 관하여 종래의 발상을 넘는 적극성이 필요하다. 담당자는 지역 외에서의 신규 유입자라도 좋고, 프로그램의 실시 주체에는 지원 프로그램의 존재를 어필하는 것으로 전국적으로 담당자를 발굴하여 유치하는 마음가짐이 요구된다. 지원 프로그램의 첫 번째 포인트는, 지역 전체의 지속적인 균형 잡힌 발전계획 안에서 확실하게 자리매김시키는 것이 매우 중요하다. 이런 의미로, 지원 프로그램은 축산부문만을 목표로 할 것이 아니라 산지축산과 결합된 가공·판매·그린 관광 등의 활동을 포함하여 산간 지역의 보전과 발전의 관점에 선 종합적인 프로그램이어야 한다. 지원 프로그램의 두 번째 포인트는, 프로그램이 사람을 키우고 사람과 사람의 연결을 만들어내는 소프트 중심으로 구성되어 있어야 한다. 여기서 말하는 사람과 사람의 연결이라는 것은, 산지축산의 실천가끼리의 네트워크, 산지축산 실천가와 지역주민의 대화, 산지축산과 가공·판매 등의 관련사업의 결합, 나아가 산지직송 방식을 시작으로 하는 소비자와의 교류를 포함한다. 프로그램 책정의 내용과 순서는 지역의 조건을 충분히 감안한 것이어야 하지만, 각지의 공통된 유의사항은 다음과 같다.

  가. 지역의 보전과 진행에 관한 '기본 설계'와 꼭 들어맞는 산지축산과 관련활동의 청사진 제작. 산지축산의 관점에 선 기본 설계의 재검토.

  나. 산지축산과 관련활동의 담당자 후보를 대상으로 한 실천적 연수계획의 입안과 실행.

  다. 산지축산의 기본 요소인 적지의 확보, 잔디 초지의 인력조성, 가축의 도입 및 선발 등에 대한 지원책의 실시.

  라. 산지축산을 지지하는 주변조건인 접근 수단, 가공 및 판매시설, 산지직송설비, 그린 관광 시설 등의 효과적인 정비.

  마. 산지축산 신규 사업 개시자를 대상으로 하는 일정 기간에 걸친 농밀한 지도 등의 사후 조치 체제의 충실.

  바. 지역주민과의 대화나 소비자와의 교류 촉진과 정착. 산지축산 서포터의 조직 형성에 대한 측면지원.

1.4. 산지생태축산의 추진전략

1.4.1. 한국형 산지생태축산의 개념 도입

(1) Agroforestry 기본 개념 도입
① Agroforestry(혼농임업)란?
나무 등이 농작물 또는 가축과 계획적으로 혼합될 때 생산되는 생물학적 상호작용으로부터 이익을 최대화하는 집약적인 토지 경영체이다. Agroforestry를 운영하는 데 있어 항상 염두에 두어야 할 부분은 '토지이용 집약', '이익 최적화', '생물학적 상호작용의 증가', '임목과 작물 혹은 가축의 계획적 혼합'으로 수렴될 수 있어야 한다. 그렇다고 수목재배에 초점을 맞춘 재래적 임업의 형태와는 크게 다르다. 다시 말해서 Agroforestry란 3가지 구성성분의 전체적인 틀에서 보아야지 수목 자체의 관점에서 살펴서는 안 된다.

② Agroforestry의 구조
Agroforestry의 주요한 3가지 구성성분은 나무, 작물, 가축이다. 나무는 생산기능과 공익적 기능을 동시에 가지고 있으며, 나무 생산은 숲을 지니고 있는 농촌과 연관된 산업의 궁극적 목적이 되어야 한다. 나무의 공익적 기능은 토지의 생산성을 유지하고 보호하는 것으로, 일반적으로 Agroforestry에 있어서 나무의 역할이 여기에 해당된다. 농작물과 가축들이 같은 장소에서 다년생 수목류들과 함께 시간적, 공간적 이용체계를 사용하므로 토지를 이용함에 있어서 세심한 복합적 관리가 필요하다. 즉, 우리는 Agroforestry에 있어서 다른 구성 성분 간에 생태적, 경제적 상호관계를 항상 염두에 두어야 한다.

③ Agroforestry의 운영방식
Agroforestry 운영방식은 다음과 같이 크게 3가지로 구분할 수 있다.

표 1-3	Agroforestry의 세부적 운용방식
A. Silvoarable (trees with crops); Agrisilviculture	
윤작기법(rotational systems)	– 나무를 베고 난 휴경지 이용 – 숲으로 전환
혼합기법(mixed systems)	– 농지에 나무식목 – 나무와 작물을 혼합하여 경작
구획기법(zoned systems)	– 띠 형태의 조림을 유도 – 경계지역을 식목 – 방풍림으로의 역할 담당
B. Silvopastoral	
혼합기법(mixed systems)	– 방목지나 자연초지에 나무를 식목 – 농작물과 방목지를 공존시킴
구획기법(zoned systems)	– 방목지에 목책의 역할을 대신할 나무를 식목 – 사초은행으로의 역할담당
C. Forestry Plantations	
	– 혼농임업의 기능을 지닌 식림지
D. Special Agroforestry Applications	
	– 벌의 서식지 기능 – 토양수분 조절기능

- Agrisilviculture (나무와 일반작물의 재배)
- Silvopastoral system (방목-야초지관리)
- Agrosilvopasture (농작물과 야초지 이용)

이러한 3가지 방식은 산지 농업을 하는 데 새로운 개념이 될 수 있고, 특히 이 중 Silvo-pastoral system은 목축을 하는 한국의 축산농가에 산지생태축산의 기본적 개념으로 점차 확대되어 나가야 한다. 운영방식을 조금씩 달리할 수 있으며(표 1-3), 이러한 방식은 혼합(mixed), 구획(띠형태, zonal), 연속(sequential) 및 층(layered)의 형태로 이용될 수 있다. 혼합이용은 이들 구성성분 간에 상호경쟁관계가 적을 때 운영할 수 있으며, 구획이용은 구성성분 간에 상호 경쟁관계가 어느 정도 존재하고 있을 때 운영하고, 연속이용은 구성성분을 시간적으로 나누어 경쟁관계를 최소화하기 위한 방법이며, 또한 층 형태의 이용은 가장 복잡한 형태로 정원 같은 성격을 갖고 있다.

1.4.2. Agroforestry의 이용적 분류

그림 1-1 Agroforestry의 이용적 분류 (Shakil Shaukat, 2013)

Agroforestry의 분류

방풍시스템 임지축산시스템

임지작물재배시스템 하천부지관리시스템 산지농업시스템

Agroforestry를 이용할 때 다음과 같이 크게 5가지로 분류하여 볼 수 있다.
- 방풍시스템(windbreak)
  - 경작지의 가장자리에 방풍용 수목 식재로 해안 및 경작지에서 흔히 볼 수 있음.
- 임지축산시스템(silvopasture)
  - 임목과 목축을 혼합한 형태로 목재생산과 축산을 병행하는 형태임.
  - 뉴질랜드와 호주에서 Agroforestry란 거의 임지축산시스템에 근간한 이용체계라 말할 수 있음.
  - 가축생산을 하는데 방목지에 소나무를 조화 있게 조림하는 것이기도 하지만, 산림지에서 적당한 임목을 두고 초지를 조성하는 방법임.
  - 산지에 소, 염소, 산양 등을 임간 방목시키는 것이 이 시스템의 한 예라 할 수 있음.
- 임지작물재배시스템(alley cropping)
  - 작물과 나무를 번갈아 일직선으로 심어 생산력을 향상시키는 시스템으로 과수와 농작물의 재배에 흔히 이용될 수 있음.
- 하천부지 관리 시스템(riparian buffer strips)
  - 강이나 호수와 같은 수변지역과 경작 또는 생산 지역 사이에 나무를 식재하는 방법으로 홍수방지 숲, 오염물질 흡수 숲 등이 있음.
- 산지농업시스템(forestry farming)
  - 농작물과 수목의 혼재 형태로 수목 하층공간을 활용하는 방법이며 장뇌 재배, 노지표고 재배, 임간 고추냉이 재배 등이 이 시스템의 한 형태임.

1.4.3. Silvopastoral system을 산지생태축산에 적합 모델로 도입

Silvopastoral system은 초지 축산과 임업이 공존하는 복합경영형태로 축산·임업 단일 경영보다 수익성의 향상을 기대할 수 있다. 또한 수질·토양 오염 및 유실이 없는 친환경 축산

그림 1-2
임업과 축산이 공존하는 토지이용으로서의 Silvopastoral system개념
(Maxwo ll and Sibbald, 1992)

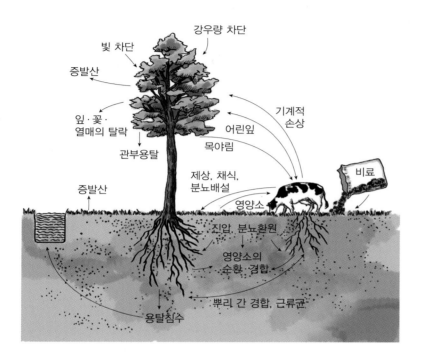

으로 환경보존에 기여한다. Silvopastoral system은 환경친화형 농업으로 산간지역의 저렴하고 풍부한 토지자원을 활용한 초지축산과 임업의 조화형태로 깨끗한 농산물의 생산은 물론 국가 또는 지역의 환경보존 및 지역 활성화에 커다란 역할을 할 수 있다. 산지경사지에서의 축산은 평지에서의 축산과는 아주 다르기 때문에 초지의 생존을 결정하는 기후나 축산의 형태를 결정하는 지리적 조건의 변화가 심하며 기계화가 불가능하여 초지조성, 관리 및 가축사양에 대한 기술도 다양하게 나타날 수 있다. 따라서 산지경사지에서의 Agroforestry 이용기술은 우리나라의 대표적인 산지생태축산의 모델로서 중요한 역할을 할 수 있다.

연/구/과/제

1. 산지생태축산농가의 수익성이 일반 관행축산농가의 수익성과 어떻게 다른지 조사하라.
2. 해외에서는 산지생태축산이 어떤 형태로 이루어지는지를 알아보라.

참/고/문/헌

1. 박정훈. 2013. 산지생태축산 활성화 정책방향. 농림축산식품부.
2. 성경일 등. 2014. 토지이용중심의 축산부활. 강원대학교.
3. 천동원, 이상영, 박민수, 박형수, 황경준, 윤세형, 고문석. 2007. 초지형 축산의 어메니티 및 경제성 평가에 관한 연구. 한초지 27(4) : 297~312.
4. MacDicken, K. G. 등. 1990. Agroforestry: classification and management.
5. Maxwo ll and Sibbald. 1992. Silvopastoral agroforestry: a land use for the future. Vol 60. No 1. Scottish forestry.
6. Ramachandran Nair, R. K. 1993. An introduction to agroforestry. Kluwer academic publishers.
7. Shakil Shaukat. 2013. Crop classification based on purpose in the field. Pakagrifarming.

2장
산지초지와 환경

개 관

이 장에서는 산지초지의 토양, 식물 구성 상태 및 기후 등 환경적인 영향을 다룬다. 산지초지를 잘 관리하고 유지하기 위해서는 초지가 자라는 자연환경을 잘 이해하고 파악하는 것이 중요하다. 즉 토양에 대한 이해는 토양, 환경보전, 토지 이용의 확대라는 측면에서 중요한 의미를 가지고 있으며, 조사료 공급과 가축 생산성에 직접 영향을 미친다. 목초 종자는 일반작물의 종자보다 작기 때문에 가까이에서 자라는 야초들과 심한 경합을 겪게 된다. 이러한 경합에서 목초가 우위를 차지하도록 하는 것이 초지조성 및 관리기술의 관건이다. 따라서 각 야초의 특성을 잘 이해하는 것이 필요하다. 최근 기후변화에 따른 온도 상승으로 인해 작물의 재배지가 북상하고 있고, 작물의 생산과 품질에 부정적인 영향을 미치고 있다. 산지초지도 예외는 아니며, 또한 월동 해충 및 새로운 고온성 병해충의 확산이 우려되어 이를 체계적으로 감시하고 조기에 방제할 수 있는 시스템 구축이 필요하다.

학/습/목/표

1. 우리나라 산지 토양의 특성을 이해한다.
2. 야초지의 특성과 변화를 이해한다.
3. 우리나라 야초지의 주요 초종을 안다.
4. 우리나라 기후의 특성을 이해한다.
5. 기후변화를 이해한다.

주/요/용/어

유효한 토양 깊이, 경운 및 불경운 조성, 토성, 토양 3상, 토양 산도, 치환성 염기, 자연 식생, 단초형과 장초형, 난지형(남방형)과 한지형(북방형), 일조량, 고온 장해

초지조성과 목초 생육에는 ① 목초가 필요로 하는 각종 영양분의 저장 공급원인 토양의 물리 화학적인 성질, ② 목초가 자라는 데 직간접적으로 영향을 주는 나무와 야초 등 초지 개발 이전의 식물 구성 상태 등 자연환경적 조건, ③ 기온, 강수량 및 일조 등의 기상환경 등에 큰 영향을 받는다.

2.1. 토양환경

2.1.1. 초지토양의 형태적 특성

산지 토양은 토양 생성 조건이 농경지 토양보다 좋지 못하다. 일반적으로 토양 자체가 비옥하지 못하고 환경 조건이 불량하다. 그러나 농경지 면적이 작은 우리나라에서는 토양 특성 및 환경조건이 다소 나빠도 개발이 가능하다면 농경지의 확대를 위하여 산지를 개발하는 데 역점을 두어야 할 것이다. 산지를 개발하고자 할 때는 무엇보다 토양을 고려하여야 한다. 토양 특성 중에는 형태적 특성, 물리적 특성, 화학적 특성 및 점토 광물학적 특성 등 여러 가지가 있으며, 이 중 가장 중요한 것은 형태적 특성과 물리적 특성이다. 이들 특성이 나쁘면 토양을 개량하는 데 많은 노력과 비용이 소요되어 초지로 개발한다 할지라도 좋지 못한 결과를 가져오게 된다. 화학적 특성 및 점토 광물학적 특성이 나쁜 토양은 석회 등 토양 개량제를 시용함으로서 토양을 개량할 수 있으므로 큰 문제가 되지 않는다. 산지개발에 있어서 지형과 토양 환경은 목초의 생산성을 좌우하는 중요한 요인들이며 세부적으로는 지형, 경사, 식물에게 유효한 토양 깊이(유효토심), 토양 성질(토성), 자갈 함량, 토양 배수, 토양 침식의 정도 등을 들 수 있다. 특히 산지는 농경지보다 토양 조건이 나쁘므로 목초 수량을 높이기 위해서는 특별한 비료를 주는 것이 필요하다.

(1) 지형

지형은 토양 생성에 미치는 영향이 매우 크다. 침식에 의하여 토양의 성질에 직접적으로 영향을 줄 뿐만 아니라 물 빠짐 조건에 따라 식물의 구성 비율과 관련이 있어 간접적으로 토양의 특성에 영향을 미친다.

특히 산지 토양은 여름철의 집중 강우로 인하여 오랫동안 침식되었기 때문에 땅 표면이 높고 낮음이 심하고 경사지가 많은 것이 특징이므로 초지로 개발하는 데 많은 제약이 따르고 있다.

(2) 경사도 및 경사 방향

경사도는 초지조성이 가능한지를 판정하는 데 중요하다. 경사는 식물이 뿌리를 내리고 생육하는 데 유효한 토양 깊이와 관련이 있다. 경사가 완만한 지역에서는 유효한 토양 깊이가 깊고, 경사가 심한 곳은 토양 침식으로 인하여 땅 표면의 토양 유실이 심해 유효한 토양 깊이가 매우 얕다.

대체로 경사도가 15%(8°32′) 미만인 곳이 경운조성에 알맞고 경사도가 15° 이상으로 기계 작업이 곤란한 곳은 땅을 갈아엎지 않는 불경운방법으로 조성하여야 한다(표 2-1). 산지에서는 경사면의 방향에 따라 토양, 기상 조건 및 목초 생산성 등에 차이를 보인다.

〈표 2-2〉에 표시한 남향과 북향 간의 특성 차이는 경사도가 완만해질수록 또한 표고가 높은 고산지대일수록 작다. 동향과 서향의 특성은 남향과 북향의 중간이나 동향은 북향, 서향

표 2-1 경사도별 등급 및 부호

부호	경사도(%)	명칭
A	0~2 (0~1°9′)	평탄
B	2~7 (1°9′~4°)	매우 약한 경사
C	7~15 (4°~8°32′)	약한 경사
D	15~30 (8°32′~16°42′)	경사
E	30~60 (16°42′~31°)	심한 경사
F	60 이상 (31° 이상)	매우 심한 경사

표 2-2 산지의 경사면 방향에 따른 환경 및 지력 차이

구분	북향	남향
일조량	적다	많다
지온	낮다	높다
수분	많다	적다
한발	보통	심하다
침식	적다	많다
표토	있다	얇거나 유실, 계곡침식
유효토심	보통~깊다	얕다~보통
유기물	보통~많다	적다
지력(생산력)	높다	낮다
식생	좋다	나쁘다

표 2-3 유효토심의 구분 기준

부호	유효토심(cm)	명칭
1	0~20	매우 얕음
2	20~50	얕음
3	50~100	보통
4	100~150	깊음
5	150 이상	매우 깊음

은 남향 조건에 더 가깝다. 이러한 특성 차이를 고려할 때 초지의 조성시 목초가 땅에 자리를 잡는 것과 생산성은 북〉동〉서〉남향 순으로 좋은 편이다.

(3) 유효토심

유효토심은 목초의 뿌리가 수분과 양분을 흡수하는 토양의 깊이로 그 깊이에 따라 다음과 같이 구분한다(표 2-3).

예를 들면 토양 물질의 깊이가 얕아서 표토 바로 밑에 암석, 단단한 층, 점토질 얕은 웅덩이, 자갈 및 모래층 등이 있는 경우는 수분을 유지하는 능력 및 양분 보존 능력에 나쁜 영향을 주어 뿌리의 생육을 나쁘게 한다. 일반적으로 경운초지를 조성하려면 유효토심이 50cm 이상은 되어야 하고, 불경운초지를 조성하더라도 20cm 이상은 되어야 한다.

(4) 토성

토양 입자의 크기에 따라 점토(직경 0.002mm 이하), 미사(직경 0.002~0.05mm), 모래(직경

표 2-4 돌 및 자갈의 함량별 구분 기준

부호	함량(용량%)	구분	비고
1	3 이하	없음	자갈: 직경 0.2~7.5cm
2	3~10	약간 있음	돌: 직경 7.5~60cm
3	10~35	있음	바위: 직경 60cm 이상
4	35 이상	많음	

0.05~2mm)로 구분하고 이들이 섞인 비율에 따라 〈그림 2-1〉의 삼각표에 의하여 토성을 여러 가지로 나눈다.

일반적으로 초지토양으로서 찰흙 함량이 높은 식질의 경우는 배수가 곤란하다. 모래의 함유율이 높은 사질의 경우에는 배수가 매우 양호하기 때문에 가는 모래나 찰흙으로 구성된 미사 식양질과 모래로 구성된 사양질 토양이 초지를 조성하는 데에 유리하다.

(5) 자갈 함량

돌 및 자갈의 함량 기준은 〈표 2-4〉와 같이 구분하는데, 돌과 자갈이 있고 없는 것에 따라 그 토지가 농업, 임업 및 축산의 이용에 상당한 영향을 준다. 또한 자갈 및 돌의 성질을 알아냄으로써 그 토양의 성질을 알 수 있다. 자갈이나 돌이 많은 토양은 농기구의 사용이 불편하고 작업능률도 떨어지며 목초 생육과 방목 가축의 발굽에도 지장을 가져온다.

대체로 경운초지를 조성할 때는 자갈함량이 10% 이하가 되어야 유리하다. 지형조건에 따라 집중적으로 돌과 자갈이 많아 초지조성 및 관리이용에 어려운 곳이 많다. 필요에 따라서는 제거하여야 하며 큰돌이 많은 곳은 땅을 경운하지 않고 파종하는 겉뿌림법에 의해서 초지를 조성하여야 한다.

(6) 토양 배수

토양 배수는 물이 흘러내림, 내부 토양 배수 및 토양 속에서 물이 통과하는 정도에 따라 배수의 좋고 나쁨을 판정한다. 그러므로 모래땅이라 할지라도 물이 통과하는 정도는 좋지만 배수는 불량한 경우가 있을 수 있다.

토양 배수의 각 등급별에 따른 정의는 다음과 같다.

배수 매우 양호: 물이 매우 빨리 빠진다. 경사가 심하거나 토층이 얇고 사질토양으로서 토양 입자 사이의 틈(공극)이 많은 토양에서 볼 수 있다. 주 토색은 갈색, 황색 및 적색계로서 지하수위가 150cm 이하에 있으며 회색반점 무늬는 없다. 해수욕장의 모래사장이나 경사가 심한 산악지의 토심이 얇은 토양이 이에

그림 2-1 토성 분류 삼각표(미국 농무성)

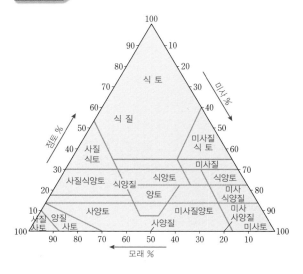

속한다.

배수 양호: 물이 쉽게 빠진다. 토성은 비교적 양질계 토양인 중립질(1~5mm 입자)이며 기층하부 혹은 100cm 이하의 깊이에서 회색반점 무늬가 생길 수도 있다. 주 토색은 갈색, 황색 및 적색계로서 지하수위는 150cm 이하이고 경사가 심하지 않은 대지 및 구릉지 토양이 이에 속한다. 토지 이용은 대부분 밭, 과수, 뽕밭 및 초지로 이용되는 토양들이다.

배수 약간 불량: 배수가 느려서 상당한 기간 동안 토양이 습한 상태로 남아 있다. 지하수위는 50~100cm에 있으며 토성에는 관계없으나 비교적 세립질(1mm 이하 입자) 토양으로서 평탄지, 낮은 지대 및 계곡에 있는 토양이 이에 속한다. 토지 이용은 주로 논으로 이용되고 있다.

배수 불량: 배수가 매우 느려서 지하수위가 연중 땅 지표 상부 또는 표토 근처에 머물러 있다. 토성에는 관계없으나 비교적 세립질 토양으로서 바닥이 비교적 평평한 낮은 지대, 오목한 모양의 지대, 하천 바닥 같은 낮은 지대 및 계곡에 있는 토양이며, 특히 모래가 많은 토양이라 할지라도 지하수위가 높으면 배수가 불량하다. 토지 이용은 논으로 이용하고 있으나 2모작은 불가능한 토양이다.

우리나라 산지토양은 경사지가 많고 토심이 얕아 자갈함량이 많은 편이기 때문에 대부분 배수는 매우 양호하다. 배수가 불량한 토양은 초지로 이용하기에 적합하지 않다.

2.1.2. 목초의 생육과 토양 비옥도

토양은 목초의 생육, 수량 및 품질과 깊은 연관이 있으며 토양의 물리적, 화학적, 생물학적인 모든 특성을 종합한 작물 생산력을 지력 또는 토양 비옥도라고 표시한다. 우리가 초지를 조성하고자 하는 산지는 경사가 완만한 일반 지역으로 작물 재배가 이루어졌던 곳과는 매우 다르며 낮은 토양 비옥도 특성을 갖고 있다. 목초의 생육에 영향을 미치는 주요 토양 비옥도 조건으로는 무기성분, 유기물이 분해될 때 만들어지는 부식, 유해물질, 토양 수분과 토양 공기(3상 분포비율), 토성, 토양 구조, 토층, 토양 반응 및 토양 미생물 등을 들 수 있다.

(1) 물리적 성질

우리나라의 산지토양은 표고, 모암, 지형, 경사도, 경사면의 방향, 식물구성 및 관리조건 등에 따라 다소 차이가 있으나 대체로 침식을 많이 받은 척박한 땅심을 갖고 있다. 일반적인 특성과 이에 따른 초지 관리 방향을 종합하면 아래와 같다.

① 표토 및 유효토심이 얕다.

침식에 의해 표토가 유실된 지역, 암석의 풍화 분해물이 그 암석 위에 그대로 쌓여 된 오목한 형태의 지형 및 급경사지에서 심하며 초지조성 및 관리에 많은 제한을 가지고 있다. 이러한 조건하에서는 뿌리가 깊게 뻗는 특성을 가진 목초 재배가 곤란하고 양분과 수분 보존력이 낮으며 시용한 비료의 손실이 크기 때문에 대체로 초지조성이 어렵다. 그러나 초지조성을 한다면 척박한 지역과 건조에 적응성이 강한 초종을 섞어서 혼파하고, 땅심을 높이기 위하여 두과목초의 혼파비율을 높이며 비료 시용 횟수를 늘리는 것이 좋다. 그리고 침식이 심한 곳은 초지조성 대상지 내에 있더라도 초지조성 대상지에서 제외시키고, 기존에 살고 있는 식물을 보존하거나 흙이나 모래가 비에 떠내려가는 것을 막기 위하여 숲을 조성한다. 그 이후에는 숲을 방목 가축이 쉴 수 있도록 쉼터로 활용하거나 또는 바람을 막는 숲으로 보존하는 것이 좋다.

② 표토에 돌과 자갈이 많다.

지형조건에 따라 자갈이 집중적으로 많아서 초지조성 및 관리이용에 제한요인이 되고 있는 곳이 많다. 특히 산골짜기에서 산사태 때 대량으로 침식된 흙과 모래가 쌓여서 이루어진 지형과 산기슭 경사지에 많다. 상황에 따라 제거작업이 필요하며 큰 돌이 많은 곳은 경운하지 않고 파종하거나 가축을 방목시켜 발굽을 이용(발굽갈이법)하여 초지를 조성하기도 한다. 그러나 돌이 많아 초지이용 비율이 낮은 곳은 오히려 자연상태로 두어 가축에게 그늘 제공, 바람막이 및 비상시 가축이 대피할 수 있는 숲 등으로 이용하여 보존하는 것이 바람직하다.

③ 토양의 3상 분포가 불량하다.

목초의 뿌리 생육에 좋은 토양 수분 보존과 통기 상태를 유지하기 위해서는 토양의 3상 분포(고체, 액체, 기체) 비율이 좋아야 하는데 보통 산지는 고상(고체) 비율이 높아 다소 불량한 편이다. 대부분 산지는 경운이 불가능하므로 초지조성시 토양 구조 개선이 힘들다. 따라서 통기성과 보수성이 불량하여 뿌리 발육이 방해받기 쉽다. 초지조성시 석회 시용은 토양의 구조 개선에 중요하다. 또한 초지 면적이나 생산량에 비하여 가축수를 많이 넣은 방목은 토양 표토층이 단단해지므로 피하고 특히 우기중에 조심하여야 한다. 균형있는 비료의 시용은 목초의 생육을 좋게 하여 유기물 함량을 증가시켜 토양 구조 개선에 도움이 된다. 더불어 두과 목초의 혼파는 비옥도 증진에 기여한다. 또한 초지조성 대상지가 급경사지는 수분 손실이 크다. 따라서 초지의 식생 상태, 즉 지표면의 피복정도에 따라 수분 보존이 크게 좌우된다.

(2) 화학적 성질

우리나라 토양은 기초 지반을 구성하는 암석(모암)의 2/3가 산성암인 화강암과 화강편마암으로 되어 있으며, 많은 강우량에 따른 토양(양분) 침식, 무기염류의 용탈, 빗물에 의한 산성화 등에 따라서 산성토양이 많고, 유기물, 유효인산 및 식물에 유용한 알칼리성 양이온(치환성 염기)이 낮아 화학적 특성이 불량하다(표 2-5).

① 산도(pH)가 매우 낮다.

토양산도(pH)가 5.0 내외의 강한 산성토양은 목초 생육에 유익한 미생물의 활동을 크게 억제하며, 토양구조가 불량하고 무기양분의 이용도가 낮다. 따라서 초지조성시 석회 시용을 통한 산도 교정을 하지 않을 경우는 두과목초의 정착이 거의 불가능하고 화본과목초의 수량도 크게 감소한다. 또한 3요소 시비효율이 떨어지며 잡초가 많아져 부실초지가 되기 쉽고, 목초의 품질이 저하되어 가축의 성장에 충분한 양질의 목초 생산이 되지 못한다. 따라서 초지조성 전에 석회 시용을 하여야 하며, 그렇지 않으면 정상적인 수준의 수량을 올리기 위해서는 3

표 2-5 농경지와 산지의 화학적 특성

구분	경지별	유기물 %	유효인산 ppm	pH	치환성 염기 me/100g			염기 포화도 %	거름기 간직힘(OEC) me/100g
					석회	고토	칼리		
한국	농경지(A)	2.9	101.0	5.7	4.20	1.2	0.34	60	9.6
	산지(B)	0.9	11.3	5.3	0.75	0.73	0.22	26	6.5
	B/A(%)	31.7	11.2	−	17.8	60.8	64.7	43.3	67.7
일본	초지*	2~3	100.0	5.5	7.20	1.20	0.32	50	20.2

* 일본 농림 수산 기술회(1967)

요소 시용량을 석회시용 때보다 더 많이 주어야 한다.

② 유기물 함량이 낮다.

산지토양의 유기물 함량은 표고가 높은 산악지대나 일부 지역을 제외하고는 대체로 낮은 편이다. 유기물이 부족한 토양은 수분 보존력이 약할 뿐만 아니라, 통기성이 불량하고, 양분 및 수분의 유실량이 증가하며, 거름기를 간직하는 능력 등이 낮아 목초 생육에 불리하다. 그러나 초지를 조성한 후 잘 관리된 초지는 유기물 함량이 점차로 높아져 산지토양의 개량효과가 크다. 그러나 부실초지로 인한 지표 피복률이 낮아지면 오히려 유기물 유실이 많아진다. 따라서 초지조성시 두과목초의 혼파로 유기물 향상 및 지력을 증진시켜야 하며 방목이용으로 초지에 분뇨의 환원 및 퇴구비의 초지 환원을 시키는 토양 관리가 따라야 한다.

③ 유효인산 함량이 매우 낮고 인산 고정력이 높다.

초지조성시 인산이 부족하면 목초가 지표면 위로 나오는 출현이 늦어지고 목초의 뿌리 발육이 저해되어 초기생육이 불량하게 된다. 월동 전에 충분히 자라지 못하면 겨울 동안에 동사율이 높아져 부실초지가 되기 쉽다. 또한 혼파초지에서 두과목초 비율 및 정착률이 저하되고 목초 품질이 낮아 가축에게 인산 결핍을 초래하게 된다. 따라서 초지조성시 충분한 인산(25kg/10a)을 주는 것이 좋다.

④ 낮은 치환성 염기의 함량 및 포화도

우리나라에서 각 염기의 함량을 초지의 생산력 등급기준과 비교한다면 석회는 하위 등급, 마그네슘 및 칼리는 중위 등급에 속한다. 특히 석회 부족은 pH가 낮은 토양 특성과 밀접한 연관이 있지만 너무 낮아서 석회 시비를 하지 않은 초지조성은 곧 부실초지가 되기 쉽다. 또한 거름기를 간직하는 능력인 염기포화도가 26%로 이상적인 적정 포화도인 80%(석회 60%, 마그네슘 15%, 칼리 5%)에 비하면 토양 중의 염기가 매우 부족한 실정이다. 석회〉마그네슘〉칼리 순으로 매우 부족하여 절대적으로 양분 결핍을 초래할 수 있는 수준이다. 따라서 두과 목초의 정착이 불가능하고 화본과목초의 생육도 크게 저하되어 결국 목초율이 낮아지고 목초 중 염기함량 부족 및 염기 간의 불균형을 이루어 가축에 그래스 테타니(grass tetany, 저마그네슘혈증)와 칼슘/인 비율의 불균형으로 질병을 일으키기 쉽다. 석회시용과 더불어 적정 3요소의 균형 시비 및 마그네슘 함량이 높은 비료 시용으로 염기의 균형을 이루도록 하여야 한다.

(3) 지형별 환경 특성

산지 경사면의 방향, 해발고도(표고)와 경사도에 따라 태양광선의 투사량, 온도 및 이화학적 변화가 다양하기 때문에 지형조건에 따라 토양 비옥도 및 생태학적인 차이가 크다.

① 경사면의 방향

산지에서는 경사면의 방향(동, 서, 남, 북)에 따라 다양한 환경차이를 보인다. 산지 경사면의 방향에 따른 환경 조건 및 지력 차이는 초지의 조성, 관리 및 이용시 고려하여야 할 사항이다. 초지를 조성할 때는 조성시기, 조성비료의 시용량, 혼파초종의 선택 및 파종량 등이 고려되어야 할 것이며, 초지관리 및 이용에 있어서는 부실초지시 보충 파종하는 정도, 방목과 예취시기 및 횟수, 마지막 예취 및 방목시기, 관리비료의 시용량 및 시용방법 등 다양하게 구분하여 점검하는 것이 필요하다.

② 표고 및 경사도

일반적으로 표고가 높은 곳에 위치한 산지초지(표고 500m 이상)는 낮은 곳의 산지초지보다 목초의 생육일수가 짧아 수량은 떨어지지만 품질은 높다. 그러나 우리나라에서 고산지대의 초지는 여름에도 서늘하여 한지형 목초에 발생하는 고온장해가 거의 발생하지 않기 때문에 표고가 낮은 지대의 초지와 비교할 때 수량 차이는 거의 없다.

산지 경사면이 같은 방향이어도 경사도에 따라서 지력 및 목초의 생산성에 큰 차이를 보인다. 즉 경사가 심한 토양은 경사가 심하지 않은 토양보다 척박하다. 이는 토양 침식 정도, 토양 깊이, 양분함량, 수분 보존능력 등과 관련된 땅심 차이에 주로 기인한다. 따라서 초지조성 시 앞에서 경사면의 방향별 특성 차이의 여러 기준을 고려하여야 하고 목구도 경사도별로 구분하여 만드는 것이 좋다. 이 밖에 산지에서 볼록 지형, 오목 지형 및 평탄 지형과 같은 조건에 따른 지력과 수분 관리 차이도 고려하여야 한다.

2.1.3. 초지토양의 개량 방법

그림 2-2 목초의 생육에 적합한 토양산도(pH)의 범위(김과 이, 2002)

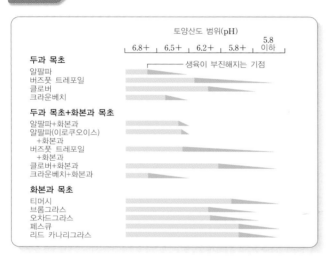

그림 2-3 식물의 양분 공급에 미치는 석회시용 효과

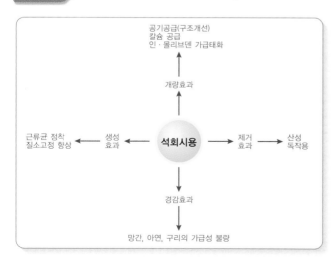

앞에서 살펴본 바와 같이 우리나라 산지 토양은 물리적·환경적·화학적 특성에서 목초의 생육에 나쁜 조건을 가지고 있다. 이러한 것을 개선하기 위해서는 토양산도 교정과 비료 시용 등의 처리를 해야 한다.

(1) 목초의 생육에 적합한 pH의 범위

토양산도에 대한 목초의 적응 범위는 〈그림 2-2〉에서 보는 바와 같다. 목초마다 적응범위는 다르나, 대체적으로 화본과는 약산성에도 어느 정도 잘 적응하나 두과는 중성의 토양에 잘 적응한다.

(2) 암석의 토양개량 효과

앞에서 언급한 대로 우리나라 산지토양의 특성 중 하나는 산성토양이다. 이러한 화학적 특성을 개량하기 위해서는 토양개량제를 이용하는 것이 좋으며, 일반적으로 많이 사용하는 것이 석회다. 석회의 시용 효과를 그림으로 나타내면 〈그림 2-3〉과 같으며, 생성효과, 개량효과, 제거효과 그리고 경감효과로 나타낼 수 있다.

표 2-6	토양을 pH 6.5로 교정하기 위한 석회석분말 1호의 소요량(김과 이, 2002)			(단위: kg/ha)
교정 전 pH	사양토	양토	식양토	식토
4.8	5,000	8,750	12,500	18,750
5.0	4,380	7,500	11,200	15,000
5.5	3,130	5,000	7,500	10,000
6.0	1,880	2,500	3,750	5,000

(3) 석회의 시용량과 시용방법

석회는 석회석 또는 백운석을 땅 표면 가까이에 묻혀 있는 것을 파내어 분쇄 및 가공하여 만든다. 석회비료의 종류는 석회석분말, 고토·석회분말 및 고토·생석회 등이 있다.

〈표 2-6〉은 토양산도 교정을 위한 석회 시용량인데, 초지 조성 대상지의 산도를 측정한 다음 이 표에서 제시하는 양을 사용하면 된다. 산지 초지 조성은 경운을 하지 않는 불경운초지 조성법을 쓰기 때문에 직접 지면 속에 섞이는 경우가 적어 다량 사용하면 알칼리에 의한 역효과를 예상할 수 있다. 따라서 밭에서 주는 양의 1/3을 조성 6개월 전에 주는 것이 좋다. 그러나 양이 많고 또 산지에 운반하는 데 어려움이 있으므로 대규모 산지개발에는 쓰지 않는 것이 경제적이라는 보고도 있다.

(4) 인산비료의 사용

초지조성 대상지인 산지는 인산이 부족한 경우가 많은데, 새로 도입된 목초 유식물이 정착하는 데 인산은 절대적으로 필요하다. 따라서 초지 정착을 좋게 하기 위해서는 인산을 사용해야 한다. 산지초지 개발에서 인산비료는 비료라기보다 토양 개선제로 인식하는 것이 필요하다. 주는 양은 경운초지조성 시에는 ha당 100~150kg 정도 사용하는 것이 좋다.

2.2. 식생환경

2.2.1. 주요 자연식생과 분포

식생군은 그 지역의 기후와 토양 성질에 크게 영향을 받아 형성되는 것이므로 지역 및 지대에 따라 식생군이 다르다. 또한 식생군은 생육환경이 달라지면 그에 적응할 수 있는 식생군으로 변천하는 것으로서 고정상태가 아니고 인위적으로도 변화시킬 수 있는 불안정한 상태이다. 그러므로 산지를 초지로 개발한다는 것은 기존의 식생군을 인위적으로 파괴하여 원하는 목초지의 식생군으로 변화시키는 것을 말하며, 기존 식생군의 상태는 초지조성시에 큰 영향을 미칠 뿐만 아니라 이후의 초지 유지·관리와도 관계가 깊다.

산지에 많이 자라는 자연 식생은 〈표 2-7〉과 같이 교목, 관목, 초본별로 나눌 수 있다. 초본은 억새 등이 우점되어 있는 키가 큰 장초형과 잔디 등이 주요 식생인 키가 작은 단초형으로 구분되며 그 밀도에 따라 초지조성에 크게 영향을 미친다.

이들 식물의 분포를 보면 교목이나 관목류는 사람의 손이 덜 미치는 표고가 높은 지대에 많이 분포되어 있으며, 초본은 산림이 벌채되거나 산불이 난 후에 그늘에서 자라는 식물이 없어지고 새로 나타나는 것으로서 사람의 손이 잘 미치는 곳에 분포된다. 초본류 중 키가 작

표 2-7 산지에 많이 자라나는 식생

구분		식생
교목		소나무, 떡갈나무, 갈참나무, 상수리나무, 아카시아, 졸참나무, 오리나무, 일본잎갈나무, 보리수, 다름나무
관목		싸리, 진달래, 철쭉, 참싸리, 찔레, 칡, 국수나무, 생강나무, 청미래덩굴, 조릿대
초본	장초	새, 개솔새, 억새, 솔새, 기름새, 큰기름새, 바랭이, 개망초, 고삼, 개억새, 엉겅퀴
	단초	잔디, 김의털, 제비쑥, 망초, 까치수염, 매듭풀, 오이풀, 고사리, 양지꽃, 도라지

은 단초형은 주로 토양 비옥도가 낮고 건조한 토양에 분포되어 있고, 키가 큰 장초형은 작은 단초형보다 토양이 비옥하고 토양수분의 유지가 좋은 곳에 많이 분포되어 있다.

2.2.2. 자연식생과 목초와의 관계

야초와 목초의 사료가치를 보면 〈표 2-8〉과 같이 목초가 월등히 높다. 목초와 야초를 생육이 같은 단계에서 비교하면 에너지의 근원이 되는 조단백질 함량은 목초가 많고 야초는 적다. 또한 가축이 거의 이용하기 어려운 조섬유 함량과 구조탄수화물 함량은 야초가 많으며 총가소화양분과 기호성은 목초에서 좋다. 대부분 난지형(남방형)인 야초는 생육환경 중 빛과 고온을 좋아하지만 한지형(북방형)이 대부분인 목초는 야초보다 빛과 고온을 덜 좋아한다. 따라서 목초는 기온이 크게 높지 않은 4~6월과 9~10월에 잘 자라서 생육기간이 긴 반면에 야초는 여름 고온기(7~8월)에만 생육이 왕성하므로 생육기간이 짧다. 계절별로 생산성을 보면 목초와 야초 간에 적정 생육환경이 다르기 때문에 목초는 여름에 고온장해 현상이 발생하여 계절 간에 생산성이 불균일하며 야초는 오히려 여름 한때 생육이 좋아 수량이 많다. 외부의 장해에 견디는 힘도 목초가 강하다. 방목과 예취 등에 의한 생장에 자극이 있을 때 다시 생육을 하는 힘은 목초가 월등히 좋다.

그러나 목초는 우리나라의 자생종이 아니고 다른 기후 지역이나 유럽 지역에서 자생하는 초종을 개량한 것이기 때문에 우리의 자연환경에 알맞은 초종은 아니다. 그러므로 초지를 조성한 후 그대로 두면 목초는 쉽게 소멸되고 야초는 번성한다. 활엽수나 관목류가 우점된 지역은 야초가 많이 분포되어 있어서 초지를 조성하는 데 노력과 경비가 많이 든다. 조성 후에도 관리가 소홀하면 벌채된 나무뿌리가 다시 되살아나서 목초의 생육을 억압한다. 침엽수가 우점된 지역은 야초의 밀도가 적을 뿐만 아니라 다시 생육이 어려워 초지조성 후 관리도 편리하다. 잔디나 김의털 등 키가 작은 야초가 많은 지역에서 경운초지를 조성할 때는 땅을 잘게 부수거나 평탄 작업을 하는 것이 어렵고, 불경운초지조성을 할 때는 기존의 떼 형성이 빽빽하여 목초 종자가 땅에 접촉하기가 어려워서 식물이 땅에 자리를 잡는 것이 불량하다.

표 2-8　목초와 야초의 영양성분 비교(축시, 1981)

구분	초종	생육단계	조단백질 %	조섬유 %	구조탄수화물 %	총가소화양분 %
목초	오차드그라스	수잉기	16.1	23.2	39.8	59.2
	이탈리안 라이그라스	〃	12.1	17.4	47.6	54.9
	페레니얼 라이그라스	〃	15.1	20.9	34.1	54.3
	티머시	〃	12.1	26.6	–	58.8
	톨 페스큐	〃	14.2	20.4	35.3	53.0
	메도우 페스큐	〃	13.1	17.7	–	52.3
	리드 카나리그라스	〃	14.8	29.4	40.2	–
	켄터키 블루그라스	〃	22.1	21.2	42.2	64.2
	평균		15.0	22.1	39.9	56.7
야초	새	〃	5.5	30.4	–	48.0
	억새	〃	7.1	29.8	–	57.6
	바랭이	〃	9.3	24.3	41.2	53.1
	솔새	〃	8.6	31.0	–	–
	그령	〃	7.3	29.7	–	55.3
	기름새	〃	8.0	31.1	62.7	–
	띠	〃	7.4	32.6	–	45.5
	잔디	〃	7.0	28.1	–	57.7
	평균		7.5	29.6	51.9	53.2

2.3. 기상환경

2.3.1. 기온

　목초의 생육에 영향을 미치는 기상요인 중에서 가장 큰 것은 기온, 강수량과 일조이다. 그중에서 기온은 목초의 생육기간을 결정하는 중요한 요인으로서 너무 높거나 낮아서는 안 된다. 너무 높은 고온이 지속되면 고온장해를 일으키고, 너무 낮으면 생육이 중지되거나 목초가 얼어서 장해를 받고 토양 동결이나 서릿발 등으로 뿌리가 절단되거나 뽑혀서 말라 죽는 등 간접적인 피해를 받는다.

　우리나라에서 재배되고 있는 목초들은 대부분 한지형(북방형)이기 때문에 난지형(남방형)보다 생육 적온이 낮다. 한지형 목초의 지상부는 생육 적온인 15~21°C 범위에서 봄이나 가을의 서늘한 기온에서는 왕성하게 자라지만 25°C 이상의 여름철 고온기에는 잘 자라지 못하며 잎이 말라 죽는 등 고온장해를 받기 쉽다. 그리고 온도가 5°C 이하로 낮아지면 생육이 정지된다(표 2-9).

　그러므로 우리나라에서 목초를 재배하는 데 한 가지 문제점은 계절 간에 기온의 변화가 심하여 계절에 따라 알맞은 관리를 못 해주면 초지가 쉽게 부실화되기 쉬우므로 세심한 주의가 필요하다. 특히 조성 첫해의 목초는 정착이 되기 전에 약하기 때문에 겨울철의 추위에 의하여 동해를 받기 쉽다.

　여름철의 높은 기온은 토양 수분의 증발량을 많게 하여 가뭄의 피해를 일으킬 뿐만 아니라 뿌리의 기능을 약화시키는 원인이 되기도 한다.

표 2-9　목초의 생육 적온(℃)

구분	초종	지상부	지하부
한지형	오차드그라스	15~21	12~21
	티머시	13~21	12~21
	켄터키 블루그라스	16	13~23
	라이그라스류	16~21	7~17
	메도우 페스큐	13~21	17
중간형	스무스 브롬그라스	21~29	20~26
난지형	수단그라스	23~35	21~30
	버뮤다그라스	28	27~38

2.3.2. 강수량

강수량은 강우량과 강설량으로 구분된다. 가장 중요한 것은 강우량에 의한 수분으로 그것은 목초의 광합성 작용, 식물체의 영양소 운반 및 온도 조절에 중요한 역할을 하여 목초의 생육 및 수량을 크게 좌우한다.

(1) 강우량

우리나라의 월별 강우량 분포를 보면 연간 강우량의 2/3가 6~8월의 여름철에 집중되고 있어 여름 장마철에는 토양 수분의 과다로 습해를 받거나 가축을 방목하면 목초가 흙속에 묻히기 쉬운 반면, 목초가 가장 잘 자라는 봄과 가을에는 때에 따라 토양 수분의 부족으로 가뭄의 피해를 받기도 한다.

목초 생육에 영향을 미치는 것은 유효수분 함량인데 이를 지배하는 주요 요인으로는 연간 강우량 및 월별 강우분포, 기온, 대기습도, 경사도 및 경사방향, 지하수위, 물이 토양 중으로 스며들어가는 속도, 식생상태 등을 들 수 있다. 그러므로 한지형(북방형) 목초의 생육 최성기인 봄과 가을에 가뭄 피해를 받기 쉽기 때문에 목초의 수량에 크게 영향을 주며, 봄과 가을 파종 및 보충 파종할 때 발아와 출현에도 큰 지장을 준다. 특히 가을철의 가뭄으로 인한 초기 생육 지연은 월동기간 중 동사율을 높여 부실초지가 되기 쉽다. 반면에 강우 강도가 높은 여름철 큰비는 산지초지의 토양 침식 우려가 높다. 초지조성의 실패, 방치, 초지의 과다 예취 및 과방목을 하였을 경우 피해가 크다. 이러한 우려는 산지의 경사도가 높을수록 심하다. 목초는 잎을 이용하게 되어 일반 작물에 비하여 수분 요구량이 많으므로 목초 생육에 지장이 없도록 적정 토양 수분의 유지에 힘써야 할 것이다(표 2-10).

(2) 강설량

겨울철의 강설량은 목초에 중요한 영향을 미친다. 눈은 태양열의 흡수가 적어서 온도가 상승하기 힘들며 눈이 덮혀 있으면 열의 이동을 막아 식물체 온도가 내려가는 것을 방지하여 동해를 예방한다. 또한 겨울에 지표층에서 서릿발에 의한 건조 피해를 방지한다. 우리나라는 겨울 동안에 강설량이 적은 편이며 연도별 강설량은 큰 차이가 있다. 또한 평야지는 적고 고산지는 많은 등 그 분포가 고르지 못하다. 겨울 동안 많은 강설량 및 눈이 쌓인 기간이 길면 목초를 피복시켜서 한파의 피해를 덜어 주어 월동시 고사율을 줄여준다. 특히 초지조성 첫해

표 2-10	작물별 수분요구량(kg)

작물	건물 1kg 생산에 필요한 수분
화본과 목초	861
알팔파	813
클로버	793
감자	636
보리	514
옥수수	368

의 월동 기간 중 강설량과 고른 분포는 어린 목초의 월동을 좋게 하여 초지의 조성 및 정착에 큰 역할을 한다.

2.3.3. 일조

(1) 광선의 특성

광선이 목초의 생육에 미치는 영향은 광선의 강도, 지속시간 및 광선의 질 세 가지이다. 광선의 강도는 광합성의 강도와 밀접한 관계가 있으며 광선의 강도가 약하면 일반적으로 생장이 저하된다. 그러나 목초의 종류에 따라서는 광선의 강도가 약해도 잘 생육하는 특성을 갖는 목초가 있으므로 혼파초지에서의 초종별 광 경합 조건에서 유리하여 초지의 생산성을 높여 주기도 한다.

일조의 지속시간은 특히 일장과 관계가 깊으므로 식물의 영양 및 생식 생장 변화에 큰 영향을 미친다. 광선의 질은 광파장을 의미하며 태양의 복사선 중 광합성에 유효한 가시광선이 식물의 생장에 크게 영향을 미친다.

(2) 일조량

우리나라는 땅 표면에 비치는 햇빛의 양(일조량)이 풍부하여 목초 생육에 햇빛이 부족한 경우가 별로 없다. 그러나 계절별로 일조량의 변화가 커서 여름철의 강한 일조는 기온과 지온을 높이고 잎의 표면온도를 높여 광합성에 지장을 주기 때문에 목초에 고온장해를 일으키는 동시에 토양의 수분증발을 많게 하여 가뭄 피해를 일으키기도 한다. 이러한 일조량은 초지의 경사도, 경사방향 및 토양조건에 따라 태양 광선 내 적외선(열선)의 흡수에 큰 차이가 있다 (그림 2-4).

그러므로 경사가 급한 남향의 초지는 적외선의 흡수량이 더욱 많아서 토양 수분의 증발량이 많고 땅의 온도가 높아져 여름철에 고온장해를 더 많이 받게 된다. 여름철에 고온장해를 적게 받도록 하기 위해서는 초지 내에 목책 역할을 하거나 그늘을 제공하는 숲을 인위적으로 조성하여 일조량을 감소시키거나, 목초를 높게 베어 햇빛의 적외선 흡수를 적게 하여 지온의 상승을 막아 주는 것이 필요하다. 우리나라에서 일조량과 목초 생육과의 관계를 〈그림 2-5〉에서 보면, 상대조도 75%, 즉 25%의 광을 차단하는 차광 조건하에서 보다 좋은 생육을 한다는 것을 알 수 있다.

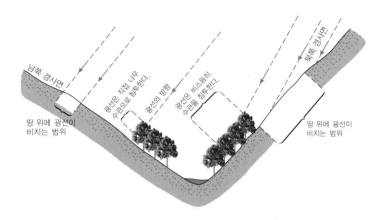

그림 2-4 대지에 도달하는 복사 에너지량에 대한 경사면과 경사방향의 영향

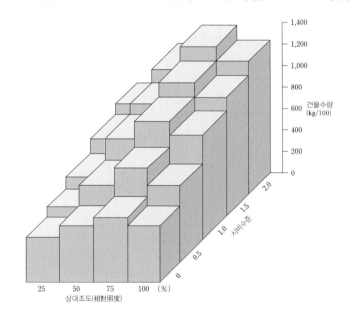

그림 2-5 상대조도와 시비수준이 오차드그라스의 건물수량에 미치는 영향(1978~1980년 평균)

2.3.4. 지역별 기상환경과 목초 생육

목초 생육과 가장 관계가 깊은 기온과 강수량은 각 지역별로 큰 차이가 있다. 기온은 각 지역 공통적으로 8월이 가장 높고 1월이 가장 낮은 것이 특징이나 월별로 기온의 변화를 보면 내륙지방에 비하여 강릉, 대관령과 제주지방은 기온의 변이폭이 비교적 적다. 월평균 강수량도 지역에 따라 차이가 큰데 최고로 많은 강수량을 나타내는 시기는 제주를 제외하고는 7~8월이고, 가장 적은 강수량을 나타내는 시기는 1월이다.

이와 같은 지역별 기상분포를 목초생육 조건과 연관시켜 보면 변이폭이 비교적 적은 제주, 강릉, 대관령 지역 등이 유리한 곳이고 변이폭이 넓은 수원, 광주, 대구 지역 등은 앞의 지역들보다는 불리한 지역이라고 볼 수 있다.

1. 우리나라에서 야초지 식생구성의 변화를 조사하라.
2. 기후변화의 원인과 산지초지에 미치는 영향을 조사하라.
3. 산지초지의 생육에 가장 좋은 토양 특성을 검토해 보라.

참/고/문/헌

1. 김동암, 김문철, 이효원. 2008. 초지학. 한국방송통신대학교.
2. 농촌진흥청. 1986. 알기 쉬운 초지조성과 이용. 농촌진흥청.

3장
산지초지 개발계획

개 관

축우산업을 영위하기 위해서는 풀 사료가 절대적으로 필요한 점은 과거나 현재나 변함없는 사실이지만, 근래의 우리나라 축산업이 사육규모가 커지고 상업적 영농으로 바뀌어 가면서 풀 사료의 부족으로 인한 사양기술과 경영적 어려움을 많이 겪게 되는바, 질 좋은 풀 사료의 충분한 이용이 오늘날의 축산경영 성패를 가름하는 가장 중요한 요인이 되고 있다.

자연 야초지를 개량하지 않고 그대로 이용할 때에는 초지조성 계획이나 시설이 크게 필요하지 않으나, 초지를 조성하거나 개량하여 집약적으로 이용하거나 바꾸고자 할 경우에는 주변 환경조건에 알맞은 초지조성 계획을 수립하고 이에 대한 이용 시설을 갖추지 않으면 생산성이 높은 초지라도 그 이용 효율을 높일 수 없게 된다. 따라서 초지개발 계획단계에서부터 초지에 대한 철학과 의지, 가축생산 경영과 초지생산의 목표 설정, 개발대상지의 기후, 토양조건의 이해 등 산지초지 개발에 필요한 기술들에 대한 검토가 필요하다.

학/습/목/표

1. 산지초지 조성을 위한 초지조성 계획의 중요성을 이해한다.
2. 산지초지 조성 대상지 선정방법을 숙지한다.
3. 산지초지 조성을 위한 사유지나 국유지의 임차방법을 이해한다.
4. 초지조성 인허가 절차를 숙지한다.
5. 산지초지 조성을 위한 관련 법률을 이해한다.

주/요/용/어

산지초지, 초지, 초지법, 초지조성, 사유지, 국유지, 임차, 대부료, 초지조성 인허가, 초지조성 관련 법률

3.1. 초지조성 계획

초지는 비교적 조방적 농업에 속하는 것으로 농민 1인당 효과적인 관리면적이 최소 20ha 이상이며, 따라서 농민 1인당 인구 부양력이 높고 농가소득도 높다. 만약 1~5ha의 면적에 초지를 조성하여 조사료를 생산하려 한다면 경제성이 없어서 부실초지가 될 가능성이 많으며, 초지조성을 처음 계획하고 있다면 적어도 자신 소유의 땅이나 임대 가능한 면적이 20ha는 넘어야 한다. 또한 가축의 사육규모 면에서 볼 때도 젖소 사양은 착유두수 40두 규모는 되어야 하며 한우 번식이나 육성의 경우 150두 이상은 되어야 개방화 시대에 경쟁력을 유지할 수 있기 때문이다. 개방화 시대에 선진국의 축산업과 가격, 품질 면에서 경쟁을 할 수 있으려면 초지나 사료포를 확보할 수 있어야 하고 일정한 수준 이상의 규모를 갖추지 않으면 안 되기 때문이다. 한번 초지를 조성하면 적어도 30년 이상 경제성이 있어야 하고 경쟁력을 갖춘 축산업을 할 수 있어야 하므로 자신의 연고지 주변만 고집하기보다는 초지로서의 규모를 갖출 수 있고 환경조건이 초지농업에 알맞은 이상적인 장소를 물색하는 데 큰 비중을 두어야 한다.

3.1.1. 초지조성 대상지 선정

초지조성 대상 토지가 초지조성이나 개량에 적지인지 여부를 판단하고 초지조성을 위한 계획을 수립하여야 한다. 초지를 조성하기 위한 계획은 초지의 형태를 임간초지, 불경운초지 및 경운초지 가운데 한 가지 또는 복합적으로 선택하여야 한다. 경사도가 완만한 곳은 경운초지로 하여 채초 또는 방목을 목적으로 조성하며, 경사도가 15도 이상으로 심한 곳은 불경운초지로 개량하여 방목을 위주로 하고, 벌목 허가가 어렵거나 임간초지가 적합한 지역은 임간초지로 개량하도록 계획한다.

초지조성 가능지의 등급을 구분하여 보면 다음과 같다.

경사도, 유효토심, 자갈함량, 토성 등을 고려하여 경사도가 20°이하로서 유효토심이 100cm 이상이고 자갈함량이 5% 이하인 사양토 또는 양토의 토성을 가진 것을 1급지로 하여 가장 좋은 초지조성 대상지로 보고 있으며, 경사도가 36°이상으로서 유효토심이 29cm 이하로 매우 얇고 자갈 함량이 31% 이상으로 많은 입사질 토양을 가진 것을 4급지로 분류하여 이런 곳은 초지조성 대상지로서 부적합한 것으로 보고 있다. 하지만 초지조성 대상지가 〈표 3-1〉에서 보는 것처럼 각 요인이 모두 같은 등급에 해당되는 것은 아니고 각 요인별로 등급이 뒤섞이는 것이 보통이므로 초지조성 대상지를 선정할 때에는 종합적으로 등급정도를 평가하면서 그중에 등급이 낮은 요인에 대해서는 어떻게 해결해야겠다는 계획을 세우는 데에 등

표 3-1 초지조성 적지판정 등급 기준

구 분	1급	2급	3급	4급
경 사 도	20° 이하	21~30°	31~35°	36° 이상
유효토심	100cm 이상	100~50 cm	49~30 cm	29cm 이하
자갈함량(바위노출)	5% 이하	6~20%	21~30%	31%이상
토 성	사양토 양 토	식양토 식 토	사 토 중점토	입사질토

급기준을 참고하는 것이 좋다.

3.1.2. 산지초지의 조성 대상지 확보

산지에 초지를 만들기 위해서는 임차 가능한 국유지나 시유지를 끼고 있는 사유지를 구입하는 것이 이상적이다. 만약 주변 환경이 약 70% 임차 가능한 국유림이라면 국유림 주변의 30% 사유림을 확보함으로써 연고권을 인정받아, 후에 국유림의 임차가 쉬울 수 있다. 이 경우 산지의 조림 상태나 벌목 허가 가능성을 확인하여야 한다. 벌목은 비조림지에 30년생 이하의 나무로만 구성된 지역이면 비교적 쉽고 30년생 이상의 나무가 있는 경우에도 벌목 허가를 받을 수 있는 곳이면 가능하다.

3.1.3. 초지조성에 제약을 받는 토지

초지를 조성하고자 하는 농가의 입장에서는 어느 곳이나 아무 제한 없이 조성할 수 있게 하는 것이 바람직하다. 하지만 국토를 효율적으로 이용하고자 하는 계획에 따라 산림보전, 수자원 보전, 자연경관 및 생태계 보전, 문화재 보전 등 국토의 보전 및 유지 차원에서 일단은 초지조성을 제한하고 있다.

최근에는 환경관련법이 강화되면서 초지를 조성하려는 산지가 수원지에 근접하는지 여부와 수원지와 직접 연결된 수로와 인접하지 않는지도 확인하여야 한다. 양돈이나 양계에 비하여 초지에 방목하는 소는 질소 및 인의 배설량이 적고 이를 환원할 토양이 있기 때문에 수질오염의 가능성은 매우 적지만 이러한 곳에서는 질소 및 인의 배출 기준이 낮게 설정되어 있어서 간혹 문제가 될 수도 있으니 주의하여야 한다.

초지조성의 제한(초지법 제3조)

① 다음 각 호의 어느 하나에 해당하는 토지는 초지로 조성할 수 없다.
  1. 국가 · 지방자치단체의 공용 · 공공용 · 기업용 또는 보존의 목적에 사용하고 있거나 사용하기로 계획이 확정된 토지
  2. 채종림(採種林) · 시험림(試驗林) · 산림유전자원보호림
  3. 국립묘지 · 공설묘지 · 사설묘지와 국가 또는 지방자치단체가 지정한 국립묘지 또는 공설묘지의 예정지
  4. 「국토의 계획 및 이용에 관한 법률」에 따른 도시지역
  5. 「자연환경보전법」 제12조에 따른 생태 · 경관보전지역
  6. 「야생생물 보호 및 관리에 관한 법률」 제27조에 따른 야생생물 특별보호구역
② 특별자치시장 · 특별자치도지사 · 시장 · 군수 또는 자치구의 구청장(이하 "시장 · 군수 · 구청장"이라 한다)은 「산지관리법」에 따른 보전산지, 「사방사업법」에 따른 사방지, 「자연공원법」에 따른 자연공원, 「국토의 계획 및 이용에 관한 법률」에 따른 개발제한구역, 「산업입지 및 개발에 관한 법률」에 따른 국가산업단지 · 일반산업단지 · 도시첨단산업단지 · 농공단지, 「산업집적활성화 및 공장설립에 관한 법률」에 따른 유치지역 등 다른 법률에 따라 이용이 제한되는 지역(제1항제1호 · 제2호 또는 제4호에 따른 토지를 포함한다)에 미개간지가 있는 경우에는 관계 행정기관의 장과 협의하여 이를 초지조성을 할 수 있는 토지로 할 수 있다.

3.2. 초지조성을 위한 사유지나 국유지의 임차

초지조성 대상지가 선정되면 토지가 사유지인지, 국유지나 기타 지방 단체의 소유인지를 확인하고 토지의 구입 및 임차를 위한 준비를 하여야 한다. 만약 토지를 구입할 능력이 있다면 바람직하겠지만 토지의 가격이 비싸고 목장의 시설에 많은 돈이 필요하므로 임차를 하는 방법이 좋다.

사유 미개간지의 임차는 초지법 제15조의 2를 준용하여 임차하고 초지를 조성해야 한다.

국유지나 공유지의 임차를 하기 위해서는 국공유지의 임차 전에 먼저 국공유지에 대하여 초지조성 허가를 받아야 한다. 초지조성 허가 절차는 다음 항목에서 다루기로 하고 초지조성 허가를 일단 얻고 나면 허가일로부터 15일 이내에 해당 재산관리청에 대부 신청을 하여야 하며, 재산관리청은 특별한 사유가 없는 한 다른 법률의 규정에도 불구하고 지체 없이 대부하여야 하며, 초지조성 허가를 받았을 경우에는 이미 이러한 법률의 규정에 대해서는 허가, 승인, 인가가 난 것으로 본다.

국공유지의 임대 시 대부기간은 5년이며, 재산관리청은 대부기간이 끝난 경우에는 5년 이상의 기간을 정하여 계속 연장하여야 하며, 대부료는 사유지 임대의 경우와 같이 지가의 1/100로 동일하며 지가는 해당토지의 개별 공시지가를 적용한다.

사유 미개간지의 임차조성(초지법 제15조 2)

① 사유(私有) 미개간지를 임차하여 초지를 조성하는 경우의 임대차관계에 대하여는 다음 각 호에 따른다.

　1. 임대차기간은 당사자 간의 합의에 따르되, 계약일부터 5년 이상으로 하여야 한다. 다만, 당사자 간에 합의가 성립되지 아니하는 경우에는 5년으로 한다.

　2. 임대차기간은 당사자 간의 합의에 따라 계속 연장할 수 있다.

　3. 제1호 및 제2호의 경우에 연간임차료는 당사자 간의 합의에 따르되, 조성 당시 미개간지 상태의 토지가격(임대차기간을 연장한 경우에는 연장 당시의 인근 미개간지 상태의 토지가격)의 100분의 1을 초과할 수 없다. 다만, 당사자 간에 합의가 성립되지 아니하는 경우에는 100분의 1로 한다.

　4. 제3호의 임차료는 초지조성을 완료한 연도의 다음 연도부터 지급한다.

② 삭제〈1999.2.5.〉

③ 삭제〈1999.2.5.〉

④ 제1항제1호 및 제2호에 따른 임대차기간에 해당 초지의 소유권이 이전된 경우에는 그 소유권을 승계한 자와 임차인 간에 제1항제1호 또는 제2호에 따른 임대차관계가 존속하는 것으로 본다.〈개정 2013.4.5.〉

⑤ 제1항에 따른 임대차관계에 의하여 사유 미개간지를 임차조성하려는 자는 제5조에 따른 초지조성 허가 신청 전에 토지소유자의 동의를 받아야 한다.

국유지·공유지의 대부(초지법 제17조)

① 국유지·공유지에 대하여 초지조성의 허가를 받은 자는 허가일부터 15일 내에 해당 재산관리청에 대부를 신청하여야 하며, 재산관리청은 특별한 사유가 없으면 다른 법률의 규정에도 불구하고 지체 없이 대부하여야 한다.

② 제1항의 대부기간은 5년으로 한다.

③ 재산관리청은 대부기간이 끝난 경우에는 5년 이상의 기간을 정하여 계속 연장하여야 한다. 다만, 재산관리청이 대부된 토지를 공익목적을 위하여 직접 사용하려는 경우에는 대부계약을 해지할 수 있다.

④ 재산관리청은 초지조성이 완료된 날부터 25년이 지난 대부토지는 제3항 본문에도 불구하고 초지조성의 목적달성이나 초지 이용의 실태를 고려하여 대부기간을 연장하지 아니할 수 있다.

⑤ 재산관리청은 제3항 단서에 따라 대부계약을 해지하는 경우에는 초지관리자에게 목장의 이전 등에 필요한 상당한 기간을 부여하고 해당 초지조성 및 축사 등 부대시설을 위하여 투자된 비용을 지급하여야 한다.

⑥ 초지조성자 또는 초지관리자가 제1항에 따라 국유지·공유지를 대부받아 조성한 초지에 그 초지를 이용하기 위하여 축사나 그 밖에 대통령령으로 정하는 영구시설물을 설치하는 경우에는 「국유재산법」, 「공유재산 및 물품 관리법」 및 「국유림의 경영 및 관리에 관한 법률」의 규정에도 불구하고 그 영구시설물의 국가 또는 지방자치단체에의 기부, 철거 또는 원상회복을 조건으로 하지 아니하고 설치할 수 있다.

허가 인가 등의 의제(초지법 제20조)

① 제5조에 따라 초지조성허가를 받은 경우에는 다음 각 호의 허가·인가 등이 있는 것으로 본다.

1. 「공유수면 관리 및 매립에 관한 법률」 제8조에 따른 공유수면의 점용·사용허가

2. 「하천법」 제33조에 따른 하천의 점용허가, 같은 법 제38조에 따른 홍수관리구역에서의 행위허가 및 같은 법 제50조에 따른 하천수의 사용허가

3. 「산지관리법」 제14조·제15조 및 제15조의2에 따른 산지전용허가·산지전용신고 및 산지일시사용허가·신고(국유림의 효율적 관리를 위하여 그 입지와 산림의 형태 및 면적 등을 고려하여 대통령령으로 정하는 국유림은 제외한다), 「산림자원의 조성 및 관리에 관한 법률」 제13조제5항에 따른 산림경영계획 변경의 인가, 같은 법 제19조제5항 및 제36조제1항·제4항에 따른 입목벌채 등의 허가·신고

4. 「사방사업법」 제20조에 따른 사방지의 지정해제

5. 「농지법」 제34조제1항에 따른 농지전용의 허가

6. 「산업입지 및 개발에 관한 법률」 제12조에 따른 공고가 있는 지역 및 산업단지 안에서의 토지의 형질변경 등의 허가

② 제1항에 따른 허가·인가 등의 의제(擬制)를 받으려는 자는 초지조성허가의 신청을 할 때에 해당 법률에서 정하는 관련 서류를 함께 제출하여야 한다.

③ 시장·군수·구청장은 초지조성허가를 할 때 그 내용에 제1항 각 호의 어느 하나에 해당하는 사항이 있는 경우에는 미리 관계 행정기관의 장과 협의하여야 한다.

3.3. 초지조성을 위한 인허가

초지조성을 하고자 할 경우에는 시장 및 군수 또는 자치구의 구청장에게 초지조성허가 신청서를 작성하여 신청해야 한다. 신청서 양식은 시청 또는 군청에 비치되어 있으며 인터넷 (민원 24)에 접속하여 다운로드 할 수 있으며 ①사업계획서 ②지형도(축척 2만5천분의 1, 신청 면적 20㏊ 이상인 경우) ③토지 임대차계약서 사본 또는 사용승낙서(토지가 신청인의 소유가 아니면서 사유지인 경우)를 제출하여야 한다.

허가신청서가 접수되면 시장·군수는 적지조사를 하게 되는데, 적지조사에는 관계행정기관, 농어촌공사, 축산업협동조합 또는 농협중앙회가 공동으로 참여할 수 있다. 적지조사 결과 초지를 할 수 있는 적지로 판정되면 초지조성허가를 받을 수 있다.

3.3.1. 초지조성허가 절차

초지조성을 하고자 하는 농민이 해당 시장 및 군수에게 초지조성허가 신청서를 제출하면 다음과 같은 절차에 따라 허가증을 교부받는다.

3.3.2. 초지조성의 적지조사

초지조성허가 신청을 받은 시장·군수·구청장은 조성대상지의 입지조건이 초지조성 및 이용에 적합한지를 조사한다. 적지조사를 효과적으로 수행하기 위하여 필요한 경우에는 행정기관·한국농어촌공사·축산업협동조합 또는 농업협동조합중앙회와 공동으로 조사할 수 있다.

그림 3-1 초지조성 허가 관련 업무 처리 절차

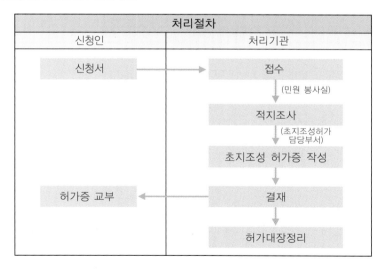

3.4. 초지조성허가 신청에 따른 관련 법령 및 검토

3.4.1. 초지조성 허가 신청

○ 관련 : 초지법 제5조(초지조성허가신청), 시행규칙 제4조(초지조성허가신청서)
○ 첨부서류
  - 사업계획서
  - 축척 2만5천분의 1 지형도(신청면적이 20ha 이상인 경우)
  - 토지의 임대차계약서 사본 또는 사용승낙서 사본
○ 확인사항
  - 지적도 또는 임야도

3.4.2. 초지조성 허가·인가 의제

○ 관련 : 초지법 제20조(허가·인가 등의 의제)
  (가) 산지관리법
○ 법 제14조·제15조의2에 따른 산지전용허가·신고 및 산지일시사용허가·신고
○ 첨부서류
  - 사업계획서 1부
  - 산지전용타당성조사에 관한 결과서 1부(허가신청일 전 2년 이내)
  - 축척 2만5천분의 1 이상의 지적이 표시된 지형도 1부
  - 축척 6천분의 1부터 1천200분의 1까지의 산지전용예정지실측도 1부
  - 산림조사서 1부
* 임종·임상·수종·임령·평균수고·입목축적이 포함될 것
* 산불발생·솎아베기·벌채 후 5년이 지나지 않았을 때에는 그 산불발생·솎아베기·벌채 전의 입목축적을 환산하여 조사·작성한 시점까지의 생장율을 반영한 입목축적이 포함될 것
* 허가신청일 전 2년 이내에 조사·작성되었을 것
  - 복구계획서 1부
  - 표고 및 평균경사도조사서 1부
  - 농지원부 사본 1부(신청인이 농업인임을 증명하는 경우)
  - 토지 등기사항증명서
  - 축산업등록증(신청인이 농업인임을 증명하는 경우)
  (나) 농지법
○ 법 제34조제1항에 따른 농지전용허가·협의
○ 첨부서류
  - 전용목적 및 시설물의 활용계획 등을 명시한 사업계획서
  - 전용하려는 농지의 소유권을 입증하는 서류
    (사용권을 가지고 있음을 입증하는 서류)
  - 대체시설의 설치 등 피해방지계획서
  - 해당 농지의 토지 등기사항증명서

3.4.3. 초지조성허가 관련 법률 검토

(1) 초지조성허가 전 관련 법률
- 가) 환경영향평가법
  - ○ 법 제43조(소규모 환경영향평가 대상)
  - ○ 법 시행령 제59조(소규모 환경영향평가 대상사업 및 범위) 및 제61조(소규모 환경영향평가서의 제출방법 및 협의 요청 시기 등)제2항

구분	소규모 환경영향평가 대상사업의 종류, 규모		협의 요청시기
	대상사업의 종류	규모 이상(사업계획면적)	
8. 초지법 적용지역	법 제5조제1항 초지조성허가 신청	30,000m²	허가 전

- 나) 자연재해대책법
  - ○ 법 제5조(사전재해영향성 검토협의 대상)
  - ○ 법 시행령 제6조(사전재해영향성 검토협의 대상 및 협의 방법 등) 및 사전재해영향성 검토협의를 요청하여야 하는 개발사업의 범위와 협의 시기

구분	대상 개발사업	협의 시기
사. 산지개발 및 골재채취	1) 「산림자원의 조성 및 관리에 관한 법률」 제9조 임도 설치	임도 설치 전
	2) 「임업 및 산촌 진흥촉진에 관한 법률」 제25조 산촌개발 사업계획	사업계획 승인 전
	3) 「골재채취법」 제22조 골재채취(하천골재만 해당함)	허가 전
	4) 「장사 등에 관한 법률」 제13조 공설묘지의 설치	묘지 설치 전
	5) 「장사 등에 관한 법률」 제14조 사설묘지의 설치	묘지 설치 허가 전
	6) 「석탄산업법」 제39조의9 탄광지역진흥사업계획	관계중앙행정기관의장과 협의 시
	7) 「광업법」 제42조 채굴계획 (실제 훼손하는 면적을 기준으로 함)	채굴계획 인가 전
	8) 「산지관리법」 제14조 산지전용	산지전용허가 전
	9) 「산지관리법」 제25조 토석채취	채취허가 전
	10) 「산지관리법」 제29조 채석단지의 지정	관계행정기관의장과 협의 시

(2) 초지조성허가 후 관련 법률 검토
- 가) 생태계보전협력금 납부
  - ○ 생태계보전협력금은 개발로 인한 자연 훼손이 불가피한 경우 원인자 부담원칙에 따라 훼손한 만큼의 비용을 개발사업자에게 부과·징수, 훼손된 자연생태계 복원사업 등에 사용하기 위한 환경부담금
  - ○ 자연환경보전법 제46조제2항(생태보전협력금의 부과대상)

구분	대상 개발사업
1. 환경영향평가법	가. 법 제9조 전략환경영향평가 대상계획 중 개발면적이 3만m² 이상인 대통령령으로 정하는 개발사업
	나. 법 제22조(환경영향평가의 대상) 및 제42조(시·도의 조례에 따른 환경영향평가) 환경영향평가대상사업
	다. 법 제43조 소규모 환경영향평가 대상 개발사업 개발면적이 3만m² 이상인 사업(최종적으로 인·허가 승인받은 면적)

※ 국방목적의 사업 외 모든 사업이 대상임(국가, 지자체사업 포함)
  ○ 산출근거 (자연환경보전법 시행령 제38조)
    - 공 식 : 생태계 훼손면적 × 단위면적당 부과금액(250원) × 지역계수
    - 지역계수는 「국토의 계획 및 이용에 관한 법률」의 용도지역 기준
    - 대상사업의 시행을 위해 용도지역을 변경한 경우, 변경전 용도지역 적용
※ 지역계수 : 계획관리지역 중 지목 전,답,임야,염전,하천,유지,공원(1),나머지 지목(0), 녹지지역(2), 생산관리지역(2.5), 농림지역(3), 보전관리지역(3.5), 자연환경보전지역(4)
  ○ 부과절차

통보의무		부과의무		납부의무		정산(필요시)
허가기관→시·도지사 * 허가 후 20일 이내	⇨	시·도지사→사업자 * 접수 후 1개월 이내	⇨	사 업 자 * 납부기한 1개월	⇨	사업준공 후 납부정산 * 90일 이내

  ○ 분할납부(자연환경보전법 시행령 제38조제4항)
    - 부과금액이 1천만원을 초과하고, 납부의무자가 다음과 같이 일시에 납부하기 어려운 사유가 있다고 인정되는 경우
    - 재해 또는 도난 등으로 재산에 뚜렷한 손실을 입은 경우
    - 사업여건이 악화되어 사업이 중대한 위기에 처한 경우
    - 납부의무자 또는 그 동거가족의 질병이나 중상해로 자금사정에 뚜렷한 어려움이 발생한 경우 등
    ※ 2억원 이상(3회), 2억원 미만(2회) 균등분할
  ○ 재산정 및 정산 (자연환경보전법 시행령 제41조, 제42조)
    - 재산정 신청 : 납부고지서를 받은 날부터 30일이내 신청
    - 부과대상, 납부의무자가 잘못, 금액산정이 잘못, 훼손면적의 잘못 또는 허위 산정한 경우
  ○ 정산 환급 : 준공검사 받은 후 90일이내에 신청
    - 사업의 준공검사를 받은 후 생태계 훼손면적이 변경되어 당초 납부한 생태계보전 협력금과 차이가 있는 경우
나) 면허세 납부
  ○ 지방세법 제35조(신고납부 등) 및 같은 법 제34조(세율)

구분	인구 50만 이상 시	그 밖의 시 (동지역)	군 (읍·면지역)	면허명	
				초지(농지) 조성·전용	산지전용
제1종	67,500	45,000	27,000	3천m² 이상	10천m² 이상
제2종	54,000	34,000	18,000	2천 ~ 3천m²	5천~1만m²
제3종	40,500	22,500	12,000	1천 ~ 2천m²	3천~5천m²
제4종	27,000	15,000	9,000	제1종~제3종에 속하지 않는 것	
제5종	18,000	7,500	4,500		

다) 산지전용에 따른 복구비 예치
- ○ 관련(산지관리법)
  - – 법 제38조(복구비의 예치 등) 및 법 시행규칙 제39조
  - – 복구비 산정기준 금액 매년 고시(산림청)
  - – 10,000m²당 복구비 산정기준 금액

구분	복구비(원)	비고
경사도 10도 미만	41,441,000	
경사도 10도 ~ 20도 미만	119,403,000	
경사도 20도 ~ 30도 미만	158,909,000	
경사도 30도 이상	207,100,000	

- ○ 법 제40조의2 산지복구공사감리 대상인 경우에는 복구비 산정금액에 엔지니어링사업대가 기준 별표1 공사감리 요율을 곱한 금액을 추가로 예치

라) 농지전용 부담금
- ○ 법 제38조(농지전용부담금) 및 법 시행령 제45조
  - – 산출 : 개별공시지가×면적(m²)×30/100

3.4.4. 초지조성 설계

초지조성을 위해서는 먼저 초지조성 예정지역 내부의 상세 도면과 측량을 한 후 적지조사를 하여야 한다. 이때 경사도 및 경사방향을 등고선과 화살표를 이용하여 기재하고 토질과 토심도 정확히 조사하여야 한다. 또한 계절에 따른 물의 양, 물길의 방향 및 입목도를 조사하여 이것을 토대로 경사도가 15도 이하이면서 기계 작업이 가능하고 단일 면적이 1㏊ 이상인 곳은 경운초지로 조성하고, 경사도가 15도에서 30도 사이로 크고 방목에 적합한 지역은 불경운초지나 임간초지로 개량하고, 경사도가 30도가 넘는 지역은 자연임지로 보존할 수 있도록 한다. 이렇게 초지조성 구획이 확정되면 도로의 위치와 목책의 방향을 결정하고 각 목구의 면적을 계산하여 방목 또는 예취관리 시 방목시간 결정 및 생산량 추정에 이용하여야 한다.

도로의 위치는 목구의 구획과 목책선의 방향 및 경사도를 따라서 결정하여야 하는데, 초지가 얕은 구릉지에 위치하고 경사가 완만하여 산사태의 위험이 없다면 도로는 침수되거나 빗물에 의하여 유실되지 않을 정도의 위치이면 사용자가 편리한 방향에 위치하여도 된다. 그러나 초지면적이 넓고 높은 산을 끼고 있거나 산사태의 위험이 있는 지역이면 도로는 가능한 한 능선의 상단부 주변으로 능선의 방향으로 배치하여야 한다.

목책은 초지의 경계를 표시하는 외책과 내책으로 구분할 수 있는데, 외책은 초지의 경계선

이므로 경계 방향에 따라서 설치하며, 내책의 위치는 능선과 계곡을 모두 목책선으로 설정하게 되는데 능선과 계곡을 모두 목책선으로 하는 이유는 음지와 양지를 구분하여 목책을 설치하여야 하기 때문이다. 능선과 계곡으로 목책선의 설치가 끝나면 목구의 면적에 따라서 목구의 면적이 너무 적으면 음지와 양지가 확연히 구분되지 않는 범위 내에서 목구를 합하고, 단일 목구의 면적이 너무 크면 적당한 면적으로 나누면 된다.

초지개발 예정지의 측량과 도면 작성이 완료되면 기준점을 중심으로 현장답사와 목책선 설정을 하는데, 벌목이나 간벌을 하기 전에 미리 목책선을 정하여 생나무 목책으로 사용할 나무에 흰색의 페인트로 표시해 두었다가 벌목 시에 1.5m 높이로 상단부만 베어내면 손쉽게 수명이 긴 목책을 만들 수 있다.

연/구/과/제

1. 산지초지 조성을 위한 초지조성 계획과 절차에 대하여 설명하시오.
2. 산지초지 조성을 위한 초지조성 인허가 절차에 대해서 설명하시오.
3. 산지초지 조성 인허가에 관련된 법규를 나열하시오.

참/고/문/헌

1. 김동암. 2001. 초지학. 선진문화사. 서울.
2. 농촌진흥청. 1986. 알기 쉬운 초지조성과 이용. 농촌진흥청. p.30~36.
3. 농촌진흥청. 1982. 산지초지 조성과 이용. 농촌진흥청. p. 55~65.
4. 국가법령정보센터(http://www.law.go.kr). 2013. 초지법. 농림축산식품부(방역관리과).
5. 국가법령정보센터(http://www.law.go.kr). 2014. 산지관리법. 산림청(산지관리과).
6. 국가법령정보센터(http://www.law.go.kr). 2013. 환경영향평가법. 환경부(국토환경정책과).
7. 국가법령정보센터(http://www.law.go.kr). 2014. 자연재해대책법. 소방방재청(방지대책과).

4장

산지초지용 주요 목초

개 관

초지를 활용한 축산 구현을 위해서는 우선적으로 품종에 대한 이해가 있어야 한다. 각 초종에 대한 정확한 이해는 초지 조성에서 성공적인 정착에 필수적인 지식으로 적지에 맞는 초종의 선택으로 안정적인 생산성을 확보하고 최적의 상태에서 가축에게 급여하도록 해야 한다. 일반적으로 목초는 화본과(벼과)와 두과(콩과) 목초로 나눌 수 있으며 대부분 초지에서 근간을 이루는 초종이다. 최근의 기상변화는 적응성에 따른 분류로 북방형(한지형)과 남방형(난지형) 목초로 구분하고 있으며, 우리나라에서는 주로 북방형 목초가 재배되고 있다. 그렇지만 한반도에서도 남방형 목초의 도입이 점차 검토되고 있는 실정이다. 남방형 목초의 월동이 아직 완전한 단계는 아니지만 제주도와 남부 해안을 중심으로 월동 가능성이 있어 향후 기후변화에 대비하여 적극적인 검토가 필요하다. 이외에도 산과 들에 자생하는 산야초도 중요한 조사료 자원으로 활용이 가능하다. 아직 수확을 위한 기계화가 검토되어야 하겠지만 부족한 초자원을 보완할 수 있는 점도 간과할 수 없다.

학/습/목/표

1. 각 초종에 대하여 정확하게 이해한다.
2. 북방형 목초와 남방형 목초의 차이를 이해한다.

주/요/용/어

화본과(벼과) 목초 / 두과(콩과) 목초 / 생산량 / 파종량 / 시비량 / 상번초 / 하번초 /
남방형 목초 / 북방형 목초 / 방목 / 청예 / 사일리지 / 수입적응성 인증품종 / 산야초

화본과 목초

4.1.1. 오차드그라스(영명 : Orchardgrass   학명 : *Dactylis glumerata* L.)

오차드그라스는 우리나라에서 가장 많이 재배되는 목초로 오리새라는 이름으로 불린다. 경북 울릉도와 함경남도 원산까지 분포하는 적응성이 넓은 초종으로 더위와 가뭄에도 잘 견디는 다년생 목초이다. 토양 조건에 대한 적응성이 높으며 질소비료에 대한 반응이 높다. 생장 적온은 약 21℃ 내외이며 음지에도 잘 자란다.

초장은 100~130cm 정도 자라는 상번초(top grass)이며 어린잎은 편평하고 엽설은 비교적 큰 삼각형으로 또렷하게 보이며 엽초의 아랫부분은 백색이고 줄기는 넓적하다. 뿌리는 땅속 1m 깊이까지 자라지만 대부분은 15cm 깊이에 퍼져 있고 포복경은 없다.

방목, 청예, 건초 및 사일리지용으로 이용할 수 있으나 가장 적합한 이용은 방목과 채초라고 할 수 있다. 수량과 품질을 유지하기 위해서는 윤환방목이 적절하며 초장이 20~25cm일 때 방목을 하고 휴목 후 다시 20cm 정도로 자랐을 때 방목한다. 목초로 이용시 수확적기는 출수되기 시작할 때이며 벤 이후에 추비를 하면 연간 3~6회 정도 이용이 가능하다. 2~3년 후에는 뭉친 포기를 만들어 빈 땅이 생기는 게 결점이며, 따라서 포복경이 있는 다른 목초와 함께 혼파하는 것이 바람직하다. 파종량은 ha당 18kg을 표준으로 하며 수량은 약 50,000kg(생초기준)으로 뿌린 다음 2~3년째에 가장 높은 생산을 보여준다.

내하고성과 지속성이 어느 정도 강하며 음지에서도 생육이 양호하여 임간초지에 중요한 초종이다. 그러나 고온다습한 하고기에 적절한 관리를 하지 않으면 고사되기 쉽다.

현재 수입적응성 인증품종에는 포토막(Potomac), 프로드(Frode), 프론티어(Frontier), 앰배

그림 4-1 ▶ 오차드그라스

표 4-1 ▶ 국내육성 '온누리' 품종의 건물생산량(kg/ha)

품종명	천안	평창	진주	제주	평균
암바(Amba)	9,596	12,452	10,440	17,612	12,523
온누리(Onnuri)	12,109	13,463	14,197	19,330	14,775

* '08~'10년 평균성적

표 4-2 ▶ 국내육성 '온누리' 품종의 사료가치(%)

품종명	조단백질	ADF	NDF	소화율	TDN
암바(Amba)	10.7	39.3	64.7	66.4	58.7
온누리(Onnuri)	10.6	39.3	65.7	66.4	57.9

* '08~'10년 평균성적(천안)

서더(Ambassador), 홀마크(Hallmark), 섬머그린(Summer Green), 암바(Amba), 워리어(Warrior), 93이(93E), 바카스(Bacchus), 헤이메이트(Haymate) 등이 있고 국내 개발 품종에는 합성 2호, 온누리 등이 있다(국립축산과학원).

4.1.2. 톨 페스큐(영명 : Tall fescue 학명 : *Festuca arundinacea* Schr.)

토양적응 범위가 넓으며 추위에 강하고 더위 및 산성토양에도 강하다. 적정 산도는 4.5～9.5로 적응성이 넓어 새로 개간한 땅, 척박지, 하천의 제방 등의 초지조성용이나 토양보전을 위한 사방용으로 이용하기에 알맞은 목초이다. 다른 다년생 화본과 목초에 비해 잎과 줄기가 억세고 깊은 뿌리를 가졌으며 지하경으로 뻗는 방석을 이룬다. 초장은 100～140cm 정도로 자라며 잎은 짙은 녹색을 띠며 뚜렷이 골이 파여 있고 반질반질하게 광택이 난다.

방목, 건초, 사일리지, 토양보전 그리고 잔디용으로 이용이 가능하지만 사일리지 이용시는 가축 기호성이 떨어지므로 방목으로 이용하는 것이 가장 알맞은 방법이다. 계속적인 방목에도 재생이 좋으며 수량이 높지만 다른 화본과 목초에 비해 거칠어서 가축의 기호성이 낮은 단점이 있다. 최근에는 기호성 및 품질을 개선시킨 품종을 개량하고 있다. 파종량은 ha당 15～20kg이 적당하며 수량은 25,000～50,000kg/ha이다.

수입적응성 인증품종으로는 파운(Fawn), 알타(Alta), 페스토리나(Festorina), 펠로파(Felopa), 에이유트라이엄프(AU-Triumph), 카준(Cajun), 몬테벨로(Montebello), 바카렐라(Barcarella), 페스티벌(Festival), 제섭마이너스(Jesup-) 등이 있으며 국내에서도 국립축산과학원에서 개발한 그린마스터, 푸르미 품종이 있다.

톨 페스큐는 종자로부터 전파되는 엔도파이트(Endophyte)로 인해 기후에 대한 적응력은 우

그림 4-2 톨 페스큐

표 4-3 국내육성 '푸르미' 품종의 건물생산량(kg/ha)

품종명	천안	평창	진주	제주	평균
파운(Fawn)	15,650	17,108	18,411	12,637	15,952
푸르미(Purumi)	16,587	19,442	18,608	12,647	16,821

* '00～'11년 평균성적

표 4-4 국내육성 '푸르미' 품종의 사료가치(%)

품종명	조단백질	ADF	NDF	소화율	TDN
파운(Fawn)	10.7	37.0	67.0	62.8	58.8
푸르미(Purumi)	10.7	35.8	64.6	66.2	59.9

* '00～'11년 평균성적(천안)

수하나 가축 급여시 심각한 피해증상을 일으킬 수 있으므로 초지나 가축용으로 재배할 때는 엔도파이트에 감염되지 않은 보증종자를 이용하여야 한다.

4.1.3. 티머시(영명 : Timothy 학명 : *Phleum pratense* L.)

북위 70° 이상의 북유럽 지역과 시베리아 동부가 원산지로 우리나라에도 야생종이 있다. 서늘하고 습기가 있는 기후에 적당하며 추위에 견디는 힘이 강하다. 그러나 더위에 약하기 때문에 높은 산지나 한랭한 지대에 알맞은 목초이다. 유기물이 많은 비옥한 토양에 알맞으며 산성토양에서는 생육에 지장이 많아 가장 알맞은 토양 pH는 6.0~6.5이다.

다년생 목초로 초장은 90~120cm 까지 자란다. 뿌리는 섬유근이 땅속에 얕게 퍼져 있어 한발에 약하다. 잎은 부드럽고 옅은 녹색이며 하번초이다. 뿌리는 다발형을 이루고 천근성이며 뿌리의 기부에 줄기의 끝마디가 비대해진 1개 또는 2~3개의 인경(corm)을 가지고 있고 이 인경에 탄수화물을 저장한다.

티머시는 원래 건초용으로 가장 좋은 목초이기에 2번초까지는 건초로 이용하고 다음부터는 방목지로 사양하는데, 사료가치가 높아서 출수기나 개화기까지 두과 목초와 같은 정도의 단백질을 함유한다.

파종량은 가을에는 15kg/ha, 봄에는 11kg/ha가 적당하며 수량은 조성 3년차에 가장 높아 생초량으로 30,000~40,000kg/ha 정도이다.

수입적응성 인증 품종에는 클라이맥스(Climax), 클레어(Clair), 오덴발더(Odenwalder), 호큐오(Hokuo), 군푸(Kunpu), 리플레아(Liphlea), 리치몬드(Richmond)가 있다.

그림 4-3 티머시

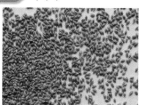  

4.1.4. 켄터키 블루그라스(영명 : Kentucky bluegrass 학명 : *Poa pratensis* L.)

유럽이 원산이고 세계의 건조하지 않은 냉온대 지역에 널리 분포되어 있다. 가뭄에 잘 견디지만 여름철 수량은 낮은 편이며 추위에 강하다. 광범위한 토양조건에서 적응하나 배수가 잘되고 석회질 함량이 높은 토양에서 수량이 많다. 다년생 목초로서 지하경을 가지며 환경조건이 좋을 때는 빽빽한 방석모양으로 자란다. 잎은 털이 없고 부드러우며 짙은 초록색을 띤다. 초장은 10~90cm이며 하번초이다.

강방목이나 빈번한 예취에 잘 견디며 잦은 방목에도 재생이 양호하므로 영구방목지 조성에 적합한 초종이나 한여름철의 낮은 생산성 때문에 불리한 점이 있다. 지하경 신장에 의해 빽빽한 방석을 형성하므로 잔디용으로 이용되며 건초나 사일리지로 이용도 가능하다. 벨 때는 5~15cm 높이로 유지해 주는 것이 중요하다.

파종량은 단파시 30kg/ha 정도이고 혼파시에는 5~7kg/ha 정도를 사용한다. 다른 목초에 비해 발아가 느리다. ha당 생초 수량은 15,000~20,000kg 정도이다. 근래 많은 품종이 잔디 또는 녹지용으로 육성되었으며 방목지 및 건초용으로 육성된 것은 많지 않다. 수입적응성 인증품종으로는 켄블루(Kenblue), 모노폴리(Monopoly)가 있다.

켄터키 블루그라스

4.1.5. 페레니얼 라이그라스(영명 : Perennial ryegrass　학명 : *Lolium perenne* L.)

남부 유럽, 북부 아프리카 그리고 아시아 남서부가 원산으로 연간 강수량이 900mm 이상은 되어야 하며, 토양에 대한 적응성이 좋아서 중점토와 배수가 불량한 곳에서도 잘 자라나 비옥한 것이 더 좋다.

초장은 약 90cm까지 자라고 잎은 짧은 편으로 끝이 뾰족하며 진한 녹색이고 광택이 난다. 어릴 때는 포개져 있다. 줄기는 곧고 가늘며 뿌리는 가지가 많고 부정근을 가지고 있다. 종자는 계란형으로 가운데 홈이 파여 있어 다른 화본과 목초와 구별된다.

초기 생육이 빨라 이른 봄부터 늦가을까지 오랫동안 이용할 수 있는 장점이 있으나, 우리나라의 남서부 지방에서는 기온이 높고 건조한 7~8월에는 하고현상이 있어 생산량이 저조하며 9월까지 가뭄이 계속되면 재생이 늦어진다.

예취나 방목 후에 재생력이 강하며 어린 식물은 분얼력이 왕성하고 생장이 빨라 외국에서는 혼파하여 주로 방목용으로 이용한다. 파종량은 단파시 25~30kg/ha이며 새로 파종한 초지는 2개월 후에는 방목을 할 수 있다. 생초 수량은 30,000~45,000kg/ha 정도이다.

수입적응성 인증품종에는 노레아(Norlea), 탭토(Taptoe), 리베일(Reveille), 바손(Bastion), 엘레트(Ellett), 바이슨(Bison), 테트레라이트(Tetrelite), 프렌드(Friend), 린(Linn) 등이 있다.

페레니얼 라이그라스

4.1.6. 이탈리안 라이그라스(영명 : Italian ryegrass　학명 : *Lolium multiflorum* Lam.)

지중해 지방이 원산지이며 아열대 지방과 유럽, 북부 아프리카 또는 북부 아시아 등에 널리 분포, 재배되고 있다. 우리나라에서는 월년생으로 수량이 많기 때문에 이모작용으로 특히 남부지방에서 많이 재배되고 있다. 더위에 약하고 서늘한 기후와 습윤한 곳에서 잘 생장을 하며 가뭄에는 생장에 지장을 받는다.

초장이 60~120cm에 달하는 상번초로 잎은 짙은 녹색이고 어렸을 때 멍석처럼 말려 있다.

그림 4-6 이탈리안 라이그라스

표 4-5 국내육성 '그린팜' 품종의 건물생산량(kg/ha)

품종명	천안	연천	예산	익산	제주	평균
Florida 80	14,549	8,224	8,697	10,090	22,112	12,175
Green Farm	15,978	8,446	7,978	10,320	18,867	11,790

* '09~'10년 평균성적

표 4-6 국내육성 '그린팜' 품종의 사료가치(%)

품종명	조단백질	ADF	NDF	소화율	TDN
Florida 80	9.7	34.7	58.9	66.6	61.6
Green Farm	10.3	32.5	54.6	68.7	63.3

* '09~'10년 평균성적(천안)

줄기는 영양생장 중일 때는 곧으나 때때로 줄기 밑동에서 비스듬히 누워 있다. 잎의 수가 많고 암녹색을 띠며 반들반들하고 털이 없다.

　방목, 청예, 건초 및 사일리지로서 이용이 가능하나 우리나라에서는 주로 사일리지와 건초로 많이 이용되고 있다. 이 목초는 다른 목초가 자라지 않은 이른 봄부터 풀을 생산할 수 있으므로 초기생육이 느린 다년생 목초와 혼파하여 초기에 수량을 높이는 초지조성시에 적합한 초종이다. 건초 조제 적기는 유숙기이며 당분함량이 높아 적기에 수확하여 사일리지나 헤일리지 조제시 우수한 품질을 유지할 수 있으며 높은 소화율로 비유 중인 젖소나 양을 비롯한 반추가축에게 적합한 초종이다. 파종량은 30~40kg/ha 내외이며 생초수량은 30,000~80,000kg/ha로 높다.

　수입적응성 인증품종으로는 달리타(Dalita), 테트론(Tetrone), 바뮬트라(Barmultra), 테트라플로럼(Tetraflorum), 고르도(Gordo), 시켐(Sikem), 바르티시모(Bartissimo), 윌로(Wilo), 콤비타(Combita), 토스카(Tosca), 플로리다80(Florida80), 타치와세(Tachiwase), 마샬(Marshall), 그레이저(Grazer), 탐90(TAM-90), 타이푼(Typhoon), 립아이(Ribeye), 베트(Jivet), 다찌무사(Tachimusha), 패서럴플러스(Passerel plus), 플로리다98(Florida98), 윈터호크(Winter-hawk), 스피드 캡(Speed cap) 등이 있다.

　국내에서는 국립축산과학원에서 개발한 품종이 다수 있는데, 조생종으로는 그린팜, 그린팜 2호, 코원어리, 코스피드, 코그린, 중생종으로 코원마스터, 만생종으로 화산 101호, 화산 106호, 코위너 등이 있다.

4.1.7. 리드 카나리그라스(영명 : Reed canarygrass　학명 : *Phalaris arundinacea* L.)

유럽, 아시아, 미국의 온대지방 자생종으로 스웨덴에서 목초로 재배가 시작되었다는 기록이 있다. 우리나라에 야생하는 갈풀과 같은 속으로 땅속줄기에 의해 퍼지는 성질이 있다. 다른 북방형 목초보다 내한성이 강하며, 배수가 불량한 곳, 습지 및 홍수에 의한 침수에 매우 강하며, 재배에 적합한 토양은 비옥하고 물기가 있는 곳이면 좋다. 산도는 광범위하여 pH 4.9~8.2까지 적응하며 생육 최적온도는 20℃ 내외이다.

초장은 100~150cm 정도이나 때로는 더 크게 자라기도 한다. 자연상태에서는 직경 1m 이상의 다발을 형성하고 잘 관리된 상태에서는 빽빽한 방석모양의 초지를 형성하며 지하경으로 뻗는다.

청예, 사일리지 건초로 이용이 가능하지만 방목지용으로 가장 적합하며 여름에도 다른 목초보다 잘 생장하는 장점이 있다. 뿌리가 깊어 가뭄에도 강하며 습한 곳에서 땅만 비옥하면 잘 자란다. 영양가는 출수 직전이 가장 높으며 이때 건초를 조제하는 것이 좋다.

한편 알칼로이드 함량이 높은 초종은 가축에 해가 있을 수 있으므로 품종 선택시 유의한다. 파종량은 10~18kg/ha이며 생초수량은 30,000~45,000kg/ha 정도이다.

수입적응성 인증품종에는 프론티어(Frontier), 벤튜어(Venture), 밴티지(Vantage)가 있으며 모두가 알칼로이드 함량이 낮은 품종이다.

그림 4-7 리드 카나리그라스

4.1.8. 기타 화본과 목초

(1) 레드 톱(영명 : Red top   학명 : *Agrostis gigantea* Roth.)

원산지는 유럽으로서 유럽과 아시아에서 널리 분포되어 자생하고 있다. 추위와 가뭄에 잘 견디며 서늘하고 습기가 있는 곳에서 가장 잘 생육한다. 추위에는 티머시와 같은 정도이고 더위에는 더욱 강하다. 척박하고 습한 땅에서도 잘 자라므로 불량한 토양조건의 초지조성에 가장 알맞은 초종이라 할 수 있다.

레드 톱은 두 가지 계통이 있는데, 하나는 초장이 75cm 정도이고 지하포복경을 가지는 것과 초장이 1m 정도 되고 지상포복경을 가진 것이다. 잎은 뒷면이 부드럽고 표면은 털 같은 것이 약간 있고 이삭이 붉은색을 띤다.

개화 전에 수확하면 티머시보다 사료가치는 높으나 기호성이 떨어지며, 가축의 제상에 강

그림 4-8 레드 톱

하고 잔디를 형성하므로 토양유실을 방지하는 데 적합한 목초이나 수량이 낮은 것이 흠이다.

파종량은 단파시에는 9~13kg/ha이고 혼파시는 7~10kg/ha에 기타 초종을 2~4kg/ha 사용한다. 생초수량은 10,000~25,000kg/ha 정도이고 따뜻한 지방에서는 37,000kg/ha까지 수확할 수 있다.

수입적응성 인증 품종에는 스트리커(Streaker)가 있다.

(2) 브롬그라스(영명 : Bromgrass   학명 : *Bromus inermis* Leyss)

우리나라에스는 스무스 브롬그라스라고 불리기도 한다. 상번초, 방석형 목초로 지하경으로 번식하며 초지, 목야지, 토양 보호용으로 넓게 이용된다. 북방형 목초로서 온대기후 조건하에 널리 본포되어 있으며 가뭄과 추위에 강하다. 초장은 90~120cm 정도이고 잎의 폭은 5~10mm로 엽이가 없는 것이 특징이다.

종자의 크기가 크기 때문에 종자가 작은 목초와 혼파시 유의하여야 한다. 건초 및 방목지용으로 이용이 가능하나 건초용으로 적합하다. 파종량은 단파시 11.2~16.8kg/ha이며 생초수량은 10,000~30,000kg/ha 정도이다.

품종은 남방형과 북방형으로 나눌 수 있는데 남방계가 조생종으로 고온건조에 강한 편이다. 수입적응성 인증품종에는 레가(Regar)가 있다.

그림 4-9 브롬그라스

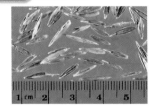

(3) 메도우 페스큐(영명 : Meadow fescue   학명 : *Festuca pratense* Huds.)

미국에서는 1800년 이전에 영국으로부터 도입된 것으로 보이며 우리나라에서는 다른 목초와 마찬가지로 1900년대에 들어온 것으로 보인다. 지하경이나 포복경이 없어 과도하게 우점될 염려는 없다. 생육적온은 20~22℃이며 30℃가 넘으면 생육을 정지한다.

방목지나 건초용으로 적합하며 톨 페스큐보다 기호성이 좋으며 초장이 20~25cm일 때 방목하면 좋다. 건초보다는 영구방목지에 적합한 초종이다. 파종량은 단파시 17~22kg/ha이고 혼파시는 비율에 따라 9~13kg/ha를 파종한다. 수입적응성 인증품종에는 조마(Joma)가 있다.

그림 4-10 메도우 페스큐

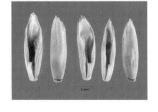

4.1.9. 기타 남방형 화본과 목초

최근의 기후변화로 인해 우리나라에서도 남방형 목초의 도입이 필요하다고 판단된다. 아직까지는 전국은 아니지만 제주도와 겨울이 따뜻한 남부지방 일부에서는 남방형 목초가 월동할 수 있어 향후 재배를 위해 간단히 소개하고자 한다.

(1) 버뮤다그라스(영명 : Bermudagrass 학명 : *Cynodon dactylon* (L.) Pers)

원산지는 아프리카와 인도로서 열대 및 아열대지방에 널리 분포하고 있다. 비옥도가 높고 수분함량이 높은 토양이 요구되며 가뭄에 견디는 힘이 강하다.

포복경과 지하경에 의해 번식을 하며 초장은 10~45cm 정도이다. 더위에 강하며 배수가 잘되는 토양이 좋으며 산성토양에서도 강하다. 종자로도 번식이 되지만 지하경이나 포복경으로 번식하며 파종시는 종자의 크기가 작으므로 주의한다.

파종량은 5~10kg/ha 정도가 적합하며 빨리 정착시키기 위해서는 잡초를 제거하고 파종하는 것이 필수적이다. 생산량은 15,000~16,000kg/ha 정도이다.

그림 4-11 버뮤다그라스

  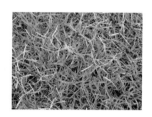

(2) 바히아그라스(영명 : Bahiagrass 학명 : *Paspalum notatum* Flugge)

남미가 원산으로 1900년대에 미국으로 도입되었다. 다년생의 남방형 목초로 여름철 고온에서 잘 자라며 더위와 가뭄에 강하다. 버뮤다그라스보다 토양에 대한 적응성이 넓은 편으로 지하경을 통해 번식한다.

파종시기는 20℃ 전후일 때가 좋고 파종량은 112~168kg/ha로 하고 1cm 내외로 복토해준다. 파종 후 관리를 위해 질소질 비료를 주되 장기간 이용시는 3~4회 분시하도록 한다.

종자로 번식되며 과방목과 제상에 견디는 힘이 강해 방목용으로 적합한 초종으로 한여름에는 가축의 기호성이 떨어진다.

그림 4-12 바히아그라스

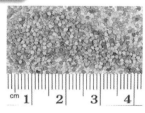  

(3) 클라인그라스(영명 : Kleingrass 학명 : *Panicum coloratum* L.)

아프리카에서 미국으로 전파된 다년생 남방형 목초로 우리나라에는 건초 형태로 많이 수입되고 있다. 줄기는 가늘고 잎이 많으며 초장은 90~120cm 정도이다. 번식은 분얼경이나 지하경을 통해 번져나가며 종자는 작고 매끄러우며 휴면을 위해 채종 후 6개월 정도 후에 파종한다.

클라인그라스

4.2. 두과 목초

4.2.1. 알팔파(영명 : Alfalfa   학명 : *Medicago sativa* L.)

알팔파는 서남아시아 원산이나 기후 및 토양조건에 대한 적응범위가 넓어 유럽, 아시아, 북남미 등에 이르기까지 널리 분포한다. 한발에 대한 적응성이 강하나 습윤한 기후에서 생육이 불량하며 특히 고온다습은 생육에 지장을 준다.

6～10년생의 다년생 목초로 잎은 3개의 소엽으로 이루어져 있고 원줄기에서 60～90cm 정도의 줄기가 자라며 많은 가지를 쳐서 군생한다. 뿌리는 심근성으로 보통 1.8m까지 자라 가뭄철에 대비한 목초로 유망하다.

알팔파는 생초, 건초, 사일리지, 방목, 분말사료 등으로 이용되는데 사료가치가 가장 높은 목초 중의 하나로서 곡류나 다른 목초보다 단위면적당 높은 단백질을 공급하며 높은 광물질 함량과 10여 종의 비타민을 함유하고 있다.

청예사료로서도 우수한 목초이나 예취횟수가 많고 조기에 예취하면 포기가 빨리 쇠약해지므로 주의해야 한다. 알팔파는 재생력이 강하고 생산량이 많기 때문에 건초 조제시 연간 4회 정도 이용하며 단파초지에 방목시에는 가축의 기호성은 좋으나 고창증의 우려가 있다.

파종량은 15～20kg/ha이며 복토는 1～2cm 정도 하면 알맞으며 수량은 대량 생초로는 30,000～50,000kg/ha이며 건초는 8,000～12,000kg/ha 정도를 생산할 수 있다. 수입적응성 인증품종으로는 페이서(Pacer), 스카웃(Scout), 팀(Team), 루나(Luna), 버널(Vernal), 5444, 드러머(Drummor), 기타와카바(Kitawakaba), 에스비에이9801(SBA9801), 윈터그린(Wintergreen), 알파그레이즈(Alfagraze), 에이비티405(ABT405) 등이 있다.

알팔파

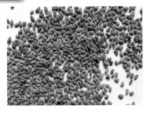

4.2.2. 화이트 클로버(영명 : White clover   학명 : *Trifolium repens* L.)

원산지는 지중해의 동북부와 서부 아시아인데 1,700년대 영국에 도입된 이래 그 분포범위가 넓어 극한대, 사막지역 그리고 열대지방을 제외한 지구상의 온대에서 아열대지방까지 넓게 분포하고 있다. 우리나라에서도 야생화된 것을 쉽게 볼 수 있을 만큼 적응성이 강하지만 장기간의 가뭄과 장마에는 약하다. 생육에 알맞은 산도는 6.0~7.0으로 약산성 토양에는 강하지만 알칼리 토양에는 약하다.

화이트 클로버는 종자 및 포복경으로 번식을 하는 다년생 목초이다. 3개의 소엽이 엽병의 끝에 붙어 있으며 잎의 가장자리는 작은 톱니가 있고 각 소엽마다 중간부위에 'V'자 무늬가 있다. 줄기는 지표면을 포복하는 포복경으로 각 마디마다 줄기가 나온다. 꽃은 긴 꽃줄기 끝에 형성하며 대개 흰색이기 때문에 화이트 클로버라 부른다.

단백질 함량이 높은 사초로서 건초나 사일리지용으로 이용되며 가금이나 돼지의 사료로도 이용할 수 있다. 가축의 제상에 강하기에 방목지용으로 널리 이용되며 토양보호와 피복작물로도 이용성이 높다.

화이트 클로버는 일반적으로 대형종인 라디노클로버, 중간형인 커먼화이트 클로버 그리고 소형인 더취화이트 클로버로 구분이 되는데, 우리나라에서는 생육이 빠르고 토양, 기후, 관리조건에 따라 경엽이 2~4배 큰 라디노클로버가 주로 이용되고 있다. 일반적인 생초수량은 25,000~40,000kg/ha 정도이나 라디노클로버는 40,000~60,000kg/ha 정도의 수량을 보인다. 그러나 화이트 클로버는 내한성이 약하기에 고산지의 초지개량에는 적합하지 않다. 수입적응성 인증품종에는 캘리포니아 라디노(California Ladino), 레갈(Regal)이 있다.

그림 4-15 화이트 클로버

4.2.3. 레드 클로버(영명 : Red clover   학명 : *Trifolium pratense* L.)

서늘한 기후에 적합한 초종으로 여름철의 고온 건조한 기후에서는 생산성이 떨어지기 쉽다. 대부분의 대륙에서 목초로서 이용성이 높은 초종으로 적합한 토양 산도는 6.0 내외이다.

초장은 60~90cm 정도이고 3개의 잎으로 구성되며 잎의 중간에는 선명한 'V'자 무늬가 있다. 꽃은 자홍색으로 피며 120여 개의 작은 꽃으로 구성되어 있다. 뿌리는 알팔파와 같이 토양 깊숙이 뻗지 않는다.

수량이 많고 단백질 함량이나 기호성이 우수하여 청예, 건초, 사일리지, 방목용으로 이용되며 청예급여시는 비에 젖은 것을 급여하면 고창증의 발생이 우려된다. 따라서 화본과 목초와 혼파를 하는 것이 바람직하며 생존연한은 2~3년이다.

파종량은 조파시 15kg/ha이며 산파시에는 20~30% 증량해 준다. 생산량은 30,000~50,000kg/ha 내외이며 품종은 조생, 만생 및 야생형으로 구분할 수 있다. 수입적응성 인증품종으로는 켄랜드(Kenland), 티투스(Titus), 아틀라스(Atlas), 티알2000(TR2000)이 있다.

그림 4-16 레드 클로버

4.2.4. 버즈풋 트레포일(영명 : Birdsfoot trefoil 학명 : *Lotus corniculatus* L.)

우리나라에서도 벌노랑이라고 부르는 야생식물로 전국적으로 분포되어 있다. 환경에 대한 적응성이 강해 추위와 건조에 잘 견디며 뿌리가 깊어 내서성이 강하며 온도가 낮은 곳에서도 생육이 시작된다. 어릴 때는 작고 약한 뿌리를 가지나 성숙하면 사방으로 직근을 뻗으며 토양깊이 파고 들어간다. 초장은 50~70cm이며 잎은 3개의 소엽이 있으나 2개의 큰 턱잎 때문에 5개로 보인다. 노란색 꽃이 피며 새 다리 모양의 꼬투리 속에 종자가 맺힌다.

주로 방목지용이나 생초, 건초로 이용이 되며 생존성이 높아 레드 클로버나 화이트 클로버 대용으로 활용한다. 고창증을 일으키지 않는 특징이 있으나 방목에 약해 과방목이 되지 않도록 한다. 파종량은 6~12kg/ha이며 수량은 15,000~25,000kg/ha 정도이다.

그림 4-17 버즈풋 트레포일

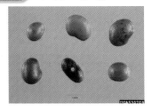  

4.2.5. 크림슨 클로버(영명 : Crimson clover 학명 : *Trifolium incarnatum* L.)

크림슨 클로버는 1년생 혹은 월년생 두과 목초로 남부 유럽과 남부 아프리카 원산으로 우리나라에서는 도입되었지만 추위와 건조에 약해 재배가 잘 안 된다. 학명에서 보듯이 incarnatum은 '붉음'을 의미하며 봄철에 붉은 꽃이 핀다. 따뜻하고 강수량이 많은 지역에서 잘 자라며 산성토양에는 약하다.

잎은 3개의 소엽으로 되어 있고 엽병이 길며 잎 표면에 털이 있다. 줄기는 직립성이며 털이 많고 줄기의 높이는 40~60cm 정도이다.

단백질함량이 높아 가축의 사료로 많이 이용되는데 2모작시 가능하면 빨리 파종을 하며 파

그림 4-18 크림슨 클로버

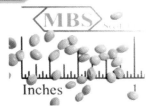  

종량은 25~40kg/ha가 적당하다. 수량은 14,000kg/ha까지 얻었다는 기록이 있으나 지역에 따라 다양하다. 영국의 남부에서는 잘 자라지만 북쪽 지역에서는 잘 자라지 못한다고 한다.

4.2.6. 헤어리 베치(영명 : Hairy vetch   학명 : *Vicia villosa* Roth)

1년생 또는 월년생 두과 목초로 덩굴을 이루며 부복형으로 사방으로 퍼져 나가는 특징이 있다. 초장은 60~90cm 정도이며 120cm까지도 자란다. 잎은 엽병에 8~12개가 붙어 있고 꽃은 5월 중순에 자주색으로 핀다.

피복작물로 질소비료 대체 효과가 있으며 질소함량이 높고 분해가 빨라 유기농업에서 많이 이용되고 있다. 일반적인 베치는 내한성이 약하지만 헤어리 베치는 내한성이 강화된 품종으로 많이 재배된다. 추위에 약해 가을철 일찍 파종해야 하며 배수 불량지에서도 잘 자란다. 파종량은 30~40kg/ha이며 사료작물과의 혼파에 많이 이용된다.

건초로 이용시는 줄기의 건조속도가 느려 컨디셔너 등을 이용하는 것이 좋으며 사일리지 조제시 완충력이 높아 산도가 빨리 떨어지지 않는 단점이 있다. 방목시 가축에 있어 고창증이 발생하지 않는다. 그러나 독성이 있어 헤어리 베치만 급여하는 것보다는 다른 사료와 섞어서 급여해야 한다.

그림 4-19 헤어리 베치

4.2.7. 알사익 클로버(영명 : Alsike clover   학명 : *Trifolium hybridium* L.)

서늘하고 습윤한 기후조건에서 잘 자라며 어느 정도 침수조건에서도 잘 자란다. 산성토양에서도 견디는 힘이 강하지만 그늘이나 초장이 큰 화본과 목초와 혼파시는 생육이 좋지 않다. 생존연한이 2~3년 정도로 짧은 목초로 잎은 레드 클로버와 비슷하지만 무늬가 없다. 뿌리가 얕아 한발에 약하며 꽃은 레드 크로버보다 작으나 오래간다.

대부분 청예로 이용되나 방목, 건초, 사일리지용으로 이용될 수 있다. 습기와 산성토양에 강하며 가축의 제상에도 견디는 힘이 세기에 북미에서는 티머시와 혼파시 이용되는 초종이다. 파종량은 7kg/ha 내외이고 수량은 20,000~30,000kg/ha 정도이다.

그림 4-20 알사익 클로버

4.3.1. 억새(영명 : Chinese silvergrass, Chinese fairygrass 학명 : *Miscanthus sinensis* Rendle)

동아시아 지역에서 자생하는 야초로 중국, 일본, 타이완 등지의 전역에 퍼져 있다. 우리나라의 산과 들에서도 흔히 볼 수 있는 다년생 야초이다. 높이 1~2m 정도로 자라며 잎은 줄모양으로 길며 40~70cm 정도이다. 꽃은 9월에 피며 20~30cm 크기로 이삭모양으로 달린다. 지하경을 이용하여 방석형으로 자라며 미국에서는 최근 바이오에너지 생산을 위해 재배되기도 한다. 다양한 변종이 있어 참억새, 털억새, 얼룩억새 등으로 불리며 꽃이 피기 전에 조사료로 이용할 수 있다. 억새는 일반적으로 생육시기가 늦을수록 초장, 건물함량, 수량은 높아지나 사료가치가 저하된다. 특히 7월 중순 이후 사료가치가 크게 감소되어 늦어도 7월 중순까지는 이용하는 것이 바람직하다. 억새는 수확 후 재생이 매우 더디어 2차 수량을 기대하기는 어렵다.

그림 4-21 억새

표 4-7 수확시기에 따른 억새의 사료가치 및 수량

수확일	5/31	6/30	7/15	8/15	9/30
조단백질	11.7	7.2	6.2	5.2	5.3
NDF(%)	66.6	74.4	76.7	75.9	74.4
ADF(%)	36.3	47.8	50.0	51.5	53.9
RFV	85	64	61	60	59
소화율(%)	66.5	50.7	52.2	46.6	44.0
수량(kg/ha)	2,682	8,880	11,768	14,639	10,372

4.3.2. 갈대(영명 : Reed 학명 : *Phragmites communis* TRIN)

전세계의 온대와 한대에 걸쳐 널리 분포하는 여러해살이풀이다. 습지나 갯가, 호수 주변에서 군락을 이루고 살아간다. 줄기는 마디가 비어 있으며 키는 2~3m 정도로 자란다.

꽃은 8~9월에 피고 자주색에서 담백색으로 변하게 된다. 종자에는 털이 있어 바람에 쉽게 날려 멀리 퍼진다. 또한 땅속 줄기로도 번식을 한다.

갈대의 사료화 이용을 위한 수확적기는 사료가치, 가축 기호성, 가소화 건물수량 등을 고려할 때 6월 하순에서 7월 중순이다. 그렇지만 6월 말부터는 영향을 받기 때문에 장마 전인 6월까지 수확이 권장된다. 6월(늦어도 7월 중순까지)에 수확한 갈대는 볏짚에 비해 사료가치가 높다.

국립축산과학원(2009~2012)이 갈대 사료를 거세 한우에게 급여한 결과, 갈대는 볏짚과 1:1 중량비로 혼합하여 육성기부터 비육중기(생후 6~21개월령)까지 급여하고, 비육후기에는 볏짚 단용으로 급여하는 것이 사료비 절감과 육질등급 및 소득향상에 유리하였다. 사료가치가 좋은 6월 수확 갈대는 갈대 한 가지만 급여하여도 아무 이상이 없다. 그렇지만 영농현장에서는 6월 수확이 많지 않고 주로 여름과 가을에 걸쳐 곤포작업을 하기 때문에 갈대의 품질이 떨어지기 때문이다.

그림 4-22 갈대

그림 4-23 갈대의 수확시기에 따른 사료가치(서 등, 2012)

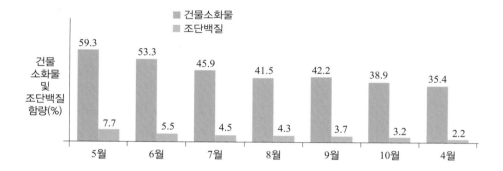

4.3.3. 피(영명 : Japanese millet   학명 : *Echinochloa crusgalli* Wight)

아시아의 인도가 원산으로 한국, 일본, 시베리아 등지에서 재배되고 있다. 특히 동양에서는 식량작물의 하나로 재배되었으며 불량환경에 대한 적응성이 높고 구황작물로 중요시되어 왔다. 과거 전국적으로 많이 재배되었으나 근래에는 재배가 거의 되지 않고 있다.

뿌리가 깊고 줄기는 둥글며 속이 차 있으며 연약하여 도복이 잘된다. 크기는 대략 2m 정도까지 자라며 잎은 약 50cm 정도 자란다.

파종기는 4월 하순~5월 상순이나 6월 중·하순까지도 가능하다. 조파시 20kg/ha, 산파시

그림 4-24 피

40kg/ha가 적당하며 토양이 비옥하지 않으면 증량을 해준다. 방목, 청예, 사일리지 등으로 이용하며 연간 2회 이상 예취할 수 있다.

연/구/과/제

1. 우리나라에서 재배하고 있는 주요 화본과 목초와 두과 목초에 대해 설명해 보라.
2. 형태에 따라 목초를 구별하고 각각의 특성에 따른 재배적지를 조사하라.
3. 우리나라 산지에서 안정적인 목초생산과 어메니티(Amenity)를 위한 적정 혼파조합을 조사하라.

참/고/문/헌

1. 김동암, 김병호, 김창주. 1976. 최신 초지학. 선진문화사.
2. 김동암 등. 2001. 초지학. 선진문화사.
3. 김동암 등. 1989. 초지학총론. 선진문화사.
4. 김동암. 1991. 사료작물—그 특성과 재배방법. 선진문화사.
5. 농촌진흥청. 1991. 표준영농교본. 2005. 조사료. 농촌진흥청.
6. 서성 등. 사진자료.
7. 서성, 김원호, 김기용, 정민웅, 최진혁, 김진숙, 김하영, 이종경. 2011. 부존 조사료자원 억새의 생육시기별 사료가치. 한국초지조사료학회 학술대회.
8. 서성, 김원호, 정민웅, 이상학, 김천만, 최진혁, 김진숙, 김하영, 이종경. 2012. 부존 조사료자원 갈대의 생육시기별 사료 가치 및 생산량. 초지조사료지 32(2) : 109〜116.
9. 이상훈, 최기준, 지희정, 김기용, 김맹중, 박남건, 이기원, 임영철. 2011. 톨페스큐 신품종 '푸르미'의 생육특성 및 수량성. 한국초지조사료학회 학술대회.
10. 지희정, 김기용, 이상훈, 최기준, 이기원. 2012. 습해에 강하고 다수성 오차드그라스 신품종 '온누리'의 품종특성. 한국육종학회 학술대회.
11. 지희정, 김기용, 이상훈, 최기준, 윤세형, 조중호, 박형수, 박남건, 임영철, 이병철. 2011. 극조생 이탈리안 라이그라스 신품종 '그린팜'의 품종특성. 한국작물학회 학술대회.
12. 지희정, 김원호, 조중호, 임영철, 권오도. 2011. 중부지방에서 논 재배 적응성과 수량성이 우수한 목초류 선발. 한국육종학회 학술대회.

5장
산지초지 조성방법

개 관

    초지조성은 자연 초지나 경지에 목초를 파종하여 정착시켜 생산성이 높은 목초지로 만드는 기술이다. 초지조성법은 크게 대상지를 완전히 갈아엎어 파종상을 만드는 경운초지조성법과 지표면의 장애물을 제거한 후 겉뿌림으로 초지를 조성하는 방법인 불경운초지조성법으로 나눈다.

    초지조성을 하기 위해서는 관계당국의 허가를 받아야 하며, 면적은 최소한 20ha 이상이 되어야 가장 경제적이다. 초지조성에서 우선적으로 목초 정착이 잘될 수 있는 조건을 만들어 주어야 한다. 초지조성에 이용되는 목초 종자는 매우 작기 때문에 발아하여 정착이 어려울 뿐만 아니라 기존의 식생과 경합에서 살아남기 위해서는 조성 초기 관리가 매우 중요하다. 경운초지조성 시 트랙터를 사용하여 경운, 쇄토, 정지, 시비를 한다. 시비는 초지조성 전 토양분석에 의하여 시비하는 것을 원칙으로 하나 이러한 것이 여의치 않을 경우에는 표준시비량에 준하여 시비를 한다. 또한 산성토양의 경우에는 약산성 또는 중성의 토양으로 중화하여야 목초가 잘 생육할 수 있다. 이때 사용하는 농용석회는 토양의 특성과 산도에 따라 다르다.

    파종은 두과와 화본과, 상번초와 하번초 등 목초의 생육특성이 다른 것을 혼파하는 것을 원칙으로 한다. 초기생육이 빠른 라이그래스류를 혼합하여 조성하면 초지의 초기생육을 도와 잡초와의 경합에 유리하도록 한다.

    불경운초지조성은 대상지의 장애물을 제거하는 방법이 매우 중요하다. 대상지의 장애물 제거 방법에는 단위면적당 가축을 많이 투입하여 선점식생을 제거하는 중방목(과방목)에 의한 제경법, 비선택성 제초제를 이용하는 제초제 이용방법, 불을 이용하여 선점식생을 제거하는 화입법이 있다.

    불경운초지조성은 대상지의 선점식생을 제거한 후에는 석회와 비료를 시비하고 경운 없이 종자를 파종하기 때문에 파종비용이 저렴하고, 토양 유실 위험이 적은 이점이 있으나 목초 정착이 빈약하고 목양력 증가가 저조한 결점이 있다. 파종은 가을철에 하는 것이 선점식생이 잡초와의 경합에서 유리하다. 겉뿌림에 의한 불경운초지조성 시에 초기 목초정착을 향상시키기 위한 기술로 종자피복기술이 있다.

    두과목초가 없는 곳에서는 두과의 근류균을 접종하여야 두과목초에 의한 질소고정능력을 기대할 수 있다. 불경운초지조성은 조성보다 관리가 중요하며, 특히 조성초기 관리는 더욱더 의미가 있다. 이때 할 수 있는 기술로는 월동 후 진압, 경방목, 청소베기 등이 있다.

    방목이용이 주가 되는 산지초지에서 초지와 가축의 생산성 제고를 위한 목책의 설치와 전기목책 이용 등 전반적인 초지관리 기술을 습득하여 한번 조성된 초지를 반영구적으로 이용할 수 있도록 하는 초지관리와 이용기술이 무엇보다 중요하다.

학/습/목/표

1. 초지조성방법의 종류와 장단점에 대하여 알아본다.
2. 초지조성의 계획, 설계 및 인허가를 알아본다.
3. 경운초지조성 기술과 그 과정을 이해한다.
4. 불경운초지조성의 선점식생 제거기술과 조성 및 관리 기술을 이해한다.

주/요/용/어

경운초지조성법, 근류균 접종, 대상조파, 목책, 불경운초지조성법, 산파, 상번초, 선점식생, 임간초지조성, 정착, 제경법, 제초제, 조파, 종자피복, 질소고정, 하번초, 화입, 목책 설치, 전기목책

5.1.1. 초지조성방법

대상지 제초제 살포 초지조성은 작업방법에 따라 크게 경운초지조성법(intensive sowing method, conventional sowing method)과 불경운초지조성법(shortcut surface sowing method, surface sowing method)이 있다.

경운초지조성법은 경비, 노력, 농기계 등을 일시에 투입하여 단시일 내에 초지조성을 끝내는 방법으로 평탄지나 경사가 15도 이하인 지역에서 대형 농기계를 이용하는 집약적인 초지조성방법이다.

반면 불경운초지조성법은 비집약적이며 점진적으로 목초를 도입하여 초지를 만드는 방법으로 간이초지개량법이라고 한다. 땅을 갈아엎지 않고 간단하게 지표를 처리하는 기술로 대상지의 경사도가 높거나 토심이 얕은 경우 많이 이용되는 방법이다. 불경운초지조성법은 외국에서는 비행기를 이용하여 조성을 하지만 우리나라에서는 기계보다는 인력이나 가축의 힘을 이용하여 조성하는 방법이다. 그러나 최근에는 우리나라에서도 무인 헬기를 이용한 기술이 도입되고 있다.

표 5-1 경운초지와 불경운초지의 장단점

항목	장점
경운초지	① 경운해 줌으로써 자연식생의 제거가 가능하다. ② 짧은 기간 동안에 생산성이 높은 초지조성이 가능하다. ③ 초지조성 시 땅 표면이 고르기 때문에 목초를 수확할 때 기계작업이 가능하다.

항목	단점
	① 땅표면을 갈아엎기 때문에 표토유실을 받기 쉽다. ② 땅을 갈아엎는 데 필요한 농기계를 구입하는 데 비용이 많이 든다. ③ 표고 및 경사 때문에 지대에 따라 농기계의 사용이 불가능하다.

항목	장점
불경운초지	① 파종비용이 저렴하다. ② 갈아엎지 않기 때문에 토양침식의 위험이 적다. ③ 기계사용이 불가능한 지대라도 개발이 가능하다. ④ 1년생 잡초가 침입할 수 있는 기회를 줄여준다. ⑤ 강우나 강우 직후 토양의 수분함량이 높을 때에도 목초의 파종이 가능하다. ⑥ 목초를 도입함으로써 연중 생초의 생산기간을 연장시켜 준다. ⑦ 생산성이 낮은 산지를 신속하고 값싸게 개발할 수 있는 방법이다. ⑧ 한발, 홍수 및 산불 등으로 긴급복구가 필요할 때 유효한 방법이다.

항목	단점
	① 목초의 정착이 빈약하다. ② 시간과 비용의 투입에 비하여 개량의 성과가 낮다. ③ 대상지의 개발은 신속하지만 초지의 생산성을 높이는 것이 느리기 때문에 단위면적당 목초의 수량이 더디게 증가된다. ④ 초지의 목양력(grazing capacity) 증가가 느리다.

5.1.2. 경운초지와 불경운초지의 장단점

경운초지와 불경운초지의 장단점 비교는 〈표 5-1〉에서 보는 바와 같다.

5.2. 초지조성의 계획 및 설계

5.2.1. 초지조성 계획

초지는 농업 중 비교적 조방적 농업에 속하는 것으로 농민 1인당 효과적인 관리 면적이 최소 20ha 이상이다. 따라서 농민 1인당 인구부양력이 높고 농가소득도 높다. 만약 1~5ha의 면적에 초지를 조성하여 조사료를 생산하려 한다면 경제성이 없어서 부실초지가 될 가능성이 많으며, 초지조성을 처음 계획하고 있다면 적어도 자신 소유의 땅이나 임대 가능한 면적이 20ha는 넘어야 한다. 또한 가축의 사육규모 면에서 볼 때도 젖소 사양은 적어도 착유우 40두 규모는 되어야 하며 한우 번식이나 육성의 경우 적어도 150두 이상은 되어야 개방화 시대가 되어도 경제성을 유지할 수 있다. 개방화 시대에 선진국의 축산업과 가격이나 품질 면에서 경쟁할 수 있으려면 초지나 사료포를 확보할 수 있어야 하고 일정수준 이상의 규모를 갖추지 않으면 안 되기 때문이다. 한번 초지를 조성하면 적어도 30년 이상 경제성이 있어야 하고 경쟁력을 갖춘 축산업을 할 수 있어야 하므로, 자신의 연고지 주변만 고집하기보다는 초지로서의 규모를 갖출 수 있고 환경조건이 초지농업에 알맞은 이상적인 장소를 물색하는 데 더 큰 비중을 두어야 한다.

초지조성을 위하여 사유지 또는 국유지를 임대하거나 구입하기 위해서는 대상 토지가 초지조성이나 개량에 적지인지 여부와 초지개량을 위한 대체적인 계획을 수립해야 한다. 초지를 개량하기 위한 계획은 초지의 형태를 임간초지, 불경운초지 및 경운초지 가운데 한 가지 또는 복합적으로 선택해야 한다. 경사도가 완만한 곳은 경운초지로 하여 채초 또는 방목을 목적으로 조성하며, 경사도가 15도 이상으로 심한 곳은 불경운초지로 개량하여 방목을 위주로 하고, 벌목허가가 어렵거나 임간초지가 적합한 지역은 임간초지로 개량하도록 계획한다.

산지에 초지를 만들기 위해서는 가능한 한 임대 국유지나 시유지를 끼고 있는 사유지를 구입하는 것이 이상적이다. 만약 주변 환경이 약 70% 임대 가능한 국유림이라면 국유림 주변의 30% 사유림을 확보함으로써 연고권을 인정받아 후에 국유림의 임대가 쉽고 결과적으로 초지 필요 면적의 30% 확보로 전체 필요 면적을 확보할 수 있기 때문이다. 이 경우 산지의 조림상태나 벌목허가 가능성을 확인해야 한다. 벌목은 비조림지에 30년생 이하의 나무로만 구성된 지역이면 비교적 쉽고, 30년생 이상의 나무가 있는 경우에도 벌목허가를 받을 수 있는 곳이면 가능하다.

초지조성 허가를 받을 수 없는 토지는 ①국가 또는 지방자치단체의 공용, 공공용, 기업용 또는 보존의 목적에 사용하고 있거나 사용하기로 계획이 확정된 토지 ②산림법상의 채종림, 시험림, 천연보호림, ③국립묘지, 공설묘지, 사설묘지와 국가 또는 지방자치단체가 지정한 국립묘지 또는 공설묘지의 예정지, ④도시계획법에 의한 도시계획지구, ⑤자연환경보전법에 의한 생태계보전지구 등이다. 단, 산림법에 의한 보전임지나 사방사업법에 의한 사방지, 자연공원법에 의한 자연공원, 도시계획법에 의한 개발제한구역, 산업입지 및 개발에 관한 법률에 의한 국가산업단지, 지방산업단지 및 공원단지 등과 같은 다른 법률에 의하여 이용이 제한되는 지역은 지역 내부에 미개간지가 있을 경우에는 관계 행정기관과 협의한 후 이를 초지로 조성할 수 있다.

최근에는 환경관련법이 강화되면서 초지를 조성하려는 산지가 수원지에 근접하는지 여부와 수원지와 직접 연결된 수로와 인접하지 않는지도 확인해야 한다. 양돈이나 양계에 비하여 초지에 방목하는 소는 질소와 인의 배설량이 적고 이를 환원할 토양이 있기 때문에 수질오염의 가능성이 매우 적지만, 이러한 곳에서는 질소와 인의 배출기준이 낮게 설정되어 있어서 간혹 문제가 될 수도 있으니 주의해야 한다.

이러한 문제가 모두 충족된 지역은 대부분 산지의 오지에 위치해 있어 도로와 전기시설이 잘 갖추어져 있지 못하므로 도로와 전기시설을 갖출 수 있는 방법도 함께 모색되어야 한다. 초지를 위한 적지 선정은 산간지의 경우, 경사 방향은 가능한 한 북향이나 서향이 좋고 도로에 인접해 있으며 수원이 풍부한 곳이면 적합하다.

5.2.2. 초지조성 설계

초지조성에 필요한 토지구입이나 임대 및 대부절차가 끝나면 초지조성 설계를 해야 한다. 설계 시에는 경사도, 경사방향, 등고선, 장애물을 조사하며, 특히 장애물은 바위나 암반의 위치, 밀도, 크기를 조사하되 자갈, 돌, 바위로 분류한다. 두 번째 조사항목은 토양이다. 토양조사 결과에 따라 경운 또는 불경운초지 조성 여부를 결정한다. 토양에 따른 조성방법 기준은 〈표 5-2〉와 같다.

〈표 5-2〉에서 보는 바와 같이 대상지의 토양상태나 조건에 따라 초지조성방법을 결정한다. 경사가 심한 곳은 가축이나 기계의 투입이 불가능하여, 초지조성이 불가능하므로 산림을 이용하고, 그 이하의 산지를 이용하여 초지를 조성하도록 한다.

다른 조사항목은 그 지역의 기상이다. 이는 목초의 생육기간이나 초지조성 후의 생산성과 가축의 방목이용 등에 밀접한 관계가 있으며, 특히 강수량의 분포는 가장 중요한 기상 조사 사항이다. 이 밖에 첫서리 내리는 시기(초상일), 무상일 등도 조사항목이다. 이러한 기상조건은 파종하는 초종과 밀접한 관련이 있다.

"초지에서 필요한 것은 소금과 물이다"라는 말과 같이 물의 이용은 대단히 중요한 문제다. 따라서 시내나 개천의 흐름 등 수원의 개발과 이용을 어떻게 할 것인지를 조사해야 한다. 그 밖에 대상지의 수목 형태나 밀도, 크기, 기타 식생상태를 조사하여 추후의 적절한 기계투입에 대비할 자료로 이용하는 것이 좋다.

표 5-2 토양상태에 따른 초지조성방법

구분	경운초지	불경운초지	부적지
지형	평탄, 구릉, 대지	산록, 구릉	산악지
경사	30% 이하(16도)	60%(30도)	60% 이상(31도)
유효토심	50cm 이상	20cm 이상	20cm 이하
토성	사양토, 식양토	사양토, 식양토	극단 사토 및 식토
자갈함량	10% 이하	10~35%	35% 이상
토양배수	양호, 약간 양호	양호, 약간 양호	매우 양호, 약간 불량
토양침식	1급 침식	2~3급 침식	4급 침식

(농촌진흥청, 1982)

초지를 조성하여 축산을 새로이 시작하는 경우라면 가축과 축사시설도 염두에 두어야 한다. 축사는 물론이고 계류장, 농기구사, 용수 및 배수시설, 특히 분뇨처리를 어떻게 할 것인지에 대한 설계가 필요하다. 그리고 축사로 이어지는 각종 지선 및 간선도로도 설계에 포함시켜야 한다.

초지 내의 목구도 등고선이나 경사, 지대에 따라 적절히 설계하도록 한다. 한편 산지에서 초지를 조성할 때에는 산지에 있는 나무를 적절히 이용하고, 군데군데 비음림을 잔존시키며, 방풍림이나 목책림 등을 고려한 후 벌목해야 한다.

5.3. 경운초지조성

5.3.1. 경운초지 조성과정

경운초지조성은 땅을 갈아엎고 단시간에 초지를 조성하는 방법으로 조성과정은 〈그림 5-1〉에서 보는 바와 같다. 먼저 초지 대상지를 해당 관청에 초지조성 허가를 받아야 한다. 초지조성 허가를 받으면 장애물 제거, 석회 시용, 경운, 쇄토, 정지, 시비, 파종, 복토, 진압 순으로 초지조성을 완료하면 된다. 이러한 경운초지 조성과정을 줄여 크게 장애물 제거, 파종상 준비, 시비 및 파종의 세 단계로 나눌 수 있다.

경운초지조성은 일반 작물의 파종과 유사하나 차이점은 대상지의 바위, 벌목 등 장애물 제거, 석회 시용 및 진압 등이 추가된다.

(1) 장애물 제거

장애물 제거는 초지 대상지에 자생하는 나무, 잡관목, 야초 등 선점식생(existing vegetation)과 바위나 자갈 등을 제거하는 것을 말한다. 산림이 우거진 곳은 벌채와 잡관목을 제거하고 예취나 화입 등을 통하여 표토가 드러나게 하는 작업이다. 또한 벌목 후 지하부에 남아 있는 나무뿌리 발근, 바위나 자갈을 제거하여 경운작업이 가능한 상태로 만드는 것이 장애물 제거의 목적이다.

장애물 제거에 사용되는 기계는 포크레인, 불도저, 레이크 도저, 트랙터 등 중장비와 전기톱, 예취기 등이 사용된다. 벌목작업에서는 나무를 모두 제거하지 말고 목책림, 비음림, 방풍림, 피난림, 수원함양림 등을 남겨 놓고 벌채하는 것이 좋다. 그리고 피난림은 남쪽에, 방풍림은 북쪽에 남겨 놓아 자연재해를 예방하는 것이 좋다.

(2) 파종상 준비

그림 5-1 경운초지 조성과정

그림 5-2 방풍림(좌) 및 피난림(우)

어떤 파종상을 만들어야 할 것이냐는 토양, 기후조건 그리고 전식생, 파종할 목초 및 조성 방법에 따라 달라진다. 파종상 준비는 전통적으로 이용하였던 경운작업을 하는 방법과 불경 운초지 조성 시와 같이 경운을 하지 않고 방목이나 기타 간단한 지표처리만을 하는 방법이 있다. 어떤 준비과정을 하든 목초의 발아, 출현, 정착 및 생장에 필요한 화학적 및 생물학적 조건을 갖추기 위해 토양을 잘 다듬는 것이라 할 수 있고 여러 작업 과정 중에서 경운과 진압 이 가장 중요한 과정이다.

1) 파종상의 구비조건

이미 여러 번 언급되었던 바와 같이 목초는 일반작물과는 달리 종자크기가 아주 작아서 유 식물 초기 성장에 필요한 에너지 공급에 제한을 받는다는 것이다. 따라서 이런 불리한 조건을 극복하고 스스로의 힘으로 살아갈 수 있는 정착에 빨리 다다르기 위해서는 잘 다듬어진 파종 상이 필요하다. 목초종자의 특성에 맞는 파종상은 다음과 같은 조건을 갖고 있어야 한다.

첫째, 파종상은 상층토양이나 하층토양에 관계없이 수분함량이 충분해야 한다.

둘째, 목초가 파종되는 표토는 부드럽고 입상이어야 하나 너무 부드럽거나 가루모양이어 서는 안 된다.

셋째, 종자가 파종되는 바로 밑의 토양은 단단해야 한다.

넷째, 경운층과 미경운된 하층 심토와 직접 접촉되고 연결되어 있어 토양수분이 위로 이동 할 수 있어야 한다.

경운초지조성 시 파종상 준비의 목적은 배수가 잘되고 잡초가 없으며 곱고 단단하면서도 수분이 알맞으며 균일한 파종상을 만드는 데 있다.

① 경운

경운의 목적은 야초를 제거하고 토양의 보수력과 통기성을 향상시켜 목초뿌리의 발육을 돕기 위한 작업이다. 경운작업은 축력쟁기, 동력쟁 기 그리고 트랙터에 장착된 쟁기를 이용하여 실시 하거나, 표토가 부드러운 경우에는 로터리를 깊게 방목하는 것이 좋다. 경운작업에 사용되는 쟁기는 발토반 쟁기, 심토 쟁기, 원반 쟁기, 치즐 쟁기가 있다.

그림 5-3 경운초지의 경운

경운면적은 토양상태, 경사, 식생 등에 따라 달라 진다. 25마력 트랙터라면 하루 2ha 이상 경운할 수 있으나 목초종자를 파종할 수 있는 파종상을 완전

70

표 5-3 석회의 시용위치와 알팔파의 수량 (단위 : kg/ha)

시 용 위 치	3년간 평균 건물 수량
표토	3,788
뒤집어진 심토	4,885
경운층에 혼합	6,064

(Woodhouse, 1956)

히 만드는 데는 1ha 정도까지 가능하다.

경운의 깊이는 10~20cm 범위이지만 표토의 상태나 전식생에 따라 다르다. 표토가 얕은 곳에 천근성(뿌리가 짧은) 목초를 파종할 때는 얕게, 심근성(뿌리가 긴) 및 표토가 깊을 때에는 깊게 갈아준다. 또 대상지의 표토가 얕든가 시비량이 적을 경우에는 처음부터 심경하지 말고 점차적으로 심경하는 것이 필요하다. 알팔파와 같이 뿌리가 깊이 뻗는 목초를 재배할 때에는 깊이 가는 것이 증수의 비결이다(그림 5-3).

한편 경운 시 토양의 산도를 교정하기 위한 석회 시용에 대해서는 지금까지 여러 가지 주장들이 있었다. 토양의 산도가 강하여 석회 시용량이 많을 때는 토양의 효율적인 개량을 위하여 장애물 제거 후 대상지 전면에 걸쳐 석회 총 소요량의 1/2를 살포한 다음 경운을 하고, 나머지 1/2은 경운 직후에 토양 전면에 살포해 주는 것이 효과적이다(표 5-3). 그러나 석회의 소요량이 적을 경우 경운 후 쇄토 직전에 전면 살포하는 것이 좋다.

② 쇄토 및 정지

경운작업이 끝난 후 흙덩이를 잘게 부수고 울퉁불퉁한 곳을 고르고 평탄하게 하는 작업이 쇄토와 정지이다. 이러한 작업은 갈아엎은 후 토양수분이 적합할 때 바로 하는 것이 효과적이며 만약 가물었거나 지나친 강우로 토양이 너무 굳어져 가을에 파종하는 작업이 어려울 때에는 겨울이나 여름이 경과한 다음 재경운하고 다시 쇄토와 정지를 하는 것이 필요하다. 점토질이 많은 토양은 일단 말라버리면 곱게 쇄토하는 것이 거의 불가능하기 때문에 주의해야 한다.

쇄토는 토양의 성질에 따라서 원반 쇄토기(disk harrow)로 2~4회 끌어주어야 하며, 이때 4회 정도면 직경 6cm 이상의 흙덩이는 부서지는데 직경 2cm 이하의 흙이 80% 정도가 되면 목초파종에 적합한 상태가 된다. 대상지에 잔뿌리나 고사주(枯死株)가 많을 때에는 투스 쇄토기(tooth harrow)를 사용하여 이들을 깨끗이 걷어 내는 것이 파종 후 진압작업이나 또는 방목 시 제상피해를 적게 한다.

오래전부터 작물을 재배했던 곳은 표토가 고르고 쉽게 정지할 수 있으나 새로 개간한 땅은 그렇지 못하기 때문에 기계의 이용이 어려울 뿐 아니라 초지를 조성한 후에도 기계사용이 불편하다. 정지작업에서 정지횟수가 많을수록 목초의 발아율은 향상된다(표 5-4). 정지작업은 표토의 기복에 따라 작업기계이용을 다르게 하는 것이 좋다. 기복이 심하지 않은 곳은 디스크 쇄토기와 투스 쇄토기로 쇄토와 정지를 할 수 있으나 기복이 심한 곳은 정지용 널빤지를 따로 사용하는 것이 좋다.

표 5-4 정지횟수에 따른 목초의 발아율 (단위 : %)

초종	정지횟수	소요일수 2일째	4일째	7일째	9일째	13일째
티머시	로터리 1회	0.8	1.7	5.2	12.2	15.7
	로터리 2회	6.7	12.3	29.2	38.2	42.1
레드클로버	로터리 1회	37.7	47.2	79.2	81.0	81.0
	로터리 2회	57.6	57.6	81.4	91.5	91.5

5.3.2. 시비

(1) 주요 성분

초지 대상지는 일반적으로 유기물과 유효인산이 적고 pH도 낮다. 또한 목초는 연간 3~5회 수확하여 이용한다. 따라서 비료를 보충해 주어야 그 생산성을 유지할 수 있다. 시비는 초지조성 시는 물론이고 관리에서도 적정한 시비를 하지 않으면 생산성을 기대하기 어렵다.

질소는 생산량을 증가시키는 데 가장 중요한 비료다. 식물체 내에서 세포형성과 단백질 구성에 중요한 역할을 한다. 또한 핵산의 구성성분이고 목초건물의 1~6%가 질소이며, 식물이 흡수할 때는 질산태(NO_3^-) 또는 암모니아태(NH_4^+) 상태다. 따라서 목초 유식물은 토양 속에 있는 가급태질소를 왕성하게 이용할 수 없기 때문에 잘 이용될 수 있는 형태의 질산태 또는 암모니아태로 만들어야 하며, 그런 의미에서 화학비료의 시용은 필수적이다. 우리나라에서 초지조성 시 질소 시용량은 70~100kg/ha가 적합하다.

한편 인산은 우리나라 토양에 가장 부족한 성분 중의 하나일 뿐만 아니라 어린 식물의 초기 정착에 필요한 성분이다. 특히 뿌리의 성장을 도와 정착을 용이하게 한다. 이는 인이 세포 분열과 생장에 필수적이며, 특히 광합성과 같은 대사 작용에서 에너지를 전달하는 데 필수적인 성분으로 목초건물 중의 0.1~0.7%를 차지한다. 식물체가 흡수하는 인산은 대부분 $H_2PO_4^-$ 형태다. 따라서 토양용액에 함유되기보다는 철이나 알루미늄 같은 광물질과 결합되어 있는데, 이들이 흡수되기 위해서는 토양이 중성이어야 한다. 따라서 산성토양이나 굳은 토양, 모래나 자갈이 많은 토양에서는 이 성분이 결핍되기 쉽다. 초지조성 시 인산시비 권장량은 200~300kg/ha가 적합하다.

칼륨은 식물체의 구성성분이라고 할 수는 없으나 식물의 기능에 활력을 주는 성분으로 알려져 있다. 그래서 어린잎이나 싹, 어린뿌리에 많이 존재한다. 탄수화물의 잔류, 유기산의 중화작용에 관여하며, 목초건물에는 0.4~4% 정도 함유되어 있다. 월동성과 질병 저항성에 관여하며, 우리나라에서 초지조성 시 칼륨 시용량은 60~80kg/ha가 적합하다.

칼슘은 세포벽의 구성성분으로 분열조직에 많이 분포하며, 건물 중 0.3~2.0% 정도 함유되어 있다. 마그네슘은 엽록소 및 효소의 기능에 관여한다. 마그네슘이 부족하면 목초의 성장이 잘 안 될 뿐만 아니라 이것을 섭취한 가축도 그래스 테타니(grass tetany)를 유발시킨다. 칼슘과 마그네슘은 석회의 시용을 통하여 공급할 수 있다. 그 밖에 붕소도 중요한 성분으로 당의 이용, 세포벽의 형성에 관여한다. 우리나라 토양에 붕소가 부족하여 알팔파 재배 시에는 반드시 시용해야 하는 성분이다.

표 5-5 단비 및 복합비료의 시비량

성분	시비량		
	성분량	비료원(성분함량)	실제시비량
질소	80kg/ha	요소(46)	80×100/46=174kg=8포 반/ha
인산	200kg/ha	용성인비(20)	200×100/20=1,000kg=50포/ha
칼륨	70kg/ha	염화가리(60)	70×100/60=117kg=6포/ha
복합	80kg/ha	복합비료(21-17-17)	80×100/21=381kg=19포/ha
인산	추가*	용성인비(20)	135×100/20=675kg=34포/ha

주) 비료 1포=20kg, 비료원은 우리나라에서 가장 많이 이용하는 단비와 복합비료임.
*추가=복합비료를 질소기준으로 시비할 경우 인산 추가 시비.

(2) 화학비료 시비량

표준시비량 200-150-150(질소-인산-칼륨)은 성분량인데 농가에서 사용하는 비료는 성분함량이 100%가 아니므로 실제시비량은 다음과 같이 계산해야 한다(표 5-5).

농가에서 사용하는 복합비료에 성분함량이 21-17-17로 쓰여 있을 경우에는 질소의 성분함량을 기준으로 계산하고, 추가로 부족한 인산 성분함량을 계산하여 시비하면 된다(표 5-5). 일반적으로 인산함량이 높은 작물경작지는 복합비료를 인산 기준으로 사용하며, 부족한 질소는 추비 시용 때 보충하는 것도 좋은 방법이라고 할 수 있다.

(3) 액비 및 구비 시용량

가축분뇨를 목초에 이용하는 경우에는 질소비료를 기준으로 시비하고, 실제시비량은 살포 후 용탈, 휘산 등에 의한 손실을 감안하여 2배 살포한다. 가축분뇨는 목장의 가축분뇨를 채취하여 분석하여 시용한다(표 5-6).

또한 토양성분 분석에 의하여 비료의 살포량을 계산할 경우에는 다음과 같이 하면 된다. 흙의 총무게가 3,000,000kg이므로 비료 3kg을 시비하면 1ppm 증가한다. 따라서 1ppm의 비료함량을 높이려면 약 3kg을 시비하면 된다.

〈계산식〉

100m(가로)×100m(세로)×0.2m(작토층)×1.5(가비중)=3,000톤=3,000,000kg

*1ha=1정보=3,000평=10,000㎡(가로 100m×세로 100m)

(4) 석회 시비량

우리나라 토양의 특성 중 하나는 산성토양이다. 이를 개선하기 위하여 초지조성 시 석회를

표 5-6 가축분뇨의 종류에 따른 시용량

구분	시용량(kg/ha)		
	성분량	비료원(%)	실제시용량
돈분액비	80kg/ha	액비(T-N=0.5%)	80×100/0.5×2=32,000L/ha
우분액비	80kg/ha	액비(T-N=0.15%)	80×100/0.15×2=106,667L/ha
돈분구비	80kg/ha	구비(T-N=0.6%)	80×100/0.6×2=26,667kg/ha
우분구비	80kg/ha	구비(T-N=0.4%)	80×100/0.4×2=40,000kg/ha
계분구비	80kg/ha	구비(T-N=1.7%)	80×100/1.7×2=9,412kg/ha

표 5-7 토양산도와 목초의 관계

산성에 강한 목초 (pH 5.5~6.0)	산성에 약간 강한 목초 (pH 6.0~6.5)	산성에 약한 목초 (pH 6.5~7.0)
리드카나리그래스 톨페스큐 레드톱 벤트그래스 버뮤다그래스	티머시 브롬그래스 켄터키블루그래스 페레니얼라이그래스 오처드그래스	
버즈풋트레포일 헤어리베치	레드클로버 알사익클로버 라디노클로버 크림슨클로버	알팔파 스위트클로버

(Miller, 1984)

살포한다. 석회의 기능은 여러 가지가 있지만 크게는 토양산도 교정, 칼슘·인 등 양분공급, 알루미늄이나 망간 같은 물질의 독성을 완화시키는 효과가 있다. 특히 두과작물의 근류균이 활성화되기 위해서는 먼저 토양이 중성이 되어야 한다. 석회시용은 산도를 교정하고 근류균의 활력도 증진되어 두과작물의 생산량을 증가시킬 수 있다.

토양산도(pH)와 목초의 관계는 〈표 5-7〉에서 보는 바와 같다. 산성에 강한 화본과 목초는 리드카나리그래스, 톨페스큐, 레드톱, 벤트그래스, 버뮤다그래스였으며, 두과목초 중 산성토양에 강한 목초는 버즈풋트레포일이 유일하였다. 한편 산성에 약한 목초는 화본과는 없었으며, 두과목초는 알팔파, 스위트클로버가 산성에 약하였다. 이상의 토양산도와 목초의 관계를 볼 때 화본과가 두과보다 산성토양에 강하다.

따라서 초지조성 시에는 알맞은 산도가 유지되도록 석회시용을 통하여 토양을 교정해 주는 것이 필요하다. 이러한 시용을 통하여 토양이 중성이면 토양영양분의 유효화를 촉진시켜 식물이 잘 흡수되도록 하는 효과가 있다.

〈그림 5-4〉를 보면 대부분의 중요 영양소가 중성에서 흡수력이 최대가 되는데, 이에 해당하는 성분으로는 질소, 인산, 칼륨, 칼슘, 마그네슘, 황이다. 산성에서 잘 흡수되는 것으로는 철, 망간, 붕소, 구리 등이다. 석회시용은 이와 같이 질소, 인산, 칼륨뿐만 아니라 미량원소의 흡수를 도와 목초의 생산성을 극대화시킨다. 이것은 우리나라의 토양이 대부분 산성토양인 것을 고려해 볼 때 토양산도 교정은 목초 초지조성에 필수적이라고 할 수 있다.

산도를 교정하는 데에는 농용석회 이용이 필수적이며, 우리나라 토양에서는 일반적으로 ha 당 6~9톤을 사용하고 있다. 그러나 석회 시용량은 경작지의 조건에 따라 다르다. 즉 산도는 물론이고 토성, 유기물의 함량에 따라 다르다. 그 소요량은 〈표 5-8〉과 같다. 양토나 식양토가 더 필요하고, 유기물 함량이 많은 토양에 더 많이 시용해야 한다. 시용방법은 앞서 언급한 바와 같이 땅속에 묻히도록 하여 절반은 경운 전에, 절반은 경운 후에 살포한다.

그림 5-4 토양 pH와 식물 영양소의 이용성

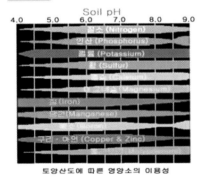

토양산도에 따른 영양소의 이용성

표 5-8 밭토양의 pH 1을 높이는 데 필요한 농용석회 소요량(단위: kg/ha)

산도	산도의 정도	부식함량 5% 이하일 때		
		모래흙	참흙	질흙
6.0	약산성	300	1,000	1,500
5.5	산성	600	1,900	3,000
5.0	강산성	900	2,800	4,500
4.5	심한 강산성	1,200	3,700	6,000
4.0	극산성	1,500	4,600	7,400

(신, 2002)

5.3.3. 파종

(1) 파종방법

파종방법은 점파, 산파, 조파, 대상조파 방법이 있다(그림 5-5). 점파는 콩, 옥수수, 칡 등과 같이 일정한 간격을 두고 1립씩 파종하는 방법이다.

산파(broadcasting)는 가능한 한 짧은 기간 동안에 목초를 지면에 피복시키는 방법으로, 경운초지 및 불경운초지에서 대부분의 목초에서 파종하는 방법이나 특히 초지 대상지가 기계사용이 어려운 불경운초지조성에서 알맞은 방법이다. 또한 산파는 건조한 토양보다는 토양수분이 충분한 곳에 적합하다. 산파는 종자의 파종 깊이가 불균일하여 정착률이 떨어지는데, 이를 개선하기 위해서는 파종량을 증량하고 진압을 하면 목초의 정착률이 향상될 수 있다. 산파는 손으로 파종할 수 있는 유일한 방법이지만 동력에 의하여 산파를 할 경우에는 비료살포기나 산파파종기를 이용하는 방법이 있다.

최근에는 무인 소형헬기나 비행기를 이용하여 산지뿐만 아니라 일반농경지에서 입모 중에 산파를 하는 경우도 있다(그림 5-6). 이 기술은 벼를 수확하기 전에 후작물을 적기에 파종하고, 토양의 수분함량이 많아 발아와 정착이 잘되어 앞으로 많이 이용될 것으로 여겨진다.

조파(drilling)는 골을 따라 파종하는 방법으로, 주로 맥류 사료작물이나 하계 사료작물에 많이 이용하는 방법이다. 60~70cm 휴폭으로 파종하는 맥류 및 하계 사료작물과 달리 목초는 15~18cm 간격을 두고 줄로 파종한다. 조파는 종자가 일정한 깊이로 파종되기 때문에 산파보다 정착률이 높아 파종량이 적게 들고, 토양수분 조건이 열악한 곳에 적합한 방법이다. 조파는 V형 롤러 조파기나 목초 조파기가 이용된다.

조파의 장점은 앞서 언급한 바와 같이 건조한 지대에서 산파보다

그림 5-5 목초의 파종방법

점파

산파

조파

그림 5-6 무인 헬기에 의한 파종

비료와 종자를 절약할 수 있다. 그러나 단점은 종자와 비료가 골에 함께 있기 때문에 염해가 생기고, 두과목초의 경우 종자에 근류균을 접종하였을 때 근류균이 죽을 수 있다.

대상조파는 조파의 단점인 비료의 염해를 줄이기 위하여 보완한 조파방법으로 최근의 조파기는 대부분 대상조파기를 이용하고 있다. 이 방법은 비료를 먼저 시용한 골 위 3~6cm 정도로 복토를 하고, 그 위에 종자를 파종하고 복토와 진압을 하는 방법이다. 그래서 목초의 비료 염해를 줄이는 것은 물론이고 목초 유식물의 정착과 초기생육에도 유리한 방법이다. 특히 유효 인산 함량이 낮은 토양에서 목초의 정착률을 높이고자 할 때 많이 이용하는 방법이다.

(2) 파종시기

북방형 목초를 대부분 이용하는 우리나라에서 목초의 파종시기는 추운 겨울과 한여름은 적합하지 않으며, 봄과 가을이 가능하다. 그러나 파종적기는 일반적으로 토양온도, 강수량, 작부체계, 초지의 갱신작업, 가축사료의 요구도, 잡초침입 등과 같은 목장의 경영조건과 더 깊은 관계를 맺고 있다. 파종적기를 결정하는 주요인은 토양온도와 수분이며 다음은 잡초의 경합이라고 할 수 있다.

앞서 언급한 여러 조건을 고려할 때 우리나라에서 목초의 파종적기는 봄철과 가을철이라고 할 수 있으나, 토양수분과 잡초문제 등을 고려할 때 가을철 장마시기인 8월 25일에서 9월 15일이 적기라고 할 수 있다. 그러나 지역에 따라 가을파종 시 목초 유식물의 동사가 우려될 때에는 봄철에 파종하는 것이 안전하다.

우리나라에 발생하는 잡초는 대부분 여름철 잡초이므로 대부분이 봄부터 여름에 걸쳐 발생하며, 가을에 발생하는 것은 별로 문제가 되지 않으므로 가을파종을 하면 잡초와의 경합에서 이길 수 있다. 그러나 가을에 파종적기를 놓쳐 봄철에 파종할 때는 해동 직후 토양 중에 수분이 많은 시기에 파종하여 가뭄이 닥쳐오기 전에 목초 유식물이 출현되므로 유리하다.

가을철 목초 파종적기는 일평균 기온이 5℃ 되는 날로부터 60~80일 전이라고 할 수 있다. 북방형 목초는 일평균 기온이 5℃가 되면 생육이 정지되기 때문에 월동을 위한 영양분 저장을 위해서는 적어도 이 정도의 생육기간이 파종 후 필요하다.

그러나 북방형 목초가 대부분인 우리나라 초지에서는 겨울보다 여름의 고온다습으로 초지가 부실화되고 있다(표 5-9). 또한 최근 지구온난화의 영향으로 우리나라 기후가 많이 따뜻해지고 있어 남방형 목초의 이용기술이 도입되고 있다. 따라서 〈표 5-10〉에서는 남방형 목초의 적종 파종시기를 제시하였다.

(3) 파종량

목초의 파종은 대상지의 토양, 기후, 초종, 이용목적, 파종방법 등에 따라 달라질 수 있으나 일반적으로 화본과는 ha당 5~20kg, 두과는 5~30kg을 파종한다(표 5-9, 표 5-10). 목초는 ①목초종자의 발아율이 낮을 때, ②파종시기가 늦었을 때, ③토양이 건조하거나 한발이 있을

표 5-9 북방형 목초의 파종시기, 파종량 및 파종깊이

초 종	파 종			
	파종시기		파종량 (kg/ha)	파종 깊이 (mm)
	봄 파종	가을 파종		
톨페스큐	3월~4월	8월말~9월초	12	6
오처드그래스	3월~4월	8월말~9월초	6~9	6~13
티머시	3월~4월	8월말~9월초	5	6 이하
리드카나리그래스	3월말~5월초	8월~9월초	7~9	6
페레니얼라이그래스	3월~4월	8월말~9월초	7~9	6~13
이탈리안라이그래스	3월~4월	8월~10월	7~9	6~13
켄터키블루그래스	3월말~4월	8월초~9월초	6~11	6 이하
알팔파	3월~4월	8월말~9월초	17~20	6~12
레드클로버	2월~3월	8월말~9월초	9~13	6
화이트클로버	2월~3월	8월말~9월초	3	5
버즈풋트레포일	3월말~5월말	8월말~9월초	9	6
크림슨클로버	3월~4월	8월말~9월초	9~11	6
헤어리베치	4월~6월 중순	8월말~9월초	20	15

(Ball 등, 2007)

때, ④시비량이 부족한 경우, ⑤지력이 매우 척박하고 경사가 심할 때, ⑥흙이 거칠거나 목초가 잘 자랄 수 없는 곳, ⑦병충해 및 조류 피해가 염려되는 곳은 파종량을 늘려주어야 한다.

(4) 파종깊이

목초종자는 대부분이 소립이고 광발아성이므로 얕게 파종하는 것이 유리하다. 일반적으로 파종깊이는 종자 크기의 2~3배로 약 5~10mm의 깊이로 파종한다(표 5-9, 표 5-10). 파종 후에는 반드시 진압을 하여 목초종자와 토양이 잘 접촉하여 토양의 수분을 이용할 수 있도록 한다.

표 5-10 남방형 목초의 파종시기, 파종량 및 파종깊이

초종	파종시기	파종량 (kg/ha)	파종깊이 (mm)
바히아그래스	4월~6월	17~23	6~12
버뮤다그래스	4월~6월	10~20	25~75
빅 블루스템	4월~5월	7~12	6~12
달리스그래스	4월~5월	17~23	6~12
인디언그래스	4월~5월	7~12	6~12
스위치그래스	4월~5월	6~7	6~12

(Ahlgren, 1949)

5.3.4. 초종 선택과 혼파조합

(1) 초종 선택

목초는 종류에 따라 특성이 다르다. 사료가치와 기호성도 각기 다르며, 건초조제에 용이한 초종과 그렇지 않은 초종이 있다. 또한 빈번한 예취와 방목에 의한 제상도 고려되어야 한다.

예취로 이용할 경우 수량성과 건초조제 용이성 등을 고려하여 상번초를 선택하고, 방목 이용할 경우에는 하번초를 선택하는 것이 바람직하다. 품종이나 생육단계 등에 따라 달라질 수 있지만 일반적으로 다음과 같이 구분할 수 있다.

표 5-11 초종 구분

특성	등급	초종
기호성	상	페레니얼라이그래스, 티머시, 알팔파, 클로버류
	중	오처드그래스, 켄터키블루그래스
	하	톨페스큐, 리드카나리그래스
건물수량	상	오처드그래스, 톨페스큐
	중	페레니얼라이그래스, 티머시
	하	켄터키블루그래스, 클로버류
사료가치	상	알팔파, 클로버류, 페레니얼라이그래스
	중	오처드그래스, 티머시
	하	톨페스큐, 리드카나리그래스
환경적응성	상	톨페스큐, 리드카나리그래스, 켄터키블루그래스
	중	오처드그래스, 티머시
	하	페레니얼라이그래스
건초조제 용이성	상	이탈리안라이그래스, 페레니얼라이그래스
	중	오처드그래스, 톨페스큐
	하	알팔파, 리드카나리그래스

표 5-12 초종별 방목적합성

구분	페레니얼라이그래스	티머시	오처드그래스	톨페스큐	켄터키블루그래스
가축기호성	◎	○	□	□	□
계절생산성균일	◎	□	□	○	○
수량성	□	□	○	○	△
연속성	○	□	○	□	◎
내한성	△	◎	□	□	□
내병성	△	◎	□	□	□
내서성	□	△	○	◎	□
내건성	△	△	○	◎	□
재생력	○	△	◎	○	○
혼파적응성	○	□	□	○	◎

◎ : 최우수, ○ : 우수, □ : 보통, △ : 불량

환경적응성은 초종에 따라 특정 환경에 대해 강하고 약함이 있어 일률적으로 구분하기는 어려워 우리나라 기후풍토에 대한 적응성을 기준으로 나누었다(표 5-11).

(2) 혼파

목초는 생육환경에 대한 적응성 및 생육기간이 다를 뿐만 아니라 영양가나 수량에서 큰 차이가 있어 여러 가지 초종을 혼파하여 이용한다. 혼파의 장점은 다음과 같다.

혼파의 장점은 ①가축이 영양가를 고르게 섭취, ②질소비료 절감(무기질소 비용 절약), ③토양비옥도 증진, ④상·하번초에 의한 공간의 입체적 이용(공간 이용의 증대), ⑤토양 중 양분의 효율적 이용, ⑥계절별 균등 생산, ⑦건초조제 용이, ⑧동해, 한해(가뭄), 병충해, 습해의 재해 방지 등이 있다.

또한 목초 혼파의 기본원칙은 ①최소한 두과목초 1초종과, 화본과 목초 1초종을 포함시켜야 한다. ②4초종 이하의 단순혼파조합이어야 한다. ③기호성과 경합력의 차이가 심하지 않아야 한다. ④마지막으로 단파보다 파종량을 높여주어야 한다.

우리나라의 환경조건에 적합한 초종의 조합은 기본적으로 화본과의 오처드그래스와 톨페스큐로 하고 두과로는 라디노클로버(화이트클로버)로 하여 화본과와 두과의 비율은 7:3으로 유지하는 것이 바람직하다. 오처드그래스는 영양가와 기호성이 좋고 수량이 높으며, 톨페스큐는 더위나 건조 등 불량기후에 견디는 능력이 높다.

토양비옥도와 해발고도에 따른 재배 가능 초종은 〈표 5-13〉에서 보는 바와 같다. 고산지대에는 티머시, 리드카나리그래스에 알사익클로버와 버즈풋트레포일이 좋으며, 해발고도가 낮은 지역에서는 채초형은 오처드그래스와 알팔파 조합, 방목형은 톨페스큐와 화이트클로버 혼파에 다른 초종들이 조합될 수 있다.

그림 5-7 ▶ 혼파된 채초지

표 5-13 각 지역과 재배조건별 재배 가능한 목초의 예

재배조건(지역)	재배가능 초종
비옥도 우수한 해발 700m 이하	오처드그래스, 톨페스큐, 알팔파, 라디노클로버(화이트클로버) 등
비옥도 낮은 해발 700m 이하	톨페스큐, 리드카나리그래스, 라디노클로버, 버즈풋트레포일 등
비옥도 우수한 해발 700 이상	티머시, 오처드그래스, 리드카나리그래스, 알사익클로버, 버즈풋트레포일, 레드클로버 등
비옥도 낮은 해발 700m 이상	리드카나리그래스, 티머시, 알사익클로버, 버즈풋트레포일 등
저습지	리드카나리그래스
신개간지	톨페스큐, 리드카나리그래스, 화이트클로버
단기윤작초지	이탈리안라이그래스, 레드클로버, 크림슨클로버, 베치류
비옥도 개선	레드클로버, 자운영, 베치류
방목지	톨페스큐, 리드카나리그래스, 페레니얼라이그래스, 화이트클로버

표 5-14 혼파조합

구분	경운초지			불경운초지			경운/불경운
	채초	채초 (일부 방목)		방목중심			방목 /채초
	저구릉지 제주도	중부 구릉지	고산지	중부 구릉지	고산지	제주도	약간 습한 곳
오처드그래스	10	15	8	16	16	16	10
톨페스큐	10	10	7	9	8	8	–
티머시	–	–	7	–	8	–	–
페레니얼라이그래스	–	–	–	7	–	10	6
리드카나리그래스	–	–	–	–	–	–	8
레드톱	–	2	–	2	2	3	–
켄터키블루그래스	–	–	–	3	3	–	3
알팔파	10	–	–	–	–	–	–
레드클로버	–	–	5	–	–	–	–
화이트클로버	–	3	3	3	3	3	3
파종량(kg/ha)	30	30	30	40	40	40	30

표 5-15 고랭지와 평야지의 혼파조합과 파종량

고랭지			평야지	
초종	채초이용	방목이용	초종	채초이용
오처드그래스	18	8	오처드그래스	16
톨페스큐	9	–	톨페스큐	9
티머시	8	24	페레니얼라이그래스	5
켄터키블루그래스	3	2	켄터키블루그래스	3
화이트클로버	2	2	화이트클로버	2
파종량(kg/ha)	40	36	파종량(kg/ha)	35

앞서 언급한 파종량과 혼파조합을 고려한 예는 〈표 5-14〉과 〈표 5-15〉에서 보는 바와 같다.

(3) 진압

파종한 종자가 출현하기 위해서는 온도와 수분이 매우 중요하다. 그래서 복토작업 후 표토의 진압(compaction)은 종자가 얕게 묻히든가 또는 토양의 수분함량이 낮은 조건에서는 토양수분을 종자 주위에 모으는 데 가장 중요한 과정이라고 할 수 있다(그림 5-8).

따라서 초지조성에서 진압은 복토보다 중요한 작업과정이며, 특히 토양 중에 수분이 부족하거나 건조한 조건에서는 진압을 생략하고 초지조성을 성공시킬 수 없다. 진압용

그림 5-8 경운초지 진압

롤러나 컬티패커(culti-packer)는 1~2톤의 무게를 가진 것도 있지만 농가에서 일반적으로 이용하는 것은 200~500kg이면 적합하다.

5.4. 불경운초지조성

불경운초지 조성방법은 땅을 갈아엎지 않고 간단한 지표처리를 한 다음 초지조성을 하는 방법이기 때문에 간이초지조성법이라고 하거나 불경운초지개량법이라고도 한다.

불경운초지 조성방법은 뉴질랜드에서 초기 정착자들이 자연식생을 파괴하고 초지를 조성하던 방법이었다. 무성하던 숲에 산불을 놓아 태운 후 재가 남게 되면 거기에 목초종자를 뿌리는 방법이었다. 그러나 이 방법은 산불이 번질 위험성이 있는 것은 물론 식생의 밀도가 낮은 곳에서는 실제로 실용화하기가 어려웠다. 따라서 그 이후 개발된 방법은 먼저 생산지 토양 중에 결핍된 양분을 교정한 후 생산력이 높은 두과목초에 의한 질소고정으로 비옥도를 높인 다음에 화본과 목초를 도입하는 방법을 이용하였다. 그러나 두과가 우점되면 이것을 채식한 가축이 고창증에 걸릴 위험성이 있어 새로운 방법이 고안되었는데, 그것이 화본과와 두과를 함께 뿌리는 방법이었다.

이 방법은 첫째 선점식생을 제거하고, 둘째 토양결핍성분을 교정하여 목초가 잘 자랄 수 있는 조건을 만들어 주며, 셋째 파종 후 종자가 지표면에 잘 접촉하도록 방목을 통해 토양 중에 혼입되도록 하고, 넷째 파종 후에도 지속적인 관리를 통하여 파종된 목초 유식물이 잡초와의 경합에 이길 수 있도록 도와준다.

5.4.1. 불경운초지 조성과정

불경운초지조성의 일반적인 과정은 〈그림 5-9〉에서 보는 바와 같다. 이 과정은 농장의 형편에 따라 일부는 생략할 수 있다.

(1) 적지선정

불경운초지조성의 적지선정과 관계되는 대상지의 지형 및 지질은 초지개발 후의 초지관리, 이용 및 농기계 작업과도 밀접한 관계를 맺고 있을 뿐만 아니라, 초지의 생산성, 배수, 관개작업, 용수원의 확보, 축사, 부속시설의 설치 등과도 깊은 관계가 있으므로 적지선정은 신중을 기해야 할 것이다.

1) 표고 및 경사도

표고가 높을수록 하고현상은 없으나 생육일수가 짧아 목초의 수량이 낮아진다. 그러나 목초의 질은 높다. 연구보고에 따르면 착유우의 산지이용경사도 한계는 22°, 한우·육우는 31°,

그림 5-9 ▶ 불경운초지 조성과정

그림 5-10 불경운초지 대상지

그리고 면산양은 45°라고 하므로 가축에 따른 개발대상지의 경사도에 유의해야 할 것이며, 또한 초지의 관리 및 이용의 기계작업과 관계되는 대상지의 경사도에도 유의해야 한다. 스위스 및 오스트리아의 연구보고에 따르면 36°에서는 수동작업기로 예초, 건초조제작업이 상하 또는 등고선을 따라 가능하고, 27°에서는 동력운행작업기로 건초조제작업을 상하로 또는 등고선을 따라 할 수 있으며, 18°에서는 특수 또는 보통 트랙터로 예초, 잡초, 운반작업이 가능하며, 9°에서는 보통 트랙터로 모든 작업이 가능한 것이다. 그리고 경사도가 심할수록 토양침식이 많아 토심이 낮고 양분과 보수력이 떨어져 토양이 척박하다.

  2) 경사면의 방향

  동일지대 내의 북사향지와 남사향지에 대한 입지조건의 문제점을 들어 보면 특히 강수량이 낮은 지대에 있어서는 이들 두 지형 사이에 차이가 현저하기 때문에 초지개량을 할 때 유의해야 할 것이다. 일반적으로 양지(남사향지)에서는 햇볕이 잘 들기 때문에 지온이 높게 되며 바람이 많다. 또한 1일 중에도 밤과 낮 사이에 기온의 변화가 심하며, 증발산량(evapo-transpiration)이 자연적으로 높아지기 때문에 음지(북사향지)보다 건조하게 된다. 그러나 이와는 대조적으로 음지는 양지보다 선선하며 더 습하기 때문에 토양 중에 수분이 머물러 있는 기간이 길며, 이러한 일련의 다른 기후조건은 결과적으로는 토양의 성질을 바꿔 주기 때문에 그곳에 자생하는 식생에 있어서도 차이를 보여주게 된다. 대체로 음지는 양지에 비해서 토양의 pH와 인산함량은 낮으나 유기물 함량은 높은 편이다. 우리나라에서는 동사향지나 남사향지보다는 서 및 북사향지에서 목초의 수량이 높은 것으로 보고되었다(표 5-16). 그러므로 겉뿌림 초지개량을 위한 지대선정에 있어 서북사향지를 택하는 것이 이상적이라고 할 수 있을 것이다. 특히 고산지대에서는 목초의 월동을 고려하여 주야간의 지온변화가 심한 남사향지의 목초는 동해를 입기 쉬우므로 서북사향지가 적합하다고 할 수 있을 것이다. 그러나 일반적으로 표고가 높을수록 경사지 방향의 특성은 없어진다.

  〈표 5-16〉에서는 음지와 양지 간에 목초생산성이 강우량이 높은 곳에서는 양지가 음지보다 수량이 약간 많으나, 연간 강우량이 1,000mm 이하인 지대에서는 음지의 초지가 양지의 초지보다 두 배 가까운 목초수량 차이를 보여주고 있다.

표 5-16 강우량에 따른 음지 및 양지의 연간 건물수량

시험장소	건물수량 (kg/ha)		
	강우량(mm)	양지	음지
1	1,600	9,960	9,940
2	1,450	4,530	3,380
3	1,070	2,370	4,220
4	650~750	2,100	4,190

(2) 선점식생 제거

선점식생 제거의 여러 과정 중 가장 어려운 일은 초지조성 대상지에 있는 나무를 제거하는 일이다. 소나무가 우점된 곳은 벌목한 뒤에 재생되지 않기 때문에 큰 문제가 되지 않으나 참나무류를 비롯한 잡관목이 우거진 곳은 벤 후 재생이 문제가 된다. 나무를 벨 때에는 가능한 한 지면에 가깝게 예취하고, 절단부위가 날카롭지 않도록 지면에 수평이 되게 베어야 가축의 발굽이 상하지 않게 된다. 그뿐만 아니라 여러 가지 초지수목을 남겨 놓고, 특히 경사진 곳이나 토양유실의 염려가 있는 곳의 나무는 되도록 베지 않도록 한다.

불경운초지로 초지를 개량하고자 할 때에는 선점식생을 없애 주는 것이 무엇보다도 중요하며, 이때 장애물을 제거하고 파종상을 만들어 주는 방법으로 야초를 그대로 놓고 죽이는 제초제 사용법, 초지에 불을 놓는 화입법, 가축에 의한 제경법 등이 있다.

1) 제초제 사용법

선점식생 제거를 위한 제초제 처리는 선점식생과 새로 파종되는 목초 사이의 경합을 줄여 목초의 정착을 개선하기 위해 필요하다. 그러므로 새로 개발된 제초제를 사용함으로써 초지의 개량, 유지 및 갱신이 가능할 수 있다(그림 5-11). 이러한 제초제를 초지개량에 사용 시 유의할 점은

그림 5-11 제초제 살포 전(좌)과 후(우)

①토양의 비옥도, ②방목관리, ③제초제의 사용적기, ④제초제의 사용량, ⑤제초제의 사용방법, ⑥야초의 생육시기 등으로 제초제의 효능을 높이는 데 매우 밀접한 관계를 가지고 있다.

또한 선점식생을 제거하는 데 사용되는 제초제는 다음과 같은 특성을 구비해야 한다. ①비선택성 제초제여야 한다. ②풀을 죽이는 데 효과가 빠르고 완전히 죽일 수 있어야 한다. ③새로 출현된 목초에는 제초제의 잔여독성이 없어야 한다.

이러한 제초제의 특성에 부합하는 제초제는 ①TCA(trichloroacetic acid), ②DPD(Dalapon, 2,2-dichloropropionic acid), ③Paraquat(Gramoxone, 1,1-dimethyl-4-4'hipyridryllium dimethyl sulfate), ④Glyphosate(Roundup) 등이 있으며, 그 특성이 다르다. 따라서 제초제의 특성을 숙지하고 이용하는 것이 매우 중요하다.

제초제 사용에 의한 겉뿌림의 성공요인은 제초제의 사용시기와 겉뿌림시기 사이의 알맞은 간격을 정확하게 결정하는 것이 중요하다. 또한 제초제의 효과는 사용하는 환경조건에 따라 다양하게 나타나기 때문에, 양축농가는 제초제의 특성을 충분히 이해하고 환경조건에 알맞은 처방을 해야만 제초제가 지닌 살초효과를 충분히 발휘할 수 있다.

2) 화입법

화입(불 지르기)은 농업 중에서 오랫동안 이용되는 방법으로 지금도 브라질 아마존 지대의 원주민은 화입법에 의하여 농사를 짓고 있다. 불경운초지를 개량할 때 화입을 함으로써 표토에 남은 야초의 고사주와 낙엽을 깨끗하게 태우고, 목초 종자의 발아를 촉진시킬 수 있다. 물론 산지를 초지조성할 때 선점식생을 없애는 단순한 처리보다는 큰 장애물(나무)을 제거한 뒤에 화입을 겸한 처리가 선점식생을 제거하는 데 더 효과적이다.

화입은 특히 1년생 잡초를 사멸시키고 토양을 노출시키므로 화입만으로 초지개량 효과를

거둘 수 있으며, 잡관목과 식물의 고사주가 많은 산지에서는 종자의 착상은 물론 파종작업을 쉽게 할 수 있기 때문에 경제적인 방법이다.

화입이 새로 파종한 목초종자의 발아 및 정착을 촉진하는 것은 화입에 의하여 태운 회분이 수분을 지니는 특성 때문이며, 이로 인하여 목초의 발아와 출현율이 향상된다는 보고가 있다. 그러나 화입만으로 선점식생과 새로 발아된 목초 사이의 경합을 경감시킬 수 없으며, 특히 산에 불을 놓는 것은 산림당국의 허가가 필요하다. 또한 토양표토의 유효양분의 파괴, 그리고 완전히 타지 않고 탄화된 상태에서 남은 낙엽 등은 분해가 느리기 때문에 목초에 좋은 환경을 제공하지 못하고 있어 불경운초지의 선점식생 제거방법으로서 화입은 제한을 받고 있다.

3) 제경법

산지를 갈아엎지 않고 가축의 발굽과 이빨을 이용하여 선점식생을 제거하고 목초를 파종하는 방법을 제경법(hoof cultivation)이라고 한다. 제경법은 선점야초나 관목의 밀도가 높은 야초지에 겉뿌림할 때 종자를 파종하기 전후 단위면적당 많은 가축을 일시에 투입하여 중방목을 해 주는 것인데 효과가 높은 것으로 보고되고 있다. 그러나 비교적 정착이 용이한 클로버류에 대해서는 방목효과가 적다.

제경법은 필요한 가축두수의 확보가 가장 어려운 문제라고 할 수 있다. 즉 파종상을 만들 때 단위면적당 방목가축 두수가 적은 방목방법으로 장기간 동안 계속하는 고정방목보다는 짧

그림 5-12 젖소 중방목(좌) 및 유산양 중방목(우)

은 기간 동안에 많은 두수의 가축을 투입하는 밀집방목(mob grazing, mob stocking)이 필수적이기 때문이다. 이때 ha당 알맞은 방목가축 두수는 개량 대상지의 식생에 따라 다르나, 새 등 키가 작은 야초가 우점한 식생상태이면 ha당 15~20두의 젖소를 2~3일간 방목시키는 효과가 있

다. 그러나 장초형 억새가 밀집된 야초지일 경우에는 ha당 180두의 한우를 집중 방목시키는 중방목(과방목)이 적합하다. 흑염소나 유산양을 중방목할 경우에는 대가축보다 10배 이상 가축두수를 늘리거나 방목기간을 연장해야 한다(그림 5-12).

5.4.2. 시비

불경운초지조성은 파종상의 조건이 경운초지조성보다 나쁠 뿐만 아니라 야초와 해충 등의 위험에 노출되어 있기 때문에 정착이 잘되지 않는다. 이러한 불리한 조건을 개선하기 위해서는 시비관리가 필요하다. 앞서 경운초지조성에서 언급한 바와 같이 우리나라 초지토양은 산성토양이고, 유효인산 함량이 적고 유기물 함량이 낮기 때문에 석회 시비가 필수적이다.

(1) 석회

산지초지조성 시 석회시용이 정착에 도움을 주었다는 보고가 있으나, 불경운초지조성의 경우 문제는 중량이 무거운 석회를 산지에서 운반하여 살포하는 것이다. 또한 석회를 표토에

뿌리기 때문에 흙 속에 투입하지 않아 알칼리화로 인한 불용화가 문제가 된다. 따라서 불경운초지조성의 석회 시용량은 ha당 1~2톤으로 경운초지조성보다 적게 살포해야 한다.

(2) 인산

우리나라 초지에서 목초의 정착과 유지에 두드러진 효과가 있는 것은 인산이다. 특히 이러한 효과는 두과목초에서 잘 나타난다. 불경운초지조성 시 적정시비량은 ha당 100~150kg이다.

(3) 질소

불경운초지조성 시 질소시용 효과는 선점식생의 밀도가 높은 곳은 화본과 목초의 정착과 유지에 효과가 없었으나 낮은 곳에서는 그 효과가 높다. 불경운초지조성 시는 경운초지조성 시보다 더 많은 질소가 필요한데, 그 이유는 지표층에 탄화율이 높은 식물의 고사주나 부식이 많기 때문에 시용된 질소의 일부는 토양미생물에 의하여 유기화되어 시비효과가 저하되며, 토층이 환원적인 상태에 놓이므로 탈질작용(denitrification)에 의하여 질소의 일부가 손실되기 때문이다. 이러한 점을 감안하면 척박지는 ha당 50~60kg, 보통 토양은 30~40kg을 기비로 시비하면 된다.

(4) 칼륨 및 기타 미량요소

지금까지 우리나라에서 수행된 시험결과에 의하면 겉뿌림할 때에 칼리(K_2O)의 시용효과는 충분하게 알려져 있지 않다. 그 이유로서는 산지의 초지토양 중에 목초 유식물이 필요로 하는 칼리성분이 어느 정도까지 들어 있기 때문이라고 생각된다. 그러나 관행적으로 겉뿌림을 할 때에 ha당 40~60kg의 칼리가 시용되고 있다. 앞으로 겉뿌림을 할 때에 칼리질비료의 시비 타당성과 적량에 대해서는 보다 많은 연구가 수행되어야 할 것이다.

한편 이상 열거한 목초의 양분 이외에 목초의 초기생육에 필요한 양분으로 미량요소가 있는데, 우리나라에 있어서는 겉뿌림을 할 때에 특히 두과목초의 질소고정을 위하여 충분한 양의 S과 Mo을 시비하여야 한다.

한편 칼륨은 ha당 40~60kg을 시비하면 된다. 기타 철, 망간, 구리, 아연, 붕소, 몰리브덴 등 미량요소 비료를 사용법에 따라 시용하면 된다.

5.4.3. 파종

(1) 파종시기

불경운초지조성의 파종적기는 기본적으로 경운초지조성과 같다. 즉 원칙적으로 가을장마기가 끝난 8월 말이나 9월 초순이 좋으나, 경우에 따라서는 봄부터 가을까지 어느 때라도 파종이 가능하다. 다만 지표면에 떨어진 종자는 노출이 되어 충분한 수분이 없으면 발아가 불가능하므로 발아 후 지하에 뿌리를 내릴 때까지 다른 잡초와의 경쟁에서 유리하도록 해 주어야 한다. 그 방법으로는 여러 가지가 있지만 가축에 의한 방목, 예취, 종자피복, 맹아 제거와 같은 방법을 이용할 수 있다.

만약 충분한 가축을 보유한 농가라면 봄에 불경운초지를 조성하여 목초의 정착여부를 보아 가며 관리방목을 하고, 여름철에 성장하는 야초에 가축을 방목하면 유식물은 성장하고, 왕성하게 자라는 야초는 가축에 의해 채식되어 경합에서 목초 유식물이 유리한 조건이 된다.

(2) 혼파조합

파종은 장애물 및 선점식생 제거와 비료살포 후에 실시한다. 산지초지조성 시 종자의 조건은, 첫째 초기 발아세가 우수하고, 둘째 목초의 뿌리가 분얼과 포복성이 있어 경합하는 야초를 제압할 수 있어야 하며, 셋째 정착 후 잔존능력이 높아야 한다.

이러한 것을 감안하여 초종과 파종량은 〈표 5-17〉에서 보는 바와 같다. 산지초지조성 대상지를 700m 이하의 중산간지대와 700m 이상의 고산지대로 나누고, 파종량은 21~31kg/ha를 추천하고 있다. 불경운초지의 혼파조합은 경운초지에 비하여 초종이 많고 파종량이 많으며, 월동에 강하고, 특히 하번초 위주의 초종으로 구성되어 있다.

이 조합은 조성 후 방목이용을 전제로 한 것이기 때문에 방목지의 일부를 건초로 이용하는 지대는 하번초인 켄터키블루그래스와 레드톱을 제외하고 상번초로 대체하여 파종하면 된다.

(3) 파종방법

불경운방법에 의하여 초지를 개량하는 데는 다음의 세 가지 방법이 주로 쓰이고 있으나, 둘째 및 셋째 방법은 초지를 갱신(renovation)할 때에도 함께 쓰이는 방법이다.

1) 겉뿌림법

이 방법은 원래는 어떠한 물리적인 처리도 하지 않은 파종상에다 목초의 종자를 흩어뿌림(broadcasting)을 하는 것을 말하는 것으로 종자의 파종은 사람이 손으로 하는 것이 보통이나(그림 5-13), 개량면적이 넓을 경우에는 비행기 파종(aerial sowing)이 실용화되어 있다(그림 5-14).

겉뿌림(oversowing)이란 기계를 사용하여 파종상을 만들 수 없는 산지나 야초지의 땅표면에 목초의 종자를 흩어뿌림을 하여 초지를 개량하는 것으로, 이 방법은 기계에 의한 작업공정이 어렵다든가 또는 기계사용의 경제성이 낮은 조방한 지대에 적합한 초지개량방법이라고 할 수 있을 것이다.

표 5-17 방목중심의 불경운초지조성 시 혼파조합

표고	초종조합	파종량 (kg/ha)
평야 및 중산간지대 (해발표고 700m 이하)	오처드그래스	8~10
	톨페스큐	4~6
	리드카나리그래스	4~5
	페레니얼라이그래스	3~5
	켄터키블루그래스	2~3
	화이트클로버	1~2
	계	22~31
고산지대 (해발표고 700m 이상)	리드카나리그래스	5~7
	오처드그래스	4~6
	티머시	3~5
	메도우폭스테일	4~6
	레드톱	2~3
	알사익클로버	2~3
	버즈풋트레포일	1~2
	계	21~32

겉뿌림법은 갈아엎지 않은 파종상 위에 종자를 파종하기 때문에 유식물의 정착을 높이기 위해서 종자가 수분함량이 높은 토양과 접촉할 수 있도록 하여 주는 동시에 토양으로부터의 수분손실을 최소한으로 줄이는 기술이 필수적이라고 하겠다. 그러므로 겉뿌림할 때에 가장 중요한 점은 종자의 파종시기를 토양수분이 가장 높은 때와 일치시키는 일이라고 할 수 있다.

그림 5-13 사람의 손에 의한 겉뿌림

물론 겉뿌림법에 의하여 초지를 개량할 때에는 앞서 불경운초지개량의 장점에서 지적한 바와 같이 많은 이점이 있으나, 이 중 한 가지 중요한 이점은 토양층 가운데서 가장 비옥도가 높은 표토는 그대로 두고서 이용이 가능하다는 것이다. 그러나 지금까지 얻어진 겉뿌림법의 시험결과에 의하면 땅 표면에 물리적인 처리를 하지 않았을 때 목초의 정착과 잔존은 종자의 크기가 작은 두과목초를 제외하고는 성공적이라고 할 수가 없었던 것이다. 그러므로 개량대상지가 선점식생의 밀도가 높은 곳이라면 앞에서 서술한 바와 같이 겉뿌림을 하기 전에 물리적인 파종상 준비작업이 반드시 필요하며, 또한 파종 후에도 관리작업이 필요하다.

본래의 겉뿌림법만으로 초지개량을 성공시키는 것은 대상지의 조건이 좋지 않는 한 초지화의 효율이 낮다. 따라서 겉뿌림을 하기 전에 기존식생과의 경합을 감소시켜 햇빛과 양분, 수분을 공급받을 수 있도록 선점식생의 처리가 제초제, 방목(제경), 화입 등으로 제거한 다음에 종자와 비료를 뿌려주고, 다시 종자와 토양과의 접촉을 촉진하기 위하여 방목가축의 발굽으로 밟아 주는 방목이 실시되어야 한다.

물론 대상지가 아주 소규모 면적일 경우에는 겉뿌림 후 레이크로 지표면을 긁어 종자의 지중착상을 도와주고 간단한 진압을 하여 줄 수 있으나, 큰 면적인 경우에는 그냥 방치하여 자연조건에서 목초종자의 발아를 유도할 수밖에 없으며, 만일에 충분한 가축을 보유하고 있는 농가라면 축우에 의한 제압방목이 더 적합하다. 그러나 파종상 준비에서나 제압방목에 사용되는 가축은 비유 중인 소나 비육 중인 소가 아닌 생산성이 낮은 축우를 사용해야 하며, 과방목할 경우에는 종목시 농후사료 급여에 의한 영양회복에 유의하여야 할 것이다. ha당 200~300두의 양이나 30~50두의 고기소를 방목하여 발아와 유식물의 정착을 도울 수 있으며, 이

그림 5-14 비행기를 이용한 겉뿌림

때 방목은 2~4일간에 끝내는 것이 좋다.

　2) 골겉뿌림법 및 줄겉뿌림법

　골겉뿌림법(sod seeding)은 물리적으로 파종상을 만들지 않은 기존 초지 가운데 파종기를 사용하여 목초의 종자를 비료와 함께 줄뿌림하는 것을 말한다.

　그러나 골겉뿌림법과 같은 뜻으로 쓰이는 줄겉뿌리법(overdrilling)은 뉴질랜드에서 많이 쓰이고 있는 방법으로, 기존 초지나 작물의 수확 나지(裸地)를 그대로 두고서 그 위에 종자를 줄로 겉뿌림하는 것을 말한다. 따라서 골겉뿌림법은 기존 초지만을 개량하는 데 한정되어 있는 겉뿌림법이며, 줄겉뿌림법은 기존 초지와 작물나지의 양쪽에 두루 쓰이는 방법이라고 볼 수 있다. 그러므로 골겉뿌림법과 줄겉뿌림법은 동의어라고 할 수 있으나, 호주나 미국에서는 골겉뿌림법이라고 부르며, 뉴질랜드에서는 줄겉뿌림법이라고 부르고 있는 것이 다르다고 하겠다.

　이 방법은 종자를 땅 표면에 산파하는 겉뿌림법과는 달리 기계를 사용하여 종자를 토양 중에 줄뿌림하는 방법이기 때문에 이 방법의 실용화가 가능한 조건이라면 목초의 종자를 토양 중에 직접 착상시킬 수 있으며, 시비 효율을 높일 수 있으므로 목초 유식물의 정착에 대해서 유리한 초지개량방법이라고 할 수 있다. 또한 유식물의 신속하고 균일한 정착을 가져오게 하여 종자의 파종량을 줄일 수 있는 방법이다.

　골겉뿌림법은 호주의 북쪽 해안지대로부터 처음 보급되기 시작하였으며, 가을에 남방형 목초가 자라는 초지에 북방형 목초를 도입하기 위하여 개발되었다. 그러나 현재는 널리 보급되어 있으며, 골겉뿌림법에 사용되는 기계는 경운초지조성에 사용되는 기계에 비하면 최근에 발달되었다고 볼 수 있다. 특히 최근에 개발된 파종기로는 strip seeder drill이 있는데 이 파종기는 강력한 회전날이 파종될 골의 띠를 대상(帶狀)으로 제거하여 제초제를 사용하지 않고 기계적인 방법으로 기존식생을 제거하는 방법이다. 외국의 연구에 의하면 기존의 디스크형보다 정착률이 크게 향상되었다.

　골겉뿌림법에 쓰이는 기계는 여러 종류가 있으나, 크게 괭이형, 디스크형, 로터리형의 세 가지로 나눌 수 있다. 이 가운데서 괭이형 골겉뿌림기계가 디스크형 골겉뿌림기계에 비하여 융통성이 있으며, 특히 부분적으로 지표가 정리된 곳이나 돌이 있는 거친 지대에 효율이 높다. 또한 괭이형 보습은 딱딱한 지표 중에 쉽게 들어가며, 구입 및 유지하는 데 있어서 디스크형보다 값이 싸게 드는 것이 특징이라고 할 수 있다. 그러나 이들 두 가지 모양의 파종기에 있어서 단점이라고 한다면 선점식생 중에 좁은 골을 만들기 때문에 선점식생과 새로 파종한 목초의 유식물 사이에 경합을 제거하는 것이 충분하지 못한 것과 또 유식물이 골에서 출현되기 전에 골이 닫히기 때문에 두과 목초와 같이 종자가 작은 목초는 보통 골겉뿌림기계에 의해서는 정착률이 낮다. 최근에 개량된 골겉뿌림기계와 이에 따른 종자의 착상모형은 〈그림 5-16〉에서 보는 바와 같다.

그림 5-15 골겉뿌림(줄겉뿌림)에 의한 화이트클로버 파종

　파종방법에 따른 목초의 정착과 관련하여 가장 좋은 것부터 순서를 정하자면 strip seeder → rota drill → triple disc → single disc → till seeder → hoe coulter 순이다.

　한편 줄겉뿌림법은 겉뿌림법이 일찍부터 발달된 뉴질랜드에서 처음으로 개발된 것으로 이 방법이 발달된 배경

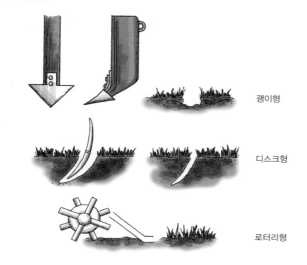

그림 5-16 개량된 줄(골)겉뿌림방법과 종자의 착상모형

괭이형

디스크형

로터리형

을 간단히 살펴보면 다음과 같다. 즉, 혼파조합에 라이그래스를 많이 넣고 있던 뉴질랜드에 있어서 조성한 초지가 노후화됨에 따라 초지의 초종 중 라이그래스가 없어지는 것은 초지의 생산성을 낮게 만들었으며, 특히 이러한 초지의 생산성 저하문제는 생존연한이 짧은 일년생 라이그래스가 초지의 혼파조합에 들어오기 시작하면서부터 가속화되었던 것이다. 그러므로 이러한 초지의 생산성을 오랫동안 유지하는 한 가지 방법으로 기존 초지를 경운하지 않고 라이그래스를 다시 도입하는 여러 가지 방법들이 연구되었고 실용화되기 시작한 것이다. 그러나 지표에 처리를 하지 않고 겉뿌림법으로 목초를 도입했을 때에는 그 결과가 좋지 못했기 때문에 새로이 연구된 것이 줄겉뿌림법이다.

우선 줄겉뿌림법에 있어서 성공률을 높이기 위해서는 작업과정으로서 적절한 방목관리와 효율이 높은 기계가 필요하며, 또 어떤 요구조건하에서 목초의 유식물이 정착하고 잘 자랄 수 있는가를 이해하는 것이 중요하다고 보겠다. 그러므로 줄겉뿌림법을 성공시키기 위해서는 다음과 같은 조건이 구비되어야 한다.

① 충분한 햇빛을 받을 수 있어야 한다.
② 토양비옥도가 높아야 한다.
③ 토양수분함량이 높아야 한다.
④ 진압을 해주는 것이 필요하다.
⑤ 방목관리가 뒤따라야 한다.

이와 같은 구비조건을 생각할 때에 줄겉뿌림법의 장래에 있어서 개량되어야 할 중요한 점은 줄겉뿌림기계의 작용에 의하여 땅표면의 선점식생을 절단하고 제거함으로써 목초를 파종하는 골(furrow) 부근에 있는 야초로부터의 직접적인 경합을 줄이는 데 있다. 선진국에서는 줄겉뿌림을 위해서 개량된 기계가 많이 개발되었으며 성능도 우수하다.

3) 직접 줄겉뿌림법

직접 줄겉뿌림법(direct drilling)은 줄겉뿌림법과 같으나, 단지 선점식생을 억제하기 위하여 제초제를 함께 쓰는 것이 다르다고 할 수 있다. 이때에 경합억제용으로 사용되는 제초제는 줄뿌림기계의 전면에 붙은 분무기로부터 파종기가 지나가기 전에 살포되어야 하며, 또한 사용 후 지속성이 없어야 한다.

따라서 이 방법을 제초제 경운법(chemical ploughing) 또는 제초제 경운(chemical cultivation)이라고 한다. 이 방법은 제초제의 사용방법에 따라서 편의상 두 가지로 나누고 있다.

① 전면살포법

전면살포법(blanket spraying)은 제초제를 야초지 전면에 걸쳐 살포하는 방법으로 불경운초지조성에 있어서 가장 큰 문제점인 정착문제를 해결할 수 있다. 선점식생을 제초제로 전면제거 또는 생장을 억제하여 도입목초와의 경합을 줄여 목초의 정착률을 높일 수 있다. 그러나 목초의 정착과 생육을 촉진하기 위해서는 골을 파고 줄뿌림을 해주어야 한다. 또한 이 골은 종자가 떨어진 다음에 곤충이나 조류로부터 보호되도록 잘 덮여야 하며, 적당량의 살충제나 질소질 비료를 함께 사용하는 것이 좋다.

지금까지 얻어진 시험결과에 의하면 이 방법은 앞서 지적한 여러 가지 필요한 조건이 만족될 경우라면 초지화 결과가 경운초지조성법을 실시하였을 경우와 거의 같든가 때에 따라서는 더 좋다.

그러나 이 방법에 있어서 제기되고 있는 몇 가지 문제점을 들어보면 다음과 같다.

첫째, 개량대상지가 중점토일 때에는 실제로 실용화가 어렵다.
둘째, 초지개량의 결과가 다양하게 나타난다.

여기서 결과가 일정하지 못하다고 하는 주된 원인은 겉뿌림 방법과 사용되는 기계가 다양하기 때문이며, 겉뿌림에 관계되는 제초제 및 경종에 관한 지식은 풍부한 데 반하여 파종에 사용되는 겉뿌림기계에 대한 기본적인 설계가 결여되어 있는 데 문제점이 있다고 보겠다.

② 대상살포법

대상살포법(band spraying)은 줄로 겉뿌림을 하는 기계의 각 보습이 전진하는 골 위에 제초제를 대상으로 좁게 살포하는 방법이다. 겉뿌림법에 의하여 종자가 산파될 때에는 제초제를 전면적으로 사용하는 것이 바람직한 일이나, 줄겉뿌림법으로 초지를 개량할 때에는 골파기 바로 앞에 제초제를 대상으로 뿌리는 것이 적합하다고 할 수 있다. 지금까지 공인된 이 대상살포법의 장점은 단위면적당 소요되는 제초제의 양이 전면살포시보다 아주 적게 드는 것이다.

우리가 야초지에 제초제를 뿌리는 목적은 종자가 파종될 대상 골 위에 나 있는 야초를 죽이든가 또는 억압하는 데 있는 것이며, 이렇게 함으로써 줄뿌림되는 목초가 선점식생과 직접적인 경합이 없이 정착할 수 있는 것이다.

이와 같은 목적을 달성하기 위해서 낮은 용량의 파이프 노즐이 각 보습의 앞에 각기 장치되어 있고, 보습에 의하여 야초가 절단되는 전면의 야초 윗부분에 제초제가 살포되도록 되어 있다. 이때에 사용되는 대상살포대의 폭은 여러 가지가 있으나 5~10cm 너비가 좋은 결과를 보여주었다. 그러나 대상살포의 폭이 넓은 것이 좁은 것보다는 좀더 좋았다고 한다. 대상살포법은 전면살포법에 비해 ①제초제 구입비용을 줄이고, ②남아 있는 기존식생이 동반작물역할을 하여 잡초 생장을 억제할 수 있으며, ③유식물이 정착하는 도중에 기존식생을 방목시킬 수 있고, ④토양 병해충이 유식물에 집중되지 않는다는 장점이 있다.

그러나 대상살포법은 잡초제거가 불완전하기 때문에 유식물 생장을 저해할 수 있다는 단점도 있다.

직접 골겉뿌림법에 있어서 가장 큰 문제점은 적절하지 못한 파종 깊이와 기존식생의 제거이다. 초종에 따른 파종깊이는 매우 중요하다. 특히 굴곡이 심하고 돌이 많은 지대에서는 파종깊이 조절이 어렵다. 또한 제초제 사용으로 기존식생을 제거할 수 있으나 제초제 비용이 많이 들기 때문에 겉뿌림법의 이점이 줄어들고 어떤 잡초는 제초제에 효과가 없다. 따라서 최근에는 기존식생을 물리적으로 제거하고 파종깊이를 조절하는 데 중점을 둔 기계가 개발되고 있다.

5.4.4. 종자피복 및 근류균 접종

(1) 종자피복
1) 종자피복기술

불경운초지조성 시 종자 크기가 작은 목초는 정착이 빈약하다. 이를 개선할 방법으로 여러 가지 물질로 종자를 피복하여 파종하는 방법이 종자피복(seed coating) 기술이다(그림 5-17, 그림 5-18). 목초의 정착률을 향상시키기 위하여 종자에 피복하는 물질은 석회, 인산, 질소, 유기물 등 양분, 생육조절제, 살충제, 살균제 등을 종자에 피복함으로써 좋은 성과를 올리고 있다. 국내의 종자피복연구에 의하면 목초의 정착률이 향상되었다고 보고하였으나, 발아가 느린 종자나 드릴파종된 종자는 피복효과가 적다고 한다. 반면 피복종자는 산지의 겉뿌림 초지 조성에서는 적합하다.

그림 5-17 두과 목초 종자피복

무처리   코팅   펠릿팅

그림 5-18 화본과 목초 종자피복

2) 종자피복기술의 효과

종자피복기술의 효과는, 첫째 피복물질이 목초종자의 무게를 증가시켜 줌으로써 종자가 토양과 접촉하는 것을 도와준다. 둘째, 종자와 토양의 접촉을 개선해 줌으로써 종자의 수분 흡수를 용이하게 하여 발아율과 정착률을 향상시킨다. 셋째, 종자에 가깝게 비료가 있으므로 비료효과를 높임으로써 목초 유식물의 영양 상태를 개선해 준다. 넷째, 종자를 피복해 줌으로서 야생조류의 피해를 줄여 준다. 다섯째, 최근에는 다공성 물질을 피복하여 종자 주위에 수분을 많게 하여 발아를 향상시킨다. 그 외 살충제와 살균제 접종에 의한 토양미생물이나 토양선충의 피해를 감소시킬 수 있다. 또한 토양 중에 종자의 보존을 증가시키는 효과가 있다.

그림 5-19 피복종자 겉뿌림(좌)과 초기 생육(우)

3) 종자 펠릿팅 기술

종자피복기술 중에서 펠릿 종자는 코팅종자보다 종자의 크기를 증가시켜서 정착률을 증가시킬 뿐만 아니라 1립당 종자의 수를 증가시킬 수 있는 장점이 있다. 그리고 혼파초지에서 목초의 종자는 크기가 다르므로 파종의 길이도 다르다.

그림 5-20 사료작물의 종자 펠릿팅 기술

1 2 3 4 5 무처리

톨페스큐

따라서 상대적으로 목초의 종자가 작은 것은 많이 파종하는 경우가 많다. 종자의 크기가 상이하여 파종하는 어려움과 종자비용을 절약하기 위하여 펠릿종자 1립당 여러 종자 또는 1종자를 코팅하여 파종하는 경우가 많다(그림 5-17, 그림 5-20).

(2) 근류균 접종

두과목초를 혼파할 때 가장 큰 이점은 두과 근류의 근류균이 대기 중 79%나 함유된 공중질소를 고정하여 자신은 물론 혼생하는 화본과에 공여한다는 것이다. 따라서 질소비료의 절약효과와 질소비료 시용 시 야기되는 질소의 용탈과 휘발, 그리고 침전 및 유실에 의한 수질오염을 예방할 수 있는 장점이 있다. 고정되는 질소의 양은 연구자에 따라 다르나 58~212kg까지 고정할 수 있다.

근류균은 크게 9개 군으로 분류할 수 있으며, 이들 각 군에 따라 종류가 다른 근류균을 가지고 있다. 군 간에 상호접종은 불가능하지만 같은 군에 속하는 다른 목초 사이에는 접종이 가능하다(표 5-18). 이들 9개 군의 근류균 중 우리나라 초지에서 가장 중요시되는 것은 알팔파, 클로버 및 버즈풋트레포일(벌노랑이)군에 속하는 것이며, 이들 3개 군에 속하는 각 근류균의 토양산도에 대한 적응범위는 그들이 기생하고 있는 숙주식물(host plant)의 pH와 비슷하다. 따라서 토양 중의 근류균 존재 여부는 미생물의 숙주식물인 두과목초의 종류와 토양산도에 좌우된다.

그러므로 우리나라와 같이 화이트클로버가 야생으로 자라고 있는 상태에서는 토양 중에 클로버군에 속하는 근류균이 많이 포함되어 있다고 추측할 수 있으나, 버즈풋트레포일이나

표 5-18 두과초종의 상호접종군

접종군	상호접종 가능식물
알팔파군	알팔파, 버클로버, 스위트클로버
클로버군	레드, 화이트, 라디노, 알사익, 크림슨, 서브클로버
완두 및 베치군	완두류, 베치류
강낭콩군	강낭콩
콩군	콩, 덩굴콩
동부군	동부, 매듭풀류(레스페데자류), 칡, 땅콩, 팥
루핀군	루핀
벌노랑이군	벌노랑이, 버즈풋트레포일
자운영군	자운영

표 5-19 초지에서 초종별 질소고정량 (단위 : kg/ha)

초종	질소 고정량	지역
알팔파	212 114~224 79~104	미국 텍사스 미국 미네소타 스웨덴
알팔파-오처드그래스 혼파	15~136	미국 아이오와
알팔파-리드카나리그래스 혼파	82~254	미국 미네소타
버즈풋트레포일	49~112	미국 미네소타
버즈풋-리드카나리그래스	30~130	미국 미네소타
버심클로버	62~235	이집트
헤어리베치	111	미국 뉴저지
레드클로버	5~152	미국 미네소타
서브테레니언클로버	58~183	미국 캘리포니아
화이트클로버	128	미국 켄터키

(Miller 등, 1995)

알팔파와 같이 분포가 드문 초종에 기생하는 근류균은 국지적으로 분포되어 있든지 거의 없을 가능성이 있으므로 이들 목초를 재배할 때에는 반드시 접종해 주어야 한다.

근류균 접종은 크게 종토접종(토양접종)과 인공배양균에 의한 종자접종으로 나눌 수 있다. 가장 좋은 방법은 우수한 근류균을 인공배양하여 접종하는 것(종자접종, 종자피복)이나 여의치 못한 경우 종토접종도 가능하다.

근류균의 종자접종(인공접종)에는 다음과 같이 중요한 7가지의 조건이 있다. 첫째, 각 숙주(두과작물)의 관계에서 질소고정이 잘되는 균주를 선택하는 것, 둘째 숙주에 대하여 근류형성이 빠른 것, 셋째 근권에서 다른 균주와 경합력이 있는 것, 넷째 불량조건에 영향을 받지 않는 것, 다섯째 질소고정능력이 높고 숙주범위가 넓은 것, 여섯째 토양 중 생존과 번식력이 좋은 것, 일곱째 생태적으로 안정되어 안정적으로 접종과 제조가 용이한 것이다.

한편 불경운초지조성 시에는 근류균을 접종한 종자는 경운초지조성 시와는 달리 지표면에 노출되어 소정의 효과를 얻을 수 없는 경우가 발생할 수 있다. 종자를 겉뿌림할 때 근류균의 착생을 개선할 수 있는 방법은 종자당 근류균의 접종 수를 증가시켜 주며, 종자의 파종기술을 개선해 주는 일이다. 파종기술의 개선책으로 지적할 수 있는 것은, 첫째 근류균이 접종된 종자는 즉시 파종해야 하고, 둘째 접종된 종자는 인산과 함께 뿌리는 것보다 종자만 뿌리는 것이 좋으며, 셋째 토양과 공기가 습할 때 종자를 뿌려주는 것이 좋다.

포장에서 두과목초가 고정한 질소량은 〈표 5-19〉에서 보는 바와 같이 다양하여 작물별로 최저 5kg/ha에서 최고 254kg/ha를 나타내고 있다. 그 이유는 토질이나 기후, 근류균의 상태나 동반작물인 화본과의 종류, 전작물의 영향 등 여러 가지가 영향을 미치기 때문이다. 우리나라에서도 지역이나 혼파조합에 따라 이와 같은 결과를 나타낸 것으로 보고된 바 있다.

5.4.5. 갈퀴질 및 진압

목초의 정착률 향상에 미치는 중요한 요인 중 하나가 수분이다. 갈퀴질을 통해 목초종자를 지면에 밀착시켜 주고, 진압을 통한 모세관 현상에 의해 토양 중의 수분이 종자에 공급되도록 하여 주면 목초의 정착률은 현저히 향상된다. 특히 파종시기가 늦어졌을 경우 반드시 진압하여 조기에 정착할 수 있도록 한다. 이렇게 조성된 초지는 초기에 잘 관리되어야 양호한 식생을 유지할 수 있다.

5.4.6. 불경운초지 시설

(1) 급수시설

급수시설은 그 목장의 입지조건에 적합한 가장 경제적인 방법을 채택한다. 수조의 크기는 방목우의 음수량에 적합한 크기로 하고 수조는 늘 청결히 하도록 한다.

방목지의 음수장은 소가 모이고 쉬고 휴식할 수 있는 비음림이나 통풍이 잘되는 장소로 목구의 접점에 설치하는 것이 바람직하다. 그러나 초지 내에 설치할 수 없어 피난사나 월동사 등의 시설에 설치할 경우도 있다. 이러한 경우에는 물을 마시기 위해 돌아오는 과정이나 물을 마실 때에 소의 개체관리가 가능한 이점이 있다.

급수조는 우군이 필요로 하는 물의 양을 늘 충족시켜야 하고 아울러 신선하고 청량한 물을 공급하여야 하며 가능하면 낭비가 없어야 한다.

급수조의 형태는 두수가 작은 경우에는 드럼통 등을 이용할 수 있으나 일반적으로 콘크리트로 U자형의 것을 사용하여 영구적으로 이용하는 것이 바람직하다. 급수조의 크기는 방목우의 1/3 내지 1/5이 동시에 물을 마실 수 있도록 길쭉한 형태가 바람직하다. 또 소가 발을 넣지 않도록 일정한 높이를 유지하여야 한다. 수조 주변은 소의 집합과 흘러넘치는 물 때문에 습윤하고 비위생적이기 때문에 수조 주변을 콘크리트나 자갈 등으로 처리하는 것도 바람직하다. 급수조에 배수구를 설치하고 바닥면을 경사지게 하여 더러워진 물이 쉽게 빠질 수 있게 한다. 자동급수장치의 설치는 이러한 문제점을 모두 해결해 주는 의미에서 효과가 크다.

목구에 설치하는 음수기는 겨울에도 동결하지 않도록 전열 등을 이용하여 동결방지 대책을 세울 필요가 있다. 이때 누전의 우려가 있으므로 배전공사는 어스선을 포함하여 철저하게 이루어져야 한다.

(2) 급염시설

급염은 가축방목에 있어서 빼놓을 수 없는 것으로 염분이나 미네랄 등을 보급하기 위해 급수조 주변에 설치하여 자유롭게 섭취할 수 있도록 설치한다.

급염조는 목재 혹은 콘크리트재가 좋고 어느 쪽도 배수가 잘되도록 하여야 한다. 지붕을 설치하는 경우도 있다. 목재의 경우 못을 사용하며 염분에 의해 부식되어 시설이 파손되기 쉬우므로 주의하여야 한다.

급염조 내에 소금과 미네랄의 잔류사항을 늘 점검하여 필요에 따라 보충하여야 한다. 특히 야외 급염조에서는 더 한층 주의를 요한다.

적설지대에서는 지붕을 설치하거나 실내에 설치하는 것이 바람직하다.

(3) 피난사

방목지에서 가축이 폭풍우나 더위로부터 대피, 야간의 휴식처로 이용된다. 입목초의 순치

보호나 한낮의 비음, 환축의 보호, 건강관리에 이용된다.

일반적으로 기존시설과 방목지가 700~800m 이상 떨어져 있는 경우에 설치한다. 인위적으로 유도하기 위해 유도책을 설치하여도 좋다. 겨울철에는 축사에서 사육하게 되므로 우리나라에서는 특별한 시설을 하지 않고 조성 시 기존 식생을 남겨 놓아, 숲 그 자체를 비음림으로 이용한다.

5.5. 임간초지조성

5.5.1. 임간초지의 특성

임간초지조성은 불경운초지조성의 일종으로 대상지의 나무를 그대로 두거나, 또는 목초가 자랄 수 있을 정도로 최소한의 나무만 베어 주거나 가지치기를 해 준 다음 겉뿌림으로 목초를 파종하여 초지를 만드는 방법이다.

산지가 많은 우리나라의 특수한 여건하에서 산지활용 측면에서 임간초지의 개발문제는 중요한 과제라 할 수 있으며, 특히 목초생산을 위한 시비와 가축방목을 위한 분뇨가 목초와 나무의 생육에 영향을 주어 임목생산과 가축의 풀사료 생산을 겸할 수 있다. 일본의 연구결과에 의하면 임간초지에서 가축을 방목시켰을 경우 무방목지보다 나무의 생장에 좋은 영향을 주었다(표 5-20).

또 임간초지는 그늘이 많기 때문에 자연광 조건하에 있는 일반목초와 비교할 때 토양수분이 충분하여 목초의 발아와 정착이 양호하고, 여름철 고온기간 중에서도 서늘하여 하고(夏枯)의 피해를 적게 받으며(표 5-21), 간이적인 방법으로 비교적 쉽게 초지조성(개량)이 가능하고, 목책을 설치하는 데 있어서 자라고 있는 나무를 직접 지주로 이용할 수 있으므로 목책 설치 비용이 절감되는 등 많은 장점이 있다.

그러나 임간초지는 나무가 많이 들어서 있으므로 화입에 의한 기존식생 제거가 불가능하고, 차광에 의한 목초의 광합성 능력저하와 생육저해 및 나무에 의한 초지의 실면적 감소 등으로 수량이 일반적으로 낮은 경향이며, 입목도가 높은 곳은 광선부족과 나무뿌리와 목초뿌리와의 양분 및 수분에 대한 경합이 일어나게 된다.

표 5-20 임간 방목지에서 자란 나무 생장

구분	방목지	무방목지	차이
나무높이(m)	16.0	13.1	2.9
가지길이(cm)	17.1	14.0	3.1

표 5-21 임간초지에서 시기별 지온과 토양수분 함량

구분	6 ~ 7월		
	지표온도(℃)	지중(10cm) 온도(℃)	토양수분 함량(%)
임간초지	23.8	20.2	22.8
일반초지	30.3	23.5	18.3

(박 등, 1986)

그림 5-21 초지의 나무보호대

또한 목초의 생육촉진을 위해 시용한 비료를 나무가 흡수하게 되므로 목초에 영양부족 현상이 나타날 수 있으며, 이른 봄과 늦가을에는 일조시간이 짧고 기온이 낮아지기 때문에 이른 봄에는 목초의 재생이 늦어지며, 가을에는 생육이 빨리 정지되는 단점이 있다. 아울러 한계광량 이상의 차광조건에서는 질산태질소의 함량이 높아져 목초의 품질이 우려되며, 방목할 때 소가 나무를 비벼 나무껍질이 손상을 입을 수 있다. 이럴 경우 〈그림 5-21〉에서 보는 바와 같이 나무보호대를 설치할 필요가 있다.

5.5.2. 임간초지의 조성적지

임간초지조성(개량) 대상지가 갖추어야 할 조건은 초지조성에 비용이 적게 소요되는 곳이어야 하며, 일단 조성된 다음에는 목초의 생산량이 다소 높게 기대되는 지역이어야 한다.

(1) 광선이 어느 정도 들어오는 곳

목초가 생육하는 데 햇빛은 필수적이다. 식물은 태양광선을 이용하여 광합성을 하면서 생육을 계속하는데 우리나라는 연중 일조량이 높으므로 임간초지조성에 상당히 유리하다고 할 수 있다. 특히 우리나라에서 재배되고 있는 북방형 목초는 광포화점이 낮기 때문에(25,000~30,000lx) 음지에서도 비교적 잘 자랄 수 있다. 그러나 목초가 자랄 수 있는 한계광량 이하의 광선이 들어올 때는 목초의 생육은 크게 불리해진다.

국립축산과학원의 연구결과에 의하면 햇빛이 25% 차광되는 곳에서 목초의 수량은 자연조건의 일반초지의 90~114%로 생육에 지장을 받지 않았으며, 자연광량의 50% 되는 조건에서는 86~91%의 수량을 보여주고 있다. 그러나 햇빛의 75%가 차광되는 곳에서는 목초수량이 크게 떨어져 임간지에서 초지개량을 할 때 광량은 자연광의 70% 이상을 받을 수 있어야 할 것이다(표 5-22).

표 5-22 차광정도에 따른 목초의 건물수량

초종	차광정도 (%)	건물수량 (톤/ha)	수량지수 (%)
오처드그래스 (1974)	0(자연광)	10.01	100
	25	9.52	95
	50	8.78	88
	75	6.93	69
알팔파 (1974)	0(자연광)	10.58.	100
	25	9.47	90
	50	9.15	86
	75	6.83	65
오처드그래스 (1985)	0(자연광)	7.51	100
	25	8.53	114
	50	6.81	91
	75	5.14	68

(국립축산과학원, 1974; 이, 1985)

(2) 토양수분이 풍부한 곳

목초가 겉뿌림으로 파종되어 발아, 출현, 정착에 적합한 토양 수분 함량은 대체로 70~85%이다. 그러므로 임간초지의 개량지는 토양수분을 잘 보존할 수 있는 유기물 함량이 많은 토양이 좋다. 일반적으로 임간초지는 나무에 의한 광선의 차단으로 토양

그림 5-22 임간초지에서 오처드그래스 및 화이트클로버 정착

수분의 증발이 억제되기 때문에 발아와 정착에 유리하다(그림 5-22).

(3) 큰 나무와 침엽수가 있는 곳

임간초지에서 어린나무는 가축방목에 의해 고사되거나 생육이 불량하게 되므로 가능하면 10년 이상 자란 직경 10cm 이상의 큰 나무가 있는 곳이 좋으며, 같은 크기의 나무라도 가지가 너무 많거나 굽은 나무 등은 목초의 생육에 지장을 주므로 좋지 않다.

나무의 종류는 잎이 좁은 침엽수가 잎이 넓은 활엽수보다 유리하며 직립형 나무가 좋다. 그리고 한 종류의 나무가 인공조림된 곳이 목초의 생육과 초지의 관리 및 이용에 유리하며, 잎이 넓고 옆으로 퍼지는 활엽수림이나 잡관목이 많은 곳은 불리하다.

(4) 경사도 및 경사방향

임간초지에서 경사도는 겉뿌림 개량초지와 같이 35도 미만으로 가축의 방목에 지장이 없으면 큰 제한은 받지 않는다. 그러나 경사방향은 입목도에 따라서 차이가 크며, 경사방향에 따라 임간초지에서는 목초의 생육 차이가 크다. 즉 동일한 입목도라 할지라도 북향의 경사면은 광선의 투과각도 때문에 그늘이 많이 생겨 목초의 생육에 지장이 있지만 남향의 경사면에서는 다소 많은 나무가 있더라도 광선의 투과가 잘되기 때문에 북향보다 더 유리하다. 따라서 임간초지를 개량할 때에는 북향은 남향보다 입목밀도를 낮게 하여 광선을 많이 받도록 해주어야 목초 생육에 좋다.

5.5.3. 임간초지의 조성기술

(1) 선점식생 제거

불경운으로 초지를 개량하고자 할 때는 무엇보다 먼저 선점식생을 어떻게 제거해 주느냐가 가장 큰 문제이다. 임간초지에서는 나무는 그대로 두지만 야초나 잡관목 등이 우점되어 있을 수 있으며, 또는 솔잎 같은 나뭇잎이 덮여 있을 수 있다. 이러한 선점식생을 제거하는 방법으로는 제초제 사용, 인력 제거 및 가축에 의한 중방목 등을 들 수 있다. 그러나 임간초지조성에서는 화입은 할 수 없다.

① 제초제 사용

야초나 잡관목이 많이 밀생되어 있을 경우에는 제초제를 사용하는 것이 효과적인데, 다년생 잡관목이 많은 경우에는 근사미(glycine 액제)를 사용하고, 1년생 야초우점지에는 그라목

그림 5-23 대상지 제초제 살포

그림 5-24 잡관목 인력 제거

손(gramoxone)을 사용해도 좋다. 그라목손은 다년생 식물은 지상부만 죽이므로 지하부는 다음 해에 다시 재생이 될 수 있는 문제가 있으며, 근사미는 5년 이상 된 큰 나무에는 피해를 주지 않는다고 한다. 1ha 당 물 800~1,200L에 야초우점지에서는 근사미 6,000~8,000cc, 잡관목 우점지에는 8,000~12,000cc 정도를 잎에 살포하여 주면 1~2주일 후에 약효가 나타난다. 그러므로 제초제를 사용할 때는 파종하기 한 달 전에 뿌려주는 것이 좋다.

② 인력 제거

우리나라에서 대부분의 농가는 낫이나 예취기를 사용하여 인력으로 선점식생을 제거하는데 노동력 부족과 인건비 상승으로 어려움이 많다(그림 5-24). 인력 제거 시에 야초나 잡관목들의 재생을 어렵게 하기 위해 지표면 가까이 바싹 베어주는 것이 좋으며, 솔잎 같은 나뭇잎이 지표면을 덮고 있을 때는 가능한 한 깨끗이 긁어모아 목초종자가 직접 토양에 떨어져 토양수분을 잘 흡수할 수 있도록 하여야 한다.

③ 가축의 중방목 이용

방목을 시킬 수 있는 가축이 충분히 확보되어 있을 경우에는 가축의 이빨과 발굽을 이용하여 선점식생을 제거할 수 있다. 야초나 잡관목의 밀도가 높을 때는 종자를 파종하기 전 일시적으로 방목 가축을 많이 투입하는 중방목을 실시해 주면 제초제를 쓰지 않아도 목초의 정착을 향상시킬 수 있다.

가축을 이용할 때는 반드시 면적을 여러 개로 나누어 전기목책으로 구획을 만들어 주어야 하며, 가축두수는 ha당 100~300두 정도가 적당하고, 우리나라 대관령지방의 경우에는 150~200두가 적당하였다고 한다.

(2) 간벌 및 가지치기

임간초지는 광선의 투과가 제한되는 상태에서 개량하는 것이므로 목초가 충분한 생육을 할 수 있도록 가능하면 광선의 투과량을 늘려 주어야 한다. 그러므로 입목도가 높은 곳은 목초를 파종하기 전에 나뭇가지를 쳐주고 구부러진 나무와 어린나무, 또는 개량 후 관리와 이용에 지장을 줄 수 있는 나무는 솎아주어 광선이 잘 들어오도록 하여야 한다.

그림 5-25 간벌 및 가지치기

(3) 목책설치

가축의 중방목으로 선점식생을 제거할 경우에는 미리 목책을 설치해야 한다. 임간초지에서는 생나무를 그대로 이용하여 적당한 거리로 철선을 매어 목책으로 이용할 수 있으므로 쇠지주나 콘크리트 지주를 사용할 필요가 없어 목책 설치비용이 많이 절약된다.

(4) 시 비

우리나라의 토양이 대체로 토양산도 pH 5.0~6.0인 산성임을 감안하여 ha당 2~3톤의 석회를 시용해 주는 것이 목초의 생육에 유리하다.

또 질소, 인산, 칼리질 비료도 겉뿌림 개량 시와 마찬가지로 ha당 질소 50~60kg, 인산 100~150kg, 칼리 30~40kg을 각각 시용해 주는 것이 목초의 초기생육을 좋게 하고 뿌리를 튼튼하게 해줄 수 있으며, 초지조성용 복합비료(질소 80, 인산 200, 칼리 70kg/ha)를 뿌려주어도 좋다.

(5) 파 종

① 파종시기

임간초지조성에서 목초는 겉뿌림으로 파종되기 때문에 경운초지조성 때보다 조금 일찍 파종하여 겨울이 오기 전에 충분히 생육하여 월동에 지장이 없도록 하여야 한다. 파종적기는 토양수분이 충분한 시기인데, 임간지에서는 토양수분 함량이 높은 상태이므로 불경운초지조성에서 겉뿌림 파종한 목초에 비해 발아, 정착 및 초기생육은 양호하다고 할 수 있다. 우리나라에서 대체로 본 파종적기는 8월 중하순경이 좋다.

또한 임간초지조성에서는 자연광 상태의 일반초지와는

그림 5-26 임간초지 파종

달리 봄철에 파종하여도(춘파초지 개량) 토양수분이 충분하기 때문에 목초의 생육에 별 지장이

표 5-23 임간초지의 춘파개량 시 목초 및 야초 비율

구분	파종시기 (월.일)	목초비율(%)			
		1차	2차	3차	평균
임간초지	3. 20	81.7	83.5	88.2	84.5
	4. 10	76.6	85.8	76.3	79.6
일반초지	3. 20	11.7	37.6	10.0	19.8
	4. 10	11.3	29.3	4.5	15.0
구분	파종시기 (월.일)	야초비율(%)			
		1차	2차	3차	평균
임간초지	3. 20	18.3	16.5	11.8	15.5
	4. 10	23.3	14.2	23.7	20.4
일반초지	3. 20	88.3	62.4	90.0	80.2
	4. 10	88.7	70.7	95.5	85.0

(박 등, 1986)

표 5-24 임간초지의 춘파개량 시 목초수량

구 분	파종시기 (월.일)	건 물 수 량(톤/ha)				수량 지수
		1차(6.2)	2차(7.6)	3차(9.16)	계	
임간초지	3. 20	1,361	654	1,996	4,011	100
	4. 10	863	652	1,800	3,315	83
일반초지	3. 20	360	574	843	1,777	44
	4. 10	340	426	363	1,129	28

(박 등, 1986)

없으며, 특히 야초의 발생이 적다. 국내 연구결과에 의하면 임간지에서 춘파개량 시 목초율은 80~85%로 일반초지에 비해 월등히 높고 목초수량도 현저하게 높은 것으로 나타났으며, 춘파개량을 할 경우 파종은 3월 중순경으로 조금 일찍 하는 것이 유리하였다(표 5-23 및 표 5-24). 따라서 임간초지조성에서도 불경운초지에서와 마찬가지로 추파가 바람직하나 추파시기를 놓쳤을 경우에는 봄철 일찍 파종한다면 생산성을 기대할 수 있을 것이다.

② 혼파조합

불경운초지조성은 경운초지에 비하여 초지조성 과정에서 제약이 많으므로 적합한 혼파조합을 짜는 것은 어렵다. 임간초지조성에 알맞은 초종은 음지에 견디는 힘이 강하고 생산성이 높아야 한다. 국내외 연구결과에 의하면 화본과목초가 두과목초보다 임간초지에 잘 적응하여 적합하다고 한다. 그리고 화본과목초 중에서는 오처드그래스가 가장 적합한 초종으로 권장되고 있다.

(6) 복토 및 진압

마지막 단계인 복토와 진압작업은 산지의 경사도와 나무가 그대로 있다는 측면에서 실제로 실시하기는 어려우나, 인력으로 갈퀴질을 해 주는 것이 바람직하다. 이 때 사람의 발에 의한 진압효과도 아울러 기대할 수 있다. 또 가축에 의한 진압방법으로 복토와 진압의 효과를 함께 기대할 수 있는데, ha당 150~200마리 정도의 소로 방목시키면 적합하다.

5.6. 조성 초기의 관리법

5.6.1.정착

(1) 정착의 개념

정착(establishment)은 초지조성에서는 쓰지만 작물재배에서는 쓰지 않는다. 이는 일반종자는 입자가 크기 때문에 발아가 잘되고 초기 생육이 좋다(표 5-25). 반면 목초종자는 매우 작기 때문에 발아 후 생육이 느릴 뿐만 아니라, 약한 유식물기(seedling stage)에 불량한 환경조건에 직면하는 일이 많으므로 결과적으로 유식물기에 죽어서 없어지는 식물이 많이 생기게 된다.

그러므로 목초에서 종자의 발아도 중요하지만 더 좋은 것은 종자로부터 발아된 유식물이 출현되어 얼마나 살아남느냐 하는 정착이 보다 중요하다. 정착이란 파종상에 떨어진 목초종

그림 5-27 화본과 및 두과 목초의 정착시기

이삭 모양기　　제 2 엽기　　제 3 엽기　　제 5 엽기

화본과 목초

제 1 진정엽

제 1 엽기　　제 2 엽기　　제 3 엽기

두과 목초

자가 알맞은 환경조건을 만나 발아 되고 출현되어 유식물의 생육이 시 작되는 시기로서, 화본과 목초는 제 3엽기(three leaf stage), 두과목초는 본엽 제2엽기(two true leaf state)를 지나 유식물이 독립영양상태로 들 어가 양분의 흡수를 시작하는 상태 를 말한다(그림 5-27).

목초에서 유식물 정착은 화본과 목초는 제3엽기, 두과목초는 제2엽 기로 파종 후 4~8주 되는 시기다. 목초의 정착에 관계하는 내적인 요 인은 유식물 활력(seedling vigor)이 며, 외적인 요인으로는 토양수분, 양분, pH, 기상조건, 장애물, 초종, 파종기 등이 있다.

표 5-25 목초 및 사료작물의 종자크기

초종	1g당 입수	초종	1g당 입수
오처드그래스	917	옥수수	2
톨페스큐	501	수수	53
이탈리안라이그래스	494	수단그래스	95
켄터키블루그래스	10,584	보리	31
티머시	2,540	귀리	33
리드카나리그래스	1,058	호밀	40
버뮤다그래스	4,567	밀	24
알팔파	501	버즈풋트레포일	816
레드클로버	600	크림슨클로버	331
화이트클로버	1,693	헤어리베치	35

(2) 정착의 관리기술

초지조성 초기 목초의 발아, 출현 및 초기생육이 불량하여 초 지조성이 실패를 하는 경우가 있 다. 이런 경우에는 다음 사항을 잘 체크하여 진단할 필요가 있다.

초지조성 초기 파종한 종자가 발아되지 않을 경우는 다음 사항 을 진단해야 한다. ①파종상이

그림 5-28 오처드그래스와 톨페스큐 정착

건조한 경우, ②종자의 발아율이 낮은 경우, ③경립종자나 휴면종자인 경우, ④발아에 부적합한 기후, 특히 온도가 낮은 경우, ⑤잔류 제초제에 의한 피해, ⑥배수가 불량한 경우 파종한 종자가 발아되지 않을 수 있다.

조성한 초지에서 목초는 발아하였으나 출현율이 낮을 경우가 있다. 이때는 다음 사항을 체크하여야 한다. ①파종깊이는 적합한지? 즉, 너무 얕게 혹은 깊게 파종하면 출현율이 낮다. ②땅 표면이 너무 딱딱한 경우 출현율이 낮다. ③유식물 활력이 나쁘면 출현율이 낮다. ④병충해의 피해를 받으면 출현율이 낮다. ⑤온도가 적합하지 않으면 출현율이 낮다.

출현한 목초가 생존이 어려운 경우는 다음 사항을 진단해 보아야 한다. ①토양이 강산성이거나 비옥도가 매우 낮을 경우, ②병충해 피해를 입을 경우, ③가뭄이 심할 경우, ④두과목초의 근류균이 활성화되지 않을 경우, ⑤낮은 온도, 즉 추위에 의한 피해, ⑥초기 방목을 실패할 경우(제상의 피해), ⑦서릿발에 의하여 피해를 입을 경우, ⑧강한 모래바람에 의하여 출현한 목초가 초기생육이 불량할 수 있다.

5.6.2. 조성 초기의 초지관리

목초는 일반작물에 비하여 종자가 작기 때문에 어린 시기인 유식물기에 생육이 느리다. 따라서 이 시기에 관리를 잘못하여 약한 목초를 만들면 초지조성의 성공률은 매우 낮아진다. 또 목초는 여러 초종이 한곳에 혼파되어 자라기 때문에 각 목초 사이에는 심한 경합이 있게 되는데, 이러한 목초의 유식물기에 일어나는 경합을 가축이나 사람의 힘으로 조절해 주지 않으면 초지는 장기간 생산력이 낮은 초지가 되기 쉽다. 따라서 조성 초기의 겨울철과 그 이듬해 봄철의 초지관리는 가장 중요하다.

추파하여 초지를 조성할 때 예상되는 문제점은 크게 두 가지인데, 하나는 월동 전 웃자람으로 인하여 발생할 수 있는 동사이고, 다른 하나는 이듬해 봄 서릿발의 피해로 인한 뿌리절단에 의한 고사다. 웃자람을 막기 위해서는 경방목을 시켜 주거나 예취 등의 조치가 필요하다. 그리고 이듬해 봄 서릿발의 피해 및 봄에 가뭄의 적응을 돕기 위한 조치로 진압이 필요하다. 겨울철에 목초가 15cm 정도 자랐을 때 방목시키는 것을 토핑(topping)이라고 하는데, 그 목적은 목양력을 증가시키는 것이 아니라 어린 유식물의 가지치기, 즉 분얼과 뿌리의 활착을 돕는 데 있다.

표 5-26 초지조성 초기의 관리기술

관리기술	실시 시기 및 방법	효과
월동 후 진압	해빙 후 이른 봄 비료주기와 함께 실시	목초가 말라 죽는 것 방지 뿌리를 튼튼히 뻗게 함 목초의 새끼치기(분얼)가 잘됨
1차 가벼운 방목 (또는 예취, 진압)	목초의 초장이 15cm 정도 자랐을 때 실시	뿌리 발육과 분얼이 잘됨 여러 초종이 골고루 자라 잡음 봄철 잡초생육 억제
2차 방목 (또는 예취, 진압)	다시 자란 풀이 20cm 정도 자랐을 때 실시	1차 방목(예취) 때와 똑같은 효과를 얻기 위해 반복함
청소베기	방목 후에 남아 있는 큰 잡초나 억센 야초제거	점점 더 퍼지고 주변 목초를 억압하지 못하도록 방지

목책설치와 이용

5.7.1. 목책의 기능과 중요성

목책(牧柵)은 초지의 경계를 확실히 하고 외부로부터 동물의 침입과 내부로부터 가축의 이탈을 방지하여 가축과 초지를 보호하는 동시에 초지의 이용효율을 높이는 수단으로 설치하는 울타리시설이다.

목책은 가축을 방목할 때 반드시 필요한데 특히 우리나라의 초지는 경사진 산지를 개발하여 초지로 만드는 산지초지이므로 인력으로 풀을 베어서 운반하기가 어렵고 기계작업도 쉽지 않아 가급적 방목으로 초지를 이용하여야 할 것이므로 초지를 만들 때 기본적인 시설로서 목책을 설치해 주어야 한다. 목책의 설치로 노동력을 줄일 수 있으며 목양력을 증대시키고 초생을 오랫동안 균일하게 유지시켜 줄 수가 있다.

목책 설치 시 비용은 일반적으로 생각하는 것과 같이 많은 경비가 드는 것이 아니며, 오히려 전기목책 등을 설치 이용함으로써 비용을 줄일 수 있다. 우리나라뿐만 아니라 오늘날 세계 각국의 축산농가에서는 새로운 목책설치에 많은 관심을 가지고 있으며 초지와 가축 관리에 있어서 목책은 여러 가지 경제적 이점을 가져다준다.

목책의 기능과 중요성은 초지를 조성할 때와 초지를 관리, 이용할 때의 두 가지 측면에서 설명될 수 있다. 목책이 초지조성 과정에서 필요한 경우는 가축의 발굽과 이빨을 이용하여 초지를 만드는 발굽갈이(제경)법, 기타의 경우에는 조성 이후 관리방목 때부터 필요하게 되므로 초지를 합리적으로 관리, 이용하기 위해서 조성 후 즉시 목책을 설치해야 한다.

5.7.2. 목책의 종류와 형태

목책은 나누는 기준에 따라 여러 형태로 분류가 가능한데 기능에 따라 외곽 경계목책과 내부 분할목책으로 나눌 수 있으며, 이동 여부에 따라 고정목책과 이동목책으로 나눈다.

그리고 만드는 재료에 따라 생나무 목책, 나무목책, 철주목책, 콘크리트 목책, 돌담 등으로 구분되며, 또한 전류를 흐르게 하여 목책 이용의 효과를 높이는 전기목책이 있다.

(1) 목책의 기능상 구분

① 외곽 경계목책

이것은 가축이 목장 밖으로 나가는 것과 외부로부터 다른 동물이 들어오는 것을 막아주는 목장의 경계를 나타내는 울타리로서 견고해야 하고 영구적이어야 한다.

② 내부 분할목책

이것은 전체 초지를 효율적으로 이용할 수 있도록 목구를 여러 개로 나누어 설치하는 목책으로서 방목시킬 초지의 면적, 지형, 방목가축의 두수 및 급수문제 등을 고려하여 초지를 관리하기 편리하게 여러 개의 방목구로 나눈다. 내부 목책은 외부 목책에 비해 재료를 적게 들이고 간단한 구조로도 설치가 가능하다.

③ 이동목책

고정목책 시설이 되어 있지 않거나 또는 있더라도 한 목구 안에서 면적을 더 작게 쪼개서 방목을 시키고자 할 때에 간단히 운반할 수 있는 이동식 지주와 전기목책 선을 사용하여 설치하는 형태인데, 특히 목초가 왕성하게 자라는 4~6월경에 이용 필요성이 크다.

(2) 재료에 따른 목책의 종류

목책용 재료는 울타리로서의 기능을 잘 발휘하면서 설치비용이 적게 들고, 견고하여 수명이 오래가고, 설치작업과 유지가 간편한 점 등을 고려하여 선택 결정하게 된다. 그러나 실제로 어느 한 가지 재료만으로 설치하기보다는 현지에서 값싸고 쉽게 이용할 수 있는 생나무와 나무기둥을 우선적으로 쓰면서 모자라는 분량을 철제나 콘크리트 기둥을 쓰는 등 2~3종의 재료를 섞어 쓰게 되는 경우가 많다.

① 생나무 목책

초지조성은 대부분의 경우 임야지에 나무를 베어내고 조성하게 되는데, 경계부분과 내부의 목구 분할 예정선에 위치한 나무들을 적당한 간격으로 남겨두어 별도의 비용을 들이지 않고도 가장 튼튼한 목책기둥으로 이용할 수 있다. 생나무 목책은 살아 있는 나무를 그대로 이용하는 방법이며 그늘나무 역할과 풍치를 좋게 하는 등 조건만 맞는다면 가장 바람직한 목책이다.

한편, 과수원 울타리에서 볼 수 있는 것처럼 아카시아나 탱자나무 같은 관목류를 빽빽이 심어서 울타리로 삼을 수도 있는데, 이것은 여러 해를 걸려서 계획적으로 길러 만들어야 하기 때문에 조성 초기부터 이용하기는 어렵다.

② 나무목책

나무가 흔한 곳에서는 통나무로 목책을 만들 수 있다. 재료로는 밤나무나 아카시아나무 등이 좋으나 이러한 나무가 없을 때에는 소나무나 참나무 등을 방부 처리하면 오랫동안 쓸 수 있다.

나무목책은 가격이 싸고 가벼우며 땅에 묻을 때 타입기(打入機)로 때려 박아주면 되므로 노력이 적게 들면서 튼튼한 목책으로 이용될 수 있다. 나무목책은 수년만 지나면 땅 접촉 부분이 썩으며 보수경비가 많이 드는 단점이 있으나 땅속에 들어가는 부분을 썩지 않게 방부제(크레오소트 등)를 바르거나 콜타르를 칠하든지 또는 불로 태워주면 5년 정도는 쓸 수 있다.

③ 철주목책

기둥이 철제로 된 목책을 철주목책이라 하는데, 나무목책에 비하여 견고하고 반영구적으로 견디는 힘이 크다. 중간 기둥은 보통 ㄱ자 앵글을 사용하는 것이 편리하며 앵글의 한쪽에 구멍을 뚫어 철선을 고정시킨다. 한편 모서리나 끝 부분의 힘을 받는 자리의 기둥으로는 굵은 파이프를 써야 된다.

앵글 철제지주는 값이 싸고 운반과 취급하기도 쉽고 타입기 등으로 박으면 되므로 노력도 적게 드는 장점이 있으나, 땅이 단단하지 못한 곳과 지형의 높낮이가 심한 곳에서는 낮은 부분의 기둥이 철선의 힘을 받아서 뽑히기 쉬우므로 아래쪽에 보조 토막자루를 박아 튼튼하게 고정시켜 주어야 한다.

④ 콘크리트 목책

콘크리트 목책은 기둥을 콘크리트로 만든 것을 말하며 가운데 철근을 4개 정도 놓고 시멘트, 모래, 자갈을 알맞은 비율로 잘 혼합하여 만든 것이다. 기둥을 만들 때 주의해야 할 점은 일정한 간격으로 철선을 고정시킬 굵은 철사고리를 미리 박아 두어야 하며, 전기목책을 설치하고자 할 때는 절연애자를 부착할 곳도 미리 만들어 두어야 한다.

모퉁이 부분의 기둥을 튼튼하게 하기 위해서는 기둥 밑에 시멘트를 몇 삽 정도 넣도록 하고 알맞은 간격으로 보조지주를 비스듬히 세워주면 더욱 튼튼해진다. 특히 습지나 단단하지 못한 땅에서 보조지주가 필요하다.

콘크리트 목책은 견고하고 반영구적이지만 무거워서 운반 취급이 어려우며 시설에 많은 노력과 비용이 든다. 또 이 기둥은 충격을 받으면 부러질 경우가 있는데 이때는 목책으로서의 기능을 발휘할 수가 없다.

⑤ 전기목책

전기목책은 목책 선에 전류가 흐르게 하여 가축이 이 전선에 접촉하면 충격을 받게 되어 접근을 기피함으로써 울타리 밖으로 못 나가도록 막아주는 목책을 말한다. 전기목책에 대한 자세한 설명은 다음 전기목책의 이용에서 다루기로 한다.

5.7.3. 목책설치 요령과 설치 시 유의사항

(1) 목구 수 결정

목구 수의 결정은 방목방법과 전체 목초지의 면적 및 가축의 두수에 따라 달라진다. 고정방목은 하나의 목구에서 연중 계속 방목을 시키므로 목구를 나눌 필요는 없다. 그러나 초지의 방목이용에 있어서 고정방목은 결코 바람직하다고는 할 수 없다.

윤환방목은 목구를 5～10개의 작은 목구로 나누고 하나의 목구에서 짧으면 2～3일, 길면 5～6일 정도 방목시킨 다음 옆의 목구로 이동시키는 것이다. 집약적인 윤환방목이라 할 수 있는 1일 방목(또는 대상방목)은 목구를 15～20개의 작은 목구로 나눈 다음 하나의 목구에서 1일 정도(또는 오전, 오후로 구분) 방목시키므로 목구 수는 많이 필요하나 초지의 이용효율은 높아진다.

우리나라의 가족단위 농가라면 영구책으로 방목 구를 3～5구 정도 고정하여 설치해 놓고 나머지는 필요에 따라 이동용 전기목책으로 분할, 이용하는 것이 바람직한 방법이다.

또 목구 수는 계절에 따라 달라질 수 있는데 목초의 생육이 좋은 4～6월에는 목구를 세분하여 한 목구당 3～4일 이내 이용이 바람직하며, 여름 한철에는 목초의 생육이 좋지 않으므로 목구의 크기를 크게 조절하든지 가축의 두수를 줄여 주어야 한다.

(2) 목책 설치 위치 결정

평지에서는 목책을 설치하는 위치가 별로 문제가 되지 않으나 산지초지에서는 목책을 설치하는 위치가 어려우면서도 중요하다. 급수 시설, 그늘, 방풍 등을 잘 고려하여야 하며 가급적 꼬부라진 곳이 적을수록 목책은 튼튼해지고 설치하기가 쉽다. 또 급경사지는 되도록이면 피하는 것이 좋다.

일반적으로 경사지에서는 산릉선 또는 골을 따라 목책을 치며 산기슭 아래 소가 목책선 안에서 다닐 수 있는 여유를 두고 설치하여야 한다. 출입문의 위치는 가축의 이동과 작업조건 및 지형조건을 고려하여 결정하여야 하며, 가축의 상향(上向) 또는 하향(下向) 습성을 키우고 횡적 이동을 위해서는 등고선을 따라 목책을 구분하는 것이 필요하다.

또 목책을 설치할 때에는 가축이 쉽게 물을 찾아 먹을 수 있어야 하며, 물이 있는 곳으로 접근하도록 하는 방법과 물통을 가축이 이동할 때 같이 이동할 수 있는 이동물통을 만들어

주는 방법이 있는데, 이동물통을 설치해 주는 것이 노력은 들지만 초지관리에는 좋다. 목책은 양지와 음지를 구분해서 설치하는 것이 좋으며, 산지에서는 한 목구의 구당 면적에 너무 구애되지 말고 지형이나 지세에 따라 융통성 있게 목책을 설치하여야 한다.

(3) 장력지주, 모퉁이지주 및 중간기둥 설치

목구의 수와 목책을 설치할 위치와 방향 등이 결정되면 먼저 끝부분에 장력지주를 설치하고 꼬부라지는 곳에 모퉁이지주를 설치해 준다. 그다음 중간 기둥을 설치해 주고 철선을 연결한다.

① 장력지주 설치

장력지주(힘받이 기둥)는 가장 큰 힘을 받기 때문에 타입기로 땅에 박는 것이 견고하며 장력지주의 한 구간은 200m 정도가 적당하다. 이때 땅속으로 90cm 정도 박아 주어야 튼튼해지며 지상부위는 110㎝정도면 적당하다(그림 5-29 참조).

장력지주는 보통 두 개의 지주로 조립하며 두 지주의 간격은 약 2m로 하고, 지주 상부에 버팀대를 설치한 다음 8번선 철사로 견고하게 틀어준다. 더 튼튼히 하기 위해서는 지주 상부 이음부위에 못을 쳐서 고정시켜 준다.

② 모퉁이지주 설치

양쪽 끝에 장력지주가 설치되면 각이 지는 모퉁이 부분에 모퉁이지주(사각지주)를 설치한다. 모퉁이지주는 힘을 반대방향으로 약간 기울이면서 박으며 버팀대를 세울 때에는 소가 버팀대를 건드리지 않도록 묻어 둔다.

모퉁이지주를 더 튼튼하게 해 주기 위해서는 돌이나 빗장을 쳐서 8번선 철사로 견고하게 매어주면 좋다. 모퉁이지주도 장력지주과 같이 땅속에 90cm 정도 묻어 주어야 좋다(그림 5-30).

③ 중간기둥 설치

모퉁이지주가 설치되면 우선 한 줄의 철선을 띄워 팽팽히 당겨주며 중간기둥을 철선의 직선상에 설치한다. 지형에 따라 다소 차이는 있으나 중간기둥의 간격은 4~6m가 적당하며 높은 곳과 낮은 곳의 중간기둥을 먼저 박고 나서 적당하게 배치한다.

땅이 평평하고 기복이 별로 없는 곳이라면 6m가 적당하며, 땅이 불균일하고 기복이 심한 곳이라면 4m 정도로 좁히는 것이 좋다. 그리고 목구 분할 시 내부 분할 목책을 전기목책으로 설치할 때 전선이 1선일 경우에는 4~6m가 적당하며 전선이 2선일 경우에는 8~10m도 가능하다.

그림 5-29 장력지주

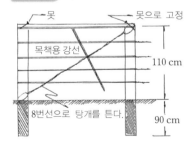

그림 5-30 모퉁이지주

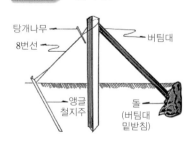

표 5-27 목책기둥용 자재의 규격

구 분	나 무	철 재	콘크리트
장력지주 및 모퉁이지주	말구직경 15cm (길이 2m)	아연도 파이프 (내경 50mm×2m)	철근 콘크리트 제품 (20cm×20cm×2m)
중간기둥	말구직경 10cm (길이 160cm)	ㄱ자형 앵글 (4cm×4cm×4mm×160cm)	철근 콘크리트 제품 (10cm×10cm×170cm)

그림 5-31 중간기둥과 목책철선의 설치

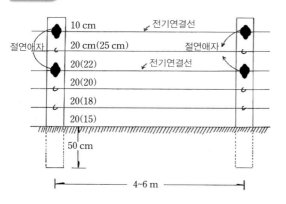

중간기둥의 묻는 깊이는 나무와 철재는 50cm 정도, 콘크리트는 60cm 정도가 적당하며, 참고로 목책기둥용 자재의 규격을 나무, 철재, 콘크리트로 구분하면 〈표 5-27〉과 같다.

(4) 목책철선 설치

중간기둥의 설치가 끝나면 철선을 설치하고 당겨준다. 이때 철선은 가급적 팽팽하게 직선을 유지하도록 해야 하며 굴절부분에서는 힘받이에 주의해야 한다.

외곽목책에서 철선을 배치하는 간격은 보통 4선과 5선으로 많이 사용하고 있으나 안전도를 높이는 의미에서 5선을 설치하는 것이 바람직하다. 4선 목책일 경우에는 지상부 아래로부터 20-20-25-30cm 간격으로 맨 위 철선의 높이는 95cm 정도이며, 5선 목책일 경우에는 지상부 아래로부터 15-18-20-22-25cm 또는 20-20-20-20-20cm 간격으로, 높이는 100cm 정도가 적당하다(그림 5-31 참조).

이때 전기목책을 사용할 때에는 전기는 위에서 1번선과 3번선에 넣는 것이 좋으며 그림 5-31에서 보는 바와 같이 절연애자를 붙이고 목책용 강선을 설치해 주어야 한다.

위에서 설명한 여러 가지 조건을 모두 맞추기는 조건에 따라 어려울 수도 있으나 가능하면 최대한으로 접근하는 것이 목책을 오랫동안 견고하게 이용하고 초지의 이용효율을 높일 수 있다. 또 가축이 마시는 물이나 목책 문 같은 것도 인위적인 조절이 가능하다.

(5) 필요한 도구

전기 절연애자와 철선 등은 기본적인 재료가 되며 필요한 공구로는 목책선 조임틀, 지주 타입기, 흙 다지기, 철사물레, 지렛대, 펜치(프라이야) 및 기타 공구(삽, 도끼, 망치, 톱, 자구 등) 가 있다.

5.7.4. 전기목책의 이용

전기목책(電氣牧柵)은 목책선에 단속적인 전류가 흐르게 하여 방목 중인 가축의 몸이 철선에 닿게 되면 감전으로 충격을 받게 하여 가축이 목책선에 접근하는 것을 피하게 함으로써 밖으로 나가는 것을 막아주는 시설이다.

전기목책은 가축이 스스로 목책선에 접근을 기피하는 특성을 이용하는 것이기 때문에 설

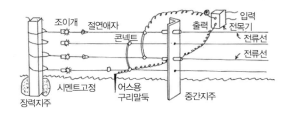

그림 5-32 전기목책의 설치모양

치비용도 적게 들고 이용할 때 유지도 손쉬워서 경제적인 목책이용 방법이므로 널리 보급되어 이용되고 있다.

(1) 전기목책의 원리

전기목책은 가정전기 이용형(110V 및 220V용이 있음)과 전기가 닿지 않는 곳을 위한 건전지(밧데리) 이용형이 있는데, 모두가 단속적인 고압전기가 발생되도록 장치되어 있다. 이 단속전류는 1분간에 50~60회 정도 전기가 통했다가 끊어졌다가 하는 것을 되풀이하게 되는데, 고성능이면서 낮은 저항을 가진 전기목책은 한 번에(약 1초) 전류가 10,000분의 3초간 흐른다(그림 5-32).

그런데 가축의 몸이 전류에 의하여 강하게 충격을 받지만 곧 끊어지고 다음 번 전류가 올 때까지 1초의 시간이면 충분히 회복되므로 위험성은 없도록 되어 있다. 또 면양같이 털이 많은 가축은 소보다 더 높은 전류가 필요하나 크게 구분하여 사용하지는 않는다.

가축은 두세 차례만 전류에 감전되어 보면 후천적인 기억으로 전기목책 가까이 접근하지 않으며 나중에는 전선만 보아도 가까이 가지 않게 된다. 전선은 반드시 완전한 절연을 해 주어야 하며 만일 누전이 된다면 효과를 기대할 수 없으므로 새 전선으로 바꾸거나 잘 고쳐 주어야 한다.

(2) 전기목책 설치요령

철주나 콘크리트 기둥 또는 나무기둥을 6~10m 간격으로 세우고 그곳에 절연애자를 단 다음 방목가축의 몸높이의 1/3~1/2 되는 높이로 전선을 설치한다.

외곽목책은 앞에서 설명한 바와 같이 4선 또는 5선으로 설치하나 목구 분할목책은 2선으로 하는 것이 바람직하다(그림 5-33). 분할목책에서 2선일 경우에는 장력지주나 중간기둥은 규격이 작은 것으로 하거나 기둥 사이의 간격은 넓혀도 무방하나 만일 1선일 경우에는 기둥의 간격이 약간 좁아야 한다.

(3) 이동용 전기목책

목구를 더 세분하여 방목할 때나 착유우를 양호한 초지에서 항상 방목시키고자 할 때는 이동용 전기목책을 사용하면 초지의 이용효율을 더 높일 수 있다.

그림 5-33 2선 목구분할용 전기목책

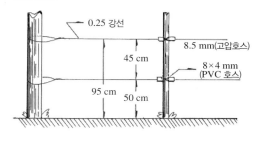

그림 5-34 이동용 전기목책 지주(돼지꼬리 형)와 설치

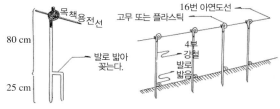

그림 5-35 이동용 전기목책(좌) 및 방목전경(우)

이동용 전기목책은 짧은 기간 동안의 집약적인 윤환방목용으로 많이 사용하며 윗부분이 돼지꼬리 모양으로 구부러진 합금제의 기둥을 땅에 꽂아 세우고 구부러진 곳에 목책용 철선을 연결시켜 간편하게 사용할 수 있다(그림 5-34). 분할 전기목책 구간 내에서 이동용 전기목책을 사용하고자 할 때는 100m 이상 떨어지지 않도록 하고 16번 철사를 사용하는 것이 좋다.

(4) 이용 시 주의사항

전기목책 이용 시 주의해야 할 점은 나뭇가지나 풀이 자라서 전선에 닿게 되면 누전되어 효과가 없어지므로 나무가지나 풀은 수시로 잘라 주어야 하고 바람이 심하게 불 때나 비가 올 때도 주의를 요한다. 또 전기목책을 처음으로 사용할 때에는 가축이 뛰어들어 전선을 끊게 되거나 또는 기둥을 넘어뜨리는 일이 안 생기도록 미리 2~3회 정도 전선에 접촉하는 훈련을 시킬 필요가 있다.

그림 5-36 태양열 전기목책기

전기목책을 이용함으로써 간단히 목구를 설치할 수 있고 쉽게 이동·설치할 수 있으며, 윤환방목 등으로 초지를 집약적으로 이용할 수 있다. 또 경비도 많이 들지 않아 가장 이상적인 목책설치법이라고 할 수 있다.

여기서 이동식 목책뿐만 아니라 고정목책을 설치할 경우에도 앞으로 전기목책의 사용을 전제로 하여 목책설치를 구상하는 것이 초지의 이용효율을 높일 수 있어 바람직하다.

연/구/과/제

1. 표준시비량에 준하여 단비와 복합비료의 실제시비량을 알아보자.
2. 목초의 파종방법과 그 장·단점에 대하여 알아보자.
3. 산지초지 면적을 확대하기 위한 구체적인 방안을 검토해 보자.
4. 산지초지에서 제경법 적용시의 문제점을 조사하자.
5. 종자피복기술과 근류균 접종방법에 대하여 알아보자.

참/고/문/헌

1. 권찬호, 김종덕. 2004. 목초 및 사료작물의 재배와 관리. 원트출판사.

2. 김동암 등. 2001. 초지학. 선진문화사.

3. 김동암, 김문철, 이효원. 2009. 초지학. 한국방송통신대학교출판부.

4. 김종덕 등. 2009. 조사료생산 및 이용. 신광종합출판인쇄.

5. 농촌진흥청. 1983. 산지초지조성과 이용. 농촌진흥청.

6. 농촌진흥청. 1998. 조사료. 농촌진흥청.

7. 서성. 2001. 영동 산불 피해지역 초지개량 효과. 한국초지학회 심포지엄 프로시딩(전북대, 전주). 6월 22일.

8. 이성규. 1986. 초지생산생태학. 예지.

9. 이호진, 이효원. 1998. 사료작물학. 한국방송통신대학교출판부.

10. Ball, D.M., C.S. Hoveland, and G.D. Lacefield. 2007. Southern forages. 4th ed. International Plant Nutrition Institute (IPNI), Georgia, USA.

11. Barnes, R.F., C.J. Nelson, M. Collins and K. J. Moore. 2003. Forage Volume Ⅰ. An introduction to grassland agriculture. 6th ed. Blackwell Publishing.

12. Barnes, R.F., C.J. Nelson, M. Collins and K. J. Moore. 2007. Forage Volume Ⅱ. The science of grassland agriculture. 6th ed. Blackwell Publishing.

6장
초지관리와 이용

개 관 ─────────────────────────────────

초지는 양질의 풀 사료 생산도 중요하지만 장기적으로 유지, 관리되어 오랫동안 이용하는 것 또한 중요하다. 우리나라는 봄철에는 목초생육이 왕성하여 연간 생산량의 60% 정도를 차지하나 여름철 하고(여름타기)를 겪으면서 가을에도 생육은 활발하지 못하다. 채초이용이나 방목이용 시 조성 첫해의 관리와 이듬해부터 1차 이용시기, 이용높이, 연간 이용횟수, 마지막 이용시기, 추비(웃거름) 시용, 보파 등에 관심을 가져야 하며, 방목 시에는 체목일수는 짧게, 휴목일수는 길게 하여야 한다. 남는 풀의 저장은 건초, 사일리지, 곤포 사일리지(베일리지) 등으로 만들어 저장하는데 최근에는 원형 곤포 이용이 활성화되고 있다. 초지를 보호하고 생산성을 유지시키며 부실초지의 생산성을 조기에 회복하기 위한 관수, 잡초방제, 멸강나방 등 해충방제, 보파, 초지갱신 등에 대한 기술적 요령을 알아두도록 한다.

학/습/목/표

1. 조성 첫해의 초지관리에 대해 숙지한다.
2. 채초지 관리와 방목지 관리요령을 알고 있다.
3. 북방형 목초의 하고현상을 설명할 수 있다.
4. 잡초방제, 보파, 초지갱신의 문제점과 방법을 숙지한다.
5. 건초와 사일리지 조제요령에 대해 기술할 수 있다.
6. 초지관수와 전기목책 설치에 대해 알고 있다.
7. 초지관리의 중요성과 장기유지 방안에 대해 설명할 수 있다.

주/요/용/어

초지관리, 채초관리, 방목관리, 임간초지, 하고현상, 예취, 여름철 관리, 초지보호, 초지식생, 시비관리, 초지이용, 저장 조사료, 건초, 사일리지, 곤포 사일리지, 관수, 수자원, 잡초방제, 해충방제, 제초제, 초지갱신, 보파

초지관리 요점

6.1.1. 초지관리 성패의 요점

많은 비용과 노력을 들여 초지를 조성하고 관리하는 목적은 품질이 좋고 영양분이 많은 풀을 많이 생산하여 가축에게 효과적으로 이용함으로써 양축 경영을 보다 유리하고 값싸게 하려는 데 있다.

초지농업이 잘 발달된 유럽지역 나라에서는 기술적으로 초지를 잘 관리함으로써 조성된 지 30~100년 이상 유지하는 초지가 많으며, 우리나라에서도 수십 년 전에 조성된 초지가 현재까지도 잘 유지되는 곳이 있다. 그러나 우리나라 대부분의 초지는 유감스럽게도 관리이용 상태가 불충분하여 조성된 지 2~3년 만에 부실(不實)초지가 되는 경우가 많다.

이와 같은 부실초지가 되지 않게 하기 위해서는 다음의 다섯 가지 관리사항을 꼭 지켜야 한다.

첫째, 새로 조성한 초지는 월동 전후에 진압 또는 가벼운 방목으로 초지를 다져 주어야 한다.

둘째, 비료를 제때에 맞추어 알맞은 양을 주어야 한다.

셋째, 알맞은 때(適期)에 풀을 이용해야 한다. 이것은 초지나 가축 모두에게 유리하다.

넷째, 방목 후에는 반드시 청소베기를 해 주어야 한다.

다섯째, 목초피복이 좋지 못한 곳은 초지조성 적기에 보파(補播)를 해 주어야 한다.

이 다섯 가지 관리사항을 잘 지키느냐, 못 지키느냐에 따라서 초지관리의 성패가 좌우되며, 이들만 합리적으로 잘 관리한다면 식생구성이 좋고 수량이 많은 초지로서 오랫동안 영구적으로 잘 이용할 수가 있다.

6.1.2. 새로 조성한 초지의 첫해 관리

흔히 초지조성이란 목초종자를 파종하고 복토한 후 진압하는 것으로 모두 끝났다고 생각하기 쉬운데, 실은 파종을 마치고 나서 1년간은 이용과정도 되지만 한편으로는 조성과정의 연장인 것이다. 잘 조성된 초지란 당초에 뿌려진 여러 가지 목초종자가 골고루 잘 출현, 정착하여 빈자리 없이 빽빽하게 들어찬 초지라야 한다.

그런데 이러한 상태의 초지는 파종작업의 완료만으로 되는 것이 아니고 첫해의 적절한 관리가 따라야만 달성되는 것인데, 지금까지 초지관리가 잘못된 사례 중에는 바로 이 첫해 관리의 서투름이 초지의 수명을 짧게 만드는 큰 원인으로 되어 왔다.

따라서 모든 초지에 해당되는 일반관리 이외에 첫해에 특별히 관리해야만 하는 요점과 주의사항을 불경운조성초지와 경운조성초지별로 나누어서 설명하고자 한다.

(1) 불경운조성초지

불경운으로 조성한 초지의 첫해 관리에서 가장 중요한 것은 파종된 목초류가 골고루 잘 퍼지도록 하면서, 한편으로는 그곳에 자리 잡고 있던 산야초류나 잡관목류의 세력을 약화시켜 없어지도록 해나가는 일이다. 이와 같이 하기 위해서는 다음 몇 가지 사항을 잘 지켜 초지를 관리하여야 한다.

① 시비관리로 목초류와 산야초류, 잡관목류 경합을 조절한다.

6월까지는 목초가 산야초류나 잡관목류보다 잘 자라는 시기이므로 이 기간 중에는 비료를 충분히 주어 목초세력을 좋게 하고 산야초류 및 잡관목류를 억압하게 한다. 그러나 산야초류나 잡관목류들은 7~8월에 생육이 왕성하므로 이때에는 비료를 적게 주다가 9월 초순부터는 다시 목초세력을 북돋우는 비료를 주는 방식으로 목초류와 산야초류 및 잡관목류 간의 경합에 대처하도록 관리하여야 한다.

② 반드시 방목을 실시한다.

방목은 목초의 새끼치기(분얼)와 뿌리발육을 촉진시키는 반면에 산야초류나 잡과목류에 대해서는 억압효과를 나타내므로 방목을 꼭 실시하는 것이 좋다. 따라서 첫 번째 방목은 목초가 15cm 내외로 자랐을 때 가볍게 실시하며, 그 뒤 2번째 방목은 새로 자란 목초가 20~25cm정도 자랐을 때부터 계속 방목시켜 주는 것이 좋다.

③ 방목 후에는 청소베기를 철저히 한다.

방목을 시키면 맛 좋은 목초만 골라 뜯어 먹고 산야초나 잡관목류는 남기게 되므로 방목이 끝나면 철저히 청소베기를 하여 남아 있는 산야초나 잡과목류를 제거하여 세력을 약화시킨다. 이렇게 하지 않으면 이들이 무성하게 자라서 오히려 목초의 생육을 억압하게 되어 초지를 황폐화시키는 원인이 된다.

④ 빈자리는 보파(補播)한다.

겉뿌림 초지에서는 경운초지보다 빈자리가 더 많이 생기기 쉬우므로 보파의 필요성이 더 크다. 빈자리는 목초의 파종적기(초지조성 적기)에 다시 겉뿌림 방법으로 보파하여 빈 땅을 메꾸어 준다.

보파의 시기는 가을이 가장 적당하고 각 지역별 초지조성 파종적기에 하면 된다. 만약 가을의 파종시기를 놓쳤을 때는 봄에 언 땅이 풀림과 동시에 일찍 실시하여야 한다.

(2) 경운조성초지

경운조성초지에서도 초종별·식생을 고루 잘 유지시키기 위해서는 겉뿌림으로 조성한 초지와 같은 관리사항을 잘 지켜 나가야 하며 이외에도 경운조성초지에서는 특히 월동 후에 진압을 꼭 하여 주어야 한다. 왜냐하면 경운한 곳은 토양이 부슬부슬하여 봄철 언 땅이 풀릴 때 서릿발이 생기게 되는데, 이 서릿발이 솟을 때 뿌리가 약한 목초는 함께 솟았다가 따뜻할 때 흙이 녹아내리면 뿌리가 들떠서 바람과 햇볕에 말라 죽는 일이 많다(그림 6-1). 이때에 진압을 하여 주면 토양의 모세관을 치밀하게 해주어 수분이 잘 전달되므로 말라 죽는 것을 방지하는 것은 물론 뿌리를 튼튼히 하여 주고 새끼치기도 잘되게 한다.

진압하여 주는 요령은 언 땅이 풀린 직후 이른 봄에 비료를 주면서 진압용 롤러(roller)로 다져주고, 롤러 진압이 불가능한 곳은 방목시켜 다져주는 것이 좋다.

그림 6-1 이른 봄 서릿발에 의한 목초 뿌리 피해

뿌리의 서릿발 피해에 의한 동해   뿌리의 절단에 의한 동해

표 6-1 혼파초지의 첫해 이용방법별 수량 비교 (축시 '81)

이용방법	이용차례별 수량분포 비율(%)							연간 건물수량 (kg/ha)
7회 방목	8.6	9.3	6.4	17.1	14.9	20.9	22.8	12,060
4회 예취	29.0	24.9		26.9	19.1			11,830

(3) 첫 번 자라는 목초를 늦게 이용했을 때의 문제점

과거 우리나라 초지관리가 잘되지 못했던 큰 원인 중의 하나는 진압이나 한두 차례의 이른 방목을 시키지 않은 채 첫 번 자라는 목초를 늦도록 키워서 이용하는 것이었다. 이와 같이 하였을 때 어떠한 문제점이 나타나는지 살펴보자.

첫째, 여러 종류의 목초가 골고루 생육하지 못하고 초종 간의 햇빛 경쟁으로 키가 큰 오차드그라스, 톨 페스큐와 같은 상번초(上繁草)가 무성하고, 페레니얼 라이그라스나 켄터키 블루그라스와 같은 키가 작고 밑으로 번성하는 하번초(下繁草)는 살아남기가 어렵다.

둘째, 같은 초종 사이에도 햇빛, 수분, 영양분의 경쟁이 심하고 그 기간이 길어지므로 여기에서 유리한 개체만이 살아남고 불리한 조건의 많은 개체는 억압당해 살아남지 못하게 되어 목초 개체수가 현저히 적어지고 빈 땅이 많아진다.

위의 두 가지 문제는 빈자리에 잡초가 발생하기 쉽고 경사초지에서는 비가 올 때 토양유실이 되기 쉬우며, 방목에 잘 견디는 초종이 적어 초생 유지가 좋지 못하고 여름철 고온기에는 여름타기(夏枯)를 더 심하게 겪는 등 여러 가지 복합적인 결과로서 초지가 부실화되기 쉽다. 이러한 관리부족은 특히 비료를 적게 주는 것과 겹쳤을 때 그 초지는 틀림없이 황폐화되고 만다.

따라서 앞에서도 언급하였지만 목초의 키가 15~20cm 정도 자랐을 때 가볍게 방목 또는 예취하여 주는 것이 초종 간의 생육을 고르게 할 수 있어 중요하다. 여기에서 경험이 없는 농민들은 목초가 너무 어릴 때 이용하면 초지가 나빠지거나 수량이 떨어질까 봐 염려하는 경우가 많은데, 〈표 6-1〉에서 보는 바와 같이 수량도 떨어지지 않고 품질이 좋은 목초를 가축에게 이용할 수 있으며 초생도 좋게 유지할 수 있다는 사실을 입증하여 주고 있다.

6.1.3. 목초의 생육특성과 계절 간 생산변화

(1) 목초의 일반적 생육특성

초지관리에 있어서 중요한 것은 먼저 목초의 생육특성을 잘 알아야 하는 동시에 목초의 경쟁상대가 되는 산야초류의 상대적 성질을 함께 알아두어야 초지관리를 보다 합리적으로 하여 목초에게 유리하도록 이끌 수가 있는 것이다.

우리나라에서 재배하고 있는 목초는 북방형(北方型, 또는 한지형, 寒地型)으로서 비교적 적은 양의 빛과 서늘한 온도를 좋아하지만 야초와 같은 남방형(南方型, 또는 난지형, 暖地型)은 이와 반대로 많은 양의 빛과 높은 온도를 좋아하는 서로 상반된 생육특성을 보이고 있다. 따라서 목초는 기온이 그리 높지 않은 4~6월과 9~10월에 잘 자라는 반면 야초는 여름 고온기(7~8월)에 생육이 왕성하다.

또한 목초와 야초의 맛과 영양가는 목초가 월등히 좋다. 같은 생육단계인 배동이 설 때(수잉기) 조사한 목초와 야초의 조단백질 함량은 7.3%이나 목초는 15.0%로 목초가 월등히 많

표 6-2 목초와 산야초(잡초)의 생육특성 비교

구 분	목 초	산 야 초
잘 자라는 계절	4~6월, 9~10월	7~8월
맛, 영양가	매우 좋음	보통 또는 나쁨
이용 후의 재생속도	빠 름	더 딤
비료성분의 이용능력	강 함	보통 또는 약함
가축방목에 견디는 힘	강함 (좋아함)	약 함
관리이용을 안 할 경우	경쟁에 약함	잘 견디어냄

은 반면, 가축이 거의 이용할 수 없는 조섬유 함량과 세포벽 구성물질 함량은 야초가 많다. 그리고 방목에 의한 장해나 예취에 의한 생장장해가 있을 때 재생하는 힘이 야초보다 목초가 월등히 좋다.

그러나 목초는 우리나라의 자생종이 아니고 우리의 기후환경과 다른 유럽지역에서 자생하는 초종을 개량, 발전시켜 이용하는 것이기 때문에 우리나라 자연조건에서 관리 없이 방치할 경우에는 잘 적응하는 초종은 아니다. 그러므로 초지를 조성한 후 인위적으로 생육환경을 조절해 주지 않거나 우리나라에 자생하는 야초의 생육을 억제시키지 않으면 목초는 쉽게 소멸되는 반면 산야초는 번성하게 된다.

따라서 위에서 설명한 바와 같이 목초와 산야초는 서로 상반된 생육특성의 차이를 보이고 있으므로 〈표 6-2〉의 특성표를 참고하여 초지를 관리하는 것이 좋다.

(2) 목초의 계절적 생산변화

우리가 주로 재배하는 북방형(한지형) 목초는 봄철 기온이 5℃ 이상으로 올라가면 자라기 시작하여 15~21℃ 범위에서 생육이 가장 왕성하고 25℃ 이상에서는 생육이 급격히 떨어지다가 30℃ 내외가 되면 자라는 것이 거의 중지된다.

중부지방의 혼파초지는 〈그림 6-2〉에서 보는 것처럼 3월 중순경부터 생육이 시작하여 5~6월에 생육이 왕성하다가 7~8월의 고온기에 들면 생육이 미약하거나 정지되며 9~10월에는 다시 생육이 회복되었다가 11월 중순쯤에 생장이 정지되어 월동에 들어간다. 따라서 목초의 연중 생산성은 봄철(5~6월)에 가장 높고, 다음으로 가을철(9~10월)이며 가장 생산성이 적은 시기는 여름철(7~8월)이다.

이와 같이 북방형 목초는 M자형의 생장곡선을 나타나는데, 이는 주로 기온과 토양수분조건 등에 따라 달라진다. 이 중에서 특히 7~8월의 생육이 저조한 시기를 하고기라 하는데 이

그림 6-2 목초생산량의 계절적 변화

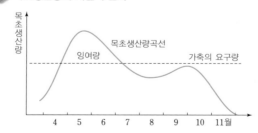

시기에 일어나는 하고(夏枯, 여름타기)를 줄여줄 수 있는 초지관리 방법이 매우 중요하다(그림 6-2 참조).

채초이용 시의 관리

채초지(採草地)의 생산성을 향상시키고 이용연한을 길게 하는 데는 여러 가지 요인이 작용하지만 그중에서도 특히 예취(刈取)적기, 예취횟수, 예취높이 등이 중요하다.

6.2.1. 예취적기

목초는 생장함에 따라서 셀룰로오스와 리그닌 같은 소화되기 어려운 성분인 세포벽 물질(cell walls)이 증가하는 데 반하여, 단백질과 같은 세포 내용물(cell content)은 낮아지는 것이 보통이다(그림 6-3).

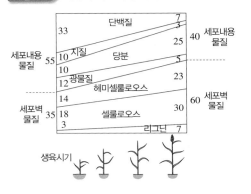

그림 6-3 화본과 목초의 생육기에 따른 사료가치 변화

사료가치가 높으면서도 수량이 크게 낮아지지 않는 범위에서 수확하는 것이 권장되며, 저장물질이 목초의 재생을 위축시키지 않는 범위 내에서 수확하는 것이라 할 수 있다.

목초의 수량과 품질, 그리고 재생력을 고려해서 첫 번째의 이용은 화본과 목초에서는 배동이 설 때(수잉기)로부터 이삭이 나오기 시작할 때(출수초기)까지, 두과목초에서는 꽃피기 시작할 때(개화초기)가 좋고, 이때 목초의 품질을 보면 일반적으로 조섬유 함량이 25%, 소화율이 71%, 전분가가 건물 kg당 500 내외이므로 첫 번째 자라는 풀은 이때에 베는 것이 좋다. 화본과 목초의 경우 이때는 사료가치는 높지만 수량이 적어 출수초기에서 출수기 수확도 권장된다.

그러나 화본과 목초를 이삭이 익을 때(등숙기)에, 두과목초를 꽃이 피는 최성기(개화성기) 이후에 베면 뿌리나 줄기 밑부분의 저장양분이 적어지고 동화양분이 종자 쪽으로 집중되어 새끼치기(분얼)가 잘 안 되고, 된다 하더라도 연약해서 생육이 좋지 못하다. 두 번째 그리고 그 이후에 자라는 풀은 주로 엽신(葉身)과 엽초(葉鞘)가 수량을 구성하므로 생육기간 중에 품질의 변화는 크게 없으므로 풀의 키가 40~50cm 정도일 때 베어 먹이는 것이 좋다.

6.2.2. 예취횟수

풀을 베는 횟수는 연간 건물 및 양분수량, 그리고 목초의 재생에 크게 영향을 미친다. 베는 횟수가 많아지면 조단백질, 조지방의 함량이 높아지고 양분수량도 많아지지만 건물수량과 조섬유 함량은 떨어진다.

그리고 라디노 클로버를 혼파한 초지에서는 자주 베는 것이 클로버가 우점되는 원인 중 하나가 된다. 한편 베는 횟수가 너무 적어 늦게 베면 새끼가지(분얼경) 수가 적을 뿐 아니라, 새끼가지가 형성되었다 할지라도 연약하여 재생이 나쁘다.

표 6-3 지역별 알맞은 예취횟수

지 역 별	예취횟수
북부 및 중부 산간지대	3 회
중부 및 남부 산간지대	4 회
남부 및 제주	5 회

일반적으로 혼파초지에서는 각 초종간의 생육상이 다르기 때문에 각 초종 간에 알맞은 예취횟수를 정한다는 것은 불가능하므로 초지의 주 초종을 상대로 예취횟수를 정하여야 한다. 우리나라의 대부분 지역에서 이용하는 목초의 주 초종은 오차드그라스와 톨 페스큐이며, 대관령지역은 티머시이므로 이들 초종을 근거로 예취횟수를 정하는 것이 바람직하다. 일반적인 연간 알맞은 예취횟수는 4회 정도로, 지역별로 알맞은 예취횟수는 〈표 6-3〉과 같다.

6.2.3. 예취높이

예취높이에 따라서 목초의 수량과 재생은 달라진다. 우선 수량을 보면 상번초에서는 높게 베어도 수량 손실이 적지만 하번초에서는 하부가 수량에 대한 기여도가 크기 때문에 높이 베면 수량 저하를 가져온다.

또한 재생하는 것을 보면 상번초를 낮게 베면 하부에 동화기관이 남지 않고 저장양분이 탈취되어 재생이 불량하므로 높게 베어야 하며, 하번초에서는 다소 낮게 베어도 아래쪽에 동화기관이 있으므로 재생에 큰 영향은 없다. 따라서 상번초는 높게 베고, 하번초는 낮게 베는 것이 좋다.

한편 예취높이는 초종이 양분을 어디에 저장하느냐에 따라 달라져야 한다. 즉 뿌리나 지하경 또는 포복경에 양분을 저장하는 켄터키 블루그라스, 리드 카나리그라스, 라디노 클로버 같은 초종은 낮게 베어 수량을 높이고, 줄기 밑부분에 저장하는 티머시, 페레니얼 라이그라스 등과 같은 초종에서는 중간 정도 높이로 그루터기를 남겨 놓고 베어서 저장양분 탈취 없이 재생을 좋게 하면서 수량 손실을 적게 하여야 한다.

그리고 지상부 엽초나 줄기에 양분을 저장하는 오차드그라스, 톨 페스큐, 이탈리안 라이그라스 등의 초종은 수량이 다소 적더라도 최소 6~7cm 정도 높게 베어 재생을 좋게 해 주어야 한다. 그리고 라디노 클로버를 혼파한 초지에서는 낮게 벨수록 화본과 목초는 치명적인 영향을 받고 라디노 클로버는 큰 영향이 없어 결국 클로버 우점초지가 된다. 따라서 예취높이는 초지의 주 초종이 무엇이냐에 따라 달라져야 하나 우리나라 초지의 주 초종은 오차드그라스, 톨 페스큐, 대관령지방에서는 티머시 등이므로 최소 6~7cm 정도 높이로 베어주는 것이 좋다.

6.2.4. 예취방법

예취는 가능하면 높고 낮음이 없이 수평으로 균일하게 베어야 한다. 초지규모가 작은 농가에서는 예취기(刈取機)가 없어 낫으로 목초를 베는 경우가 많은데, 이때 주의를 하지 않으면 풀이 일정한 높이로 베어지지 않고 비스듬하게 베어져 낫이 처음 닿는 부분은 아주 낮게 베어지고 사람 앞부분은 높게 베어진다. 그러므로 벤 다음 다시 풀이 자라는 것을 보면 낮게 베어진 부분은 재생이 극히 불량하고 높게 베어진 부분은 재생이 좋다.

이러한 관계로 포장의 풀 생육상황이 불균일하며 베는 횟수가 거듭되면 빈 땅이 생겨 잡초

표 6-4 지역별 마지막 예취적기

지 역 별	마지막 예취 적기
북 부	9월 하순~10월 상순
중 부	10월 중순
남 부	10월 하순
제 주	11월 상순

가 침범하거나 클로버를 혼파한 초지에서는 클로버가 우점된다. 따라서 가능하면 예취기(수확기)로 높이를 균일하게 베어야 하며 낫으로 벨 경우에는 이런 점을 주의하여 예취높이를 똑같이 하여야 한다.

6.2.5. 마지막 예취시기

마지막 베는 시기는 목초의 월동과 이듬해 봄에 풀의 재생과 밀접한 관계가 있다. 월동 직전에 풀을 베면 뿌리나 그루터기에 저장양분이 적은 상태로 겨울을 맞기 때문에 추위에 견디는 힘이 부족하여 월동 중에 죽고 만다. 그러므로 월동을 위한 충분한 양분 축적이 필요하다.

북방형 목초는 평균기온이 5℃까지는 생장하므로 일평균기온이 5℃ 되는 날로부터 약 30~40일 전에 마지막 예취를 하여 충분한 양분축적기간을 두어야 한다. 지역별로 마지막 예취적기는 〈표 6-4〉와 같다.

한편 마지막 예취적기를 잘 지켜 풀을 베었는데 이상기온이 와서 온도가 높아 목초가 월동 직전까지 무성하게 자랐을 때는 월동을 좋게 하기 위하여 15~20cm 정도 남겨 놓고 목초의 상단부를 베어 주는 것이 좋다.

6.2.6. 임간초지의 예취관리

땅을 완전히 갈아엎어서 초지를 조성하는 경운초지와는 달리 겉뿌림으로 개량하는 임간초지에서는 다시 파종하는 것이 어렵기 때문에 파종 후의 관리와 이용이 중요하다.

임간초지에서는 목초의 생육이 어느 정도 저해되는데, 지상부보다 지하부의 생육장해가 커서 뿌리와 지하경의 발육이 크게 억제된다. 우리나라의 연구결과에서도 차광이 심해질수록 목초의 초장, 근장, 분얼경수, 건물중 등은 감소되는데, 이 중에서도 지하부의 건물 중 감소 폭이 제일 큰 것으로 나타나고 있다(표 6-5).

따라서 임간초지에서 목초의 생산량을 높이고 이용기간을 길게 하기 위해서는 적절한 예취시기와 예취높이를 맞추어 주어야 한다. 가을에 초지를 조성한 경우 이듬해 5월 중순, 6월 중순, 8월 중순 및 10월 중순경으로 1년에 4회 정도는 수확할 수 있으며, 목초의 생육이 좋지

표 6-5 차광정도에 따른 오차드그라스의 지상부 및 지하부 생육 (이 및 윤, 1985)

차광정도 (%)	초장 (cm)	근장 (cm)	분얼경수	건물 중 (g/10주)		
				지상부	지하부	총 건물 중
0(자연광)	80.9	25.5	19.0	12.4	4.3	16.7
20	76.9	23.3	18.3	8.4	2.4	10.8
40	80.1	23.2	14.5	6.6	1.3	7.9
60	76.2	20.6	13.7	5.3	1.3	6.6
80	74.3	20.4	13.3	4.6	0.9	5.5

표 6-6 임간초지에서 연간 예취횟수와 예취높이에 따른 건물수량(kg/ha) 비교 (서 등, 1988)

예취 횟수	예취 높이(cm)			
	3	6	9	평 균
3회	5,296	5,704	6,858	5,953
4회	5,781	5,856	6,655	6,097
5회	4,695	5,220	6,000	5,305

않을 경우에는 3회 정도 이용할 수 있다.

또 목초의 재생과 뿌리의 발육을 양호하게 해주기 위해서는 7~9cm 정도의 예취높이가 바람직하며, 특히 마지막 예취에서 목초를 낮게 베어주면 재생이 불량하여 겨울 동안 동사(凍死) 개체가 많아지고 빈 땅이 많이 생기게 되어 초지가 황폐해지기 쉬우므로 가급적 다소 높게 베어주는 것이 좋다. 우리나라의 연구결과에 의하면 임간초지에서 적절한 예취횟수는 연간 3~4회였으며, 예취높이는 9cm 정도였다(표 6-6).

6.2.7. 채초지 시비관리

(1) 목초의 영양과 비료

목초도 일반작물과 같이 생육에 여러 가지 무기영양 성분이 필요하며, 이러한 성분은 토양 또는 비료로부터 공급받게 된다. 이러한 영양성분들이 충분한 양과 상호 균형된 공급이 조화됨으로써 목초는 정상적인 생육을 할 수 있게 된다.

이러한 영양분들은 질소(N), 인산(P), 칼리(K), 칼슘(Ca), 마그네슘(Mg), 황(S), 철(Fe), 아연(Zn), 몰리브덴(Mo), 붕소(B), 구리(Cu), 망간(Mn), 나트륨(Na), 염소(Cl), 코발트(Co) 등이다. 이 중 질소, 인산, 칼리는 3요소 비료로 가장 중요하다(그림 6-4).

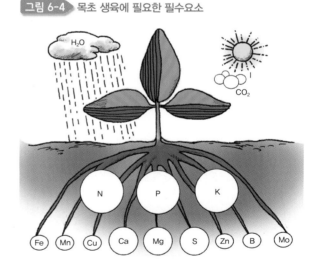
그림 6-4 목초 생육에 필요한 필수요소

(2) 시비관리

초지에 비료 주는 양과 나누어 주는 방법 등은 토양의 기름진 정도나 이용방법, 생산량 등에 따라 다양하게 달라지는 것이므로 일률적으로 한 가지 방법을 제시하기는 어려우나 일반 채초지에 대해 설명하고자 한다.

목초를 베어다 먹이는 채초지는 연간 4회 정도 이용하는 것이 보통이며, 연간 권장 시비량은 ha당 질소 200kg, 인산 150kg, 칼리 180kg이다. 시비방법은 표 〈6-7〉에서와 같이 인산비료는 언 땅이 풀린 직후 이른 봄과 마지막 예취 후에 두 번 나누어 주고, 질소와 칼리비료는 이른 봄과 예취이용 횟수에 따라 여러 차례 웃거름(追肥)으로 나누어 주면 된다.

표 6-7 채초지의 연간 시비량과 분시방법 '예' (kg/ha)

비료 주는 시기	성분량			비료량		
	질소	인산	칼리	요소	용인/용과린	염화가리
이른 봄	60	75	45	130	375	75
첫 번 수확 후	60	–	45	130	–	75
두 번째 수확 후	40	–	45	87	–	75
세 번째 수확 후	40	75	45	87	375	75
계	200	150	180	434	750	300

6.3. 방목이용 시의 관리

6.3.1. 방목의 효과

초지의 이용방법 중에서 가장 효율적인 것이 방목(放牧)임은 널리 알려진 사실이나 우리나라에서는 방목보다는 대부분 채초이용이 더 중요시되어 왔다. 그러나 초지농업의 규모가 확장되고 인력이 부족해지는 요즘 예취이용으로만 초지를 이용한다는 것은 양축경영상 불리하다고 하겠다.

서구에서 방목을 위주로 초지를 이용하고 있는 것은 초지의 생산성이나 이용 효율에서뿐만 아니라 초지의 식생유지 면에서도 바람직한 방법이기 때문이다.

방목 이용은 〈표 6-8〉에서 보는 바와 같이 조사료 생산 이용기술 중에서 가장 저렴하여 향

그림 6-5 이른 봄 초지의 추비시용(좌) 및 진압(우)

표 6-8 사료의 상대적 생산비

이용방법 및 사료 종류	상대적 생산비 (방목이용 기준)
방 목	100
건 초	222
알팔파 건초	192
사일리지	277
인공건조 조사료	419
곡물 및 농후사료	322

후 농가의 사료비 절감을 위해서는 꼭 필요한 기술이다. 방목이 채초이용보다 유리한 점을 들어보면 다음과 같다.

(1) 축산경영 합리화를 위한 다두 사육을 할 수 있고 사양노동력을 줄여줄 수 있다.

(2) 방목은 햇빛과 신선한 공기 및 생초를 공급하고 또 가축이 운동을 하므로 건강에도 좋을 뿐 아니라 목초의 채식량을 증가시키고 번식률을 높이며 고기 및 우유 생산성을 증가시킨다.

(3) 방목할 때 배설되는 분뇨는 초지에 대한 추비효과가 크며, 따라서 화학비료 추비량을 훨씬 줄여줄 수 있다.

6.3.2. 목초에 대한 방목가축의 영향

기계의 칼날로 베는 것과 가축이 직접 뜯는 것은 목초에 미치는 영향이 다르다. 즉 가축이 뜯어먹을 때 목초는 절취되는 높이가 가축에 따라 약간씩 다르며, 연속 방목 시는 연속적으로 예취되어 기계예취와는 크게 다른 영향을 미친다.

(1) 소

소는 혀로 목초를 움켜잡고 입 안으로 넣어서 잘라 먹으나, 두꺼운 턱 때문에 땅위에서 20cm 아래의 목초는 잘라 먹지 못하는 것이 보통이다. 그러나 목초가 부족할 때에는 배를 채우기 위하여 지면에 바짝 턱을 대고 돌려가면서 잘라 먹기 때문에 때로는 목초의 밑부분까지도 절취될 때가 있다.

소는 줄기만 남은 거친 풀을 잘 먹지 않지만 성숙한 풀은 어느 정도까지는 잘 먹는다. 따라서 소는 면양의 방목에 의하여 황폐화되고 거친 풀이 남은 초지를 개량하는 데 도움이 되는 가축이다.

(2) 말

말은 입술로 목초를 휘어잡고 소보다 깨끗하게 바짝 잘라 먹으며, 발굽은 목초가 견디기 어려울 정도로 많은 상처를 준다. 또 말은 분뇨를 항상 같은 장소에 누는 습관이 있어서 그 주위에 자라는 목초를 상하게 하며, 목초를 선택해서 뜯어 먹는 습성이 있기 때문에 초지에 처음부터 말만 방목할 때에는 균형 잡힌 초지를 만든다는 것은 상당히 힘든 일이다.

(3) 면양

그림 6-6 한우와 젖소 방목

면양은 지면에 수평이 될 정도로 목초를 바짝 뜯는데, 목초의 싹이 나오는 줄기 부분을 잘라 먹는다. 그러므로 면양으로 과방목시키면 풀

그림 6-7 말과 양 방목

의 새싹이 좀처
럼 자라지 못한
다. 면양은 또한
관목류의 어린
순을 잘라 먹는
습성이 있다.

　면양을 경사
가 심한 초지에
방목하면 경사
각으로 생긴 발

굽 때문에 토양의 침식이 일어나기 쉬우며, 초지에 치명적인 피해를 줄 수 있어 면양을 방목할
때에는 특별한 주의가 필요하다.

6.3.3. 방목방법

　방목은 보통 초지의 일정한 면적에다 목책(牧柵)을 설치하여 일정한 기간 동안 가축에게 직
접 풀을 뜯게 하는 방법인데 우리나라에서는 한우사육에 있어서 특수한 방법으로 계목(繫牧)
을 해 왔다. 그러나 보통 일정한 면적에 일정한 기간 동안 풀을 뜯게 하는 고정방목(固定放牧)
과 일정한 면적을 4~10개의 소목구(小牧區)로 나누어 번갈아 가며 가축을 이동하여 채식을
되풀이하는 윤환방목(輪換放牧)으로 나눈다. 또 윤환방목의 소목구를 다시 전기목책으로 나누
어 하루씩 또는 몇 시간씩 방목시키는 것을 대상방목(帶狀放牧)이라고 하는데 이것은 가장 집
약적(集約的)인 초지 이용방법이다.

(1) 고정방목

　고정방목은 일정한 면적에 일정한 기간 동안 계속해서 풀을 뜯게 하는 방법으로서 연속방
목(連續放牧) 또는 계속방목(繼續放牧)이라고도 한다.

　고정방목은 넓은 초지를 소목구로 나눌 필요가 없어 소요경비가 적게 들며 봄철에 풀이 자
라기 시작하면 가축을 내놓아 늦가을까지 계속해서 방목시킬 수 있는 방법이다. 그러나 이
방법은 계절에 따라서 풀의 과부족을 초래하며 가축의 발굽에 의해서 많은 풀이 짓밟히는 결
점이 있을 뿐 아니라 가축은 먹기 좋은 풀만 가려먹기 때문에 자주 뜯기는 풀은 재생력이 약
해지는 반면에 맛이 없거나, 거친 풀은 더욱 번성하여 결국 초지가 나빠지기 쉽다. 또 가축이
자주 모이는 물먹는 곳의 근처나 휴식처 등은 나지(裸地)가 생겨 토양침식을 일으킨다.

그림 6-8 흑염소와 사슴 방목

따라서 고정
방목은 목초 이
용률이 50%를
넘지 못하는 조
방적인 방법으
로서 개량초지
에서는 거의 이
용되지 않으며
생산성이 낮은

그림 6-9 윤환에 의한 초지방목

야초지에서 한우, 육우, 면양 등을 방목시킬 때에 이용되는 방법이라 하겠다.

(2) 윤환방목

초지를 5~10개의 소목구로 나누어 2~3일씩 순차적으로 돌려가며 이용하는 방목으로 집약적인 초지 이용방법이다.

초지의 이용상 주의할 점은 과방목을 하지 않아야 하는데 그러기 위해서는 목구 내의 풀 생산량을 잘 알아야 하며 또 가축이 목초를 얼마나 채식하는가를 알아야 한다. 따라서 윤환방목시의 목구 수, 목구의 면적, 방목기간 또는 연간 이용횟수는 초지의 생산성이나 가축의 채식량에 따라서 결정되는 것이다.

방목에 적합한 초장은 보통 20~25cm 때이며 이때는 일반적으로 가장 이상적인 비율의 영양분을 함유하고 있다. 또 방목은 가능한 짧은 기간 동안 풀을 뜯게 하고 충분한 기간 동안 초지를 휴목상태에 둠으로써 빠른 시일 내에 생산성을 회복할 수 있다. 그러므로 윤환방목은 가능한 한 3일을 넘기지 않는 것이 좋다.

윤환방목의 목초 이용률은 60~65%이며 방목 시에는 언제나 "방목일수는 짧게, 휴목일수는 길게" 한다는 것을 염두에 두고 실시해야 과방목으로 인한 초지의 황폐화를 막을 수 있으며, 특히 하고기(夏枯期)와 10월, 11월의 늦가을에는 과방목이 되지 않도록 세심한 주의를 기울여야 한다.

(3) 대상방목

이 방법은 일명 일일방목(一日放牧)이라고도 하는 가장 집약적인 초지 이용방법이다. 이것은 윤환방목구를 전기목책으로 더욱 세분하여 한 목구에 하루씩, 또는 오전과 오후로 나누어 이동시키며 매일 새로운 풀을 채식시키는 방법이다.

이러한 방목은 생산성이 낮은 초지에서는 시설비용이 많이 들고 또 가축이동에 노동력이 많이 소요되는 결점이 있으나 규모가 크고 생산성이 높은 초지에서는 목초의 이용률이 85% 정도로 가장 좋은 방법이며 가축이 풀을 선택하여 먹는 선택채식(選擇採食)의 여유를 주지 않아 초지의 식생을 균일하게 유지할 수 있고 짧은 시간에 방목을 하므로 밟아 없애는 제상량(蹄傷量)이 적다. 또 목초의 생장기간이 길어 초지의 생산성을 증대시킬 수 있으며, 젖소의 경우 유량의 주기적인 변화가 적어 이상적인 방법이다.

그림 6-10 겉뿌림 산지초지의 방목이용 시범(서산, 1983)

(4) 계목

계목은 초지에 말뚝을 박고 튼튼한 쇠고삐를 여기에 매어 풀을 뜯게 하는 방법으로 옛날부터 우리의 농가에서 이용해 왔다. 이 방법은 목책을 이용하지 않는 작은 면적에서 일종의 집약적인 윤환방목이라 할 수 있다. 계목은 일반적으로 두수가 적은 소규모 농가에서 이용

표 6-9 지역별 초지의 방목이용 시기

지 역	방목 개시시기	최종 방목시기	방목기간(일)
북부	5월 상순	10월 상·중순	160~170
중부	4월 중·하순	10월 하순	180~190
남부	4월 상·중순	10월 하순·11월 상순	190~210
제주	3월 하순·4월 상순	11월 상·중순	210~230

하는 방법이지만 계목시간이 길어지면 초지가 황폐화되기 쉬운 결점이 있다.

6.3.4. 방목적기

방목적기는 목초의 영양분 즉 단백질, 탄수화물 등이 알맞게 들어 있고 풀도 부드러워 가축이 즐겨 먹으며 소화율도 높고 목초의 생산량이 많은 시기이다. 목초는 일반적으로 조단백질 함량이 15~20%, 조섬유 함량이 21~25%일 때 소화율이 높아 방목에 좋은데 이와 같은 목초의 상태는 보통 초장이 20~25cm 때가 된다.

목초의 재생속도는 계절에 따라 많은 차이가 있는데 5~6월에는 약 20일, 8~10월에는 30~40일이 지나야 방목에 알맞게 자라며 연평균은 약 4주일이 소요된다.

봄철의 방목 개시시기는 지역에 따라 다르나 중부지방에서는 보통 4월 중·하순, 남부지방은 4월 상·중순경이 되며 가을의 마지막 방목은 중부지방은 10월 하순경에 끝내야 하며, 남부지방은 이보다 10일 정도 늦은 10월 하순에서 11월 상순경에 끝내는 것이 좋다(표 6-9). 연간 알맞은 방목이용 횟수는 6~7회 정도이다.

6.3.5. 채식량과 목구설정

방목을 실시하려면 먼저 가축의 수와 이들이 하루에 먹는 풀의 양을 알아야 방목구의 크기를 결정할 수 있다. 보통 550kg 되는 젖소가 하루에 먹는 풀의 양은 약 65kg 내외가 되며 여기에 이용되지 않은 손실량을 추가하여 소요면적을 산출하여야 한다.

식생밀도가 균일한 좋은 초지에서 초장 20~25cm일 때의 1㎡당 생초 생산량은 약 1.5kg 정도 된다. 따라서 550kg 되는 젖소의 1일 동안에 소요되는 초지면적은 44㎡가 되며 가축이 이용하지 못하는 손실량을 20%로 가정할 때 하루에 약 80kg의 생초가 필요하며 여기에 소요되는 면적은 약 54㎡가 된다. 따라서 대상방목을 실시할 경우 1ha당 하루 동안 185두를 방목시킬 수 있다.

$$\text{방목 두수} = \frac{\text{단위면적 생산량} \times \text{채식률} \times \text{면적}}{\text{1일 1두의 채식량} \times \text{방목일수}}$$

방목구의 수는 초지의 생산량, 보유 가축두수, 그리고 초지면적에 좌우되는데 초지면적과 사육규모가 클수록 많은 목구로 나누어 이용하는 것이 효과적이다.

6.3.6. 임간초지의 방목관리

임간초지에서는 겉뿌림으로 목초가 파종되고 토양수분이 충분히 있는 상태이므로 방목 조건하에서 목초의 뿌리발육은 특히 불량해지기 쉽다. 따라서 지나친 강방목은 쉽게 초지를 망가뜨릴 수 있기 때문에(특히 여름~가을철) 목초의 생육을 고려하여 연간 4~5회로 방목하되

표 6-10 임간초지에서 방목밀도에 따른 목초의 재생과 초지식생 비교 (서 등, 1989)

구분	목초율 (%)	연간 수량 (kg/ha)	재생 수량		초지 식생	질산태 질소함량
			kg/ha	%		
경방목	87	5,774	4,239	97	양호	보통
중방목	84	5,883	4,348	100	양호	보통
과방목	73	4,980	3,445	79	불량	높음

목책을 반드시 설치하여 적당한 크기로 방목구를 나누어 윤환방목을 시키는 것이 좋다. 넓은 면적의 초지에서 목책이나 목구의 구분 없이 방목시키면 빈 땅이 많이 생기고 방목밀도 조절이 불가능해지므로 초지의 이용연한을 단축시키는 원인이 된다.

특히 임간초지에서는 여름부터 가을철까지 부실화될 우려가 높으므로 초지상태를 확인해 가면서 생육이 좋을 때에는 연간 5~6회, 생육이 나쁠 때에는 3~4회 방목시키는 것이 좋다. 연구결과에 의하면 적절한 방목밀도를 유지시킬 경우 재생수량과 초지 이용률이 높아지고 식생도 양호해지는 것으로 나타났다(표 6-10).

또 방목 이용 시에는 채식과 마찰 및 제상(蹄傷)에 의한 나무의 손실과 함께 토양유실, 가축분뇨에 의한 환경오염 및 야생동물과의 생존경쟁 등의 문제점이 제기되므로 방목밀도를 알맞게 조절해 주어야 한다. 또 방목가축의 생태를 파악하여 합리적으로 관리하여야 하며, 임간초지의 낮은 잠재생산성 등을 고려하여 충분한 휴목기간을 두는 것이 좋고, 아울러 품질이 높은 목초를 요구하는 고능력우의 방목은 피하는 것이 바람직하다.

임간초지에서 가축을 방목시킬 경우 차광에 의한 목초의 가용성 탄수화물 함량은 감소하고 질산태질소(NO_3-N) 함량은 증가하여 가축에게 영향을 줄 수 있는데, 우리나라의 연구결과에서도 차광이 40% 이상 될 경우에는 목초 중 질산태질소 함량이 증가하므로(표 6-11), 심한 차광조건하에서는 목초의 섭취량을 제한하거나 다른 건초나 양질의 사초를 같이 급여하는 등 사양관리에 주의가 필요하다. 이외에도 질소시비 수준이 높아질수록 질산태질소의 함량은 증가되므로 임간초지에서는 적정량 이상의 질소 시용은 피하는 것이 바람직하다(표 6-12).

표 6-11 차광정도에 따른 오차드그라스의 가용성 탄수화물과 질산태질소 함량 (이 등, 1985)

차광정도(%)	가용성 탄수화물(%)	NO_3-N(%)
0(자연광)	19.5	0.17
20	19.4	0.17
40	18.1	0.24
60	17.3	0.34
80	17.1	0.29

표 6-12 차광조건하에서 질소시비 수준에 따른 질산태질소 함량(ppm) (Stritzke 및 McMurphy, 1982)

질소시비 수준 (kg/ha)	수확 일자			평균 (ppm)
	3.12	4.3	5.9	
0	2,300	850	500	1,217
50	4,200	2,000	1,000	2,400
100	4,200	2,600	2,200	3,000

그림 6-11 임간초지에서 소 방목전경

6.3.7. 방목지의 시비관리

(1) 방목초지의 3요소 시비

방목초지는 1년에 6~7차례 이용할 수 있는데 소의 똥과 오줌이 초지에 환원되므로 화학비료는 채초지의 경우보다 적게 주어도 된다. 그러나 새로 조성해서 첫해 이용하는 경우라면 채초지의 비료 주는 양에 가깝게 주고, 여러 해째 방목이용을 해서 토양에 유기물이 축적된 방목초지라면 연간 비료 주는 양을 ha당 질소 120~150kg, 인산 100kg, 칼리 100kg 정도로 하면 충분하다. 그렇지만 실제 초지관리 이용에 있어서는 순전히 방목만 또는 채초만 하는 경우보다는 방목과 채초를 겸용하는 경우가 많다. 따라서 방목과 채초의 겸용초지에 대한 시비량은 이용비율에 따라 달라지게 마련이나 대략 질소 180, 인산 140, 칼리 120kg을 기준으로 하여 〈표 6-13〉처럼 나누어 주면 좋다.

(2) 석회 및 붕소 시용

① 석회 : 초지조성 시에 보통 농용석회를 ha당 3톤 정도 시용하는데, 초지를 이용하는 중에도 토양산도를 보아 가며 4~5년에 한 번씩은 이 양만큼의 석회시용이 아울러 필요하다. 석회 주는 시기는 채초나 방목이용을 마지막으로 마치고 나서 땅이 얼기 전이다.

② 붕소 : 알팔파가 혼파되었을 경우에는 필수적인 미량요소인데 붕사로서 연간 ha당 20~30kg 정도 시용해 주면 된다.

(3) 액상구비의 시용

① 액상구비(액비) : 수분함량이 90% 이상인 완성 액상구비는 이른 봄이나 예취, 방목 직후

표 6-13 채초, 방목 겸용초지의 연간 시비방법 '예' (kg/ha)

회수	비료 주는 시기	질소	인산	칼리
1차	이른 봄 언 땅이 풀리는 시기	50	70	40
2차	1차 예취 또는 2차 방목 후	50	–	40
3차	6월 중순경 예취 또는 방목 후	40	–	–
4차	8월 하순경 예취 또는 방목 후	40	70	40
계		180	140	120

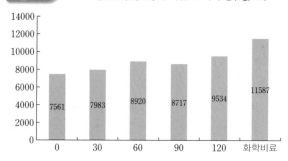

그림 6-12 액비 사용수준(톤/ha)에 따른 초지 수량(kg/ha)

시용해 준다. 시용량은 질소성분에 따라 달라지나 연간 ha당 40~60톤을 3~4회로 나누어 주며, 부족분은 화학비료로 보충해 주는 것이 권장된다.

② 액상구비 시용 시 주의할 점

- 액비는 충분히 부숙되어야 하고 균일하게 시용되어야 하며, 추비로 시용할 때에는 목초 잎이 더럽혀지는 것을 줄여주어야 한다.
- 고형물이 많은 액비는 사용을 제한시켜야 하며, 물로 희석한 액비가 효과가 크다. 고형물이 10% 이상일 경우에 물과 1:1의 비율로 희석해 뿌려준다.
- 초지를 새로 조성했거나 갱신을 했을 때의 첫 번째 생육에서는 액비시용을 금한다.
- 봄에는 식생을 상하지 않도록 목초의 생육시작 전이나 방목개시 4~5주 전에 시용해야 한다.
- 겨울에는 토양이 얼어 있으므로 목초가 수분과 양분을 흡수하지 못해 살포해서는 안 된다.
- 여름철 장마기에는 홍수나 폭우로 양분유실의 염려가 있으므로 주의를 요한다.
- 습한 토양에서 살포작업은 식생을 파괴시켜 주의를 요하며, 목초 생육정지기에는 양분이 이용되지 못하고 용탈되어 지하수를 오염시킬 수 있어 주의해야 한다.

(4) 비료 줄 때 주의할 점

① 초지의 면적을 정확히 파악해야 한다.

초지는 대부분 굴곡이 심한 산지를 개척하여 조성하기 때문에 정확한 면적을 알아두는 것이 중요하다. 초지면적이 정확하지 않을 때에는 비료를 낭비하게 되거나 비료 주는 양이 부족하여 목초의 생산량이 떨어지는 결과를 가져온다.

② 비료를 고루 뿌려야 한다.

초지는 굴곡이 심하고 장애물이 있어서 비료를 고르게 뿌리기가 어렵다. 그러나 비료를 고르게 뿌리지 않으면 좋은 초지를 유지할 수 없으므로 될 수 있는 대로 3요소 비료를 잘 섞어 포대에다 일정한 양을 담아 필지별로 초지 내에 간격을 맞추어 배치해 놓고 상하 및 좌우로 여러 번 살포하는 등 비료를 고루 뿌릴 수 있도록 해야 한다.

6.3.8. 방목지 청소베기

방목지에서 젖소 한 마리가 하루 동안에 배설하는 똥은 약 25kg이고, 오줌은 15kg 정도인데, 이 속에는 약 200g의 질소와 60g의 인산, 그리고 300g의 칼리비료가 들어 있을 뿐 아니라 125g의 칼슘이 들어 있는 귀중한 비료이다. 그러므로 이 배설물이 떨어진 주위의 목초는

표 6-14 청소베기 횟수에 따라 가축 똥이 점유하는 면적

청소베기	안 했을 때	연 2회 실시 (2, 4차 방목 후)	매 방목 후 실시
면적 비 (%)	35.2	10.8	9.2

표 6-15 청소베기에 따른 초지의 이용효과

청소베기	연간 건물수량 (kg/ha)	이용효과(kg/ha)			양분 생산량 (kg/ha)
		섭취량	채취량	잔초량	
안 했을 때	7,290	5,660	0	1,630	4,268
2~4차 방목 후 실시	7,690	6,070	1,360	260	4,764
매 방목 후 실시	7,290	5,920	1,370	0	4,510

무성하게 자라지만 이들 목초는 냄새와 맛이 다르기 때문에 가축이 잘 먹지 않는다.

똥은 그대로 두면 그 주위에 무성하게 자라는 불식초(不食草)가 늘어나게 되는데, 이것을 막기 위해서는 방목이 끝난 지 5~10일 후 똥이 말랐을 때 호크 등을 사용해서 흩뜨려 버리는 작업을 해 주어야 똥 속의 비료분도 전 면적에 골고루 분배될 뿐 아니라 또 불식초가 생기지 않는다.

〈표 6-14〉에서 보는 바와 같이 청소베기(청소예취)를 하지 않으면 전체 면적의 35.2%를 똥이 차지하였으나 연 2회 또는 매 방목 후 청소베기를 했을 경우에는 똥이 차지한 면적이 각각 10.8%, 9.2%로 현저히 감소되었다. 또 똥 주위의 가축이 먹지 않는 풀을 그대로 두면 목초의 품질이 나빠지고 번성하여 초지가 불량해지는데 가축이 뜯지 않는 풀이나 잡초는 방목이 끝나는 대로 바로 베어 주어야 한다.

한편 청소베기를 하지 않으면 남는 풀의 양이 많아지고 가축이 섭취하는 양이 적어진다. 또한 잡초는 종자가 생기게 되며 목초는 뻣뻣해지고 또 무성해져서 키가 낮은 목초를 눌러 초지를 버리기 쉽다. 반면에 청소베기를 하면 섭취량이 많아지고 남는 풀의 양이 없어질 뿐 아니라 잡초가 늘어나는 것을 막아줄 수 있다(표 6-15). 그렇지만 청소베기를 매 방목 후 실시한다는 것은 번거로운 일이므로 봄부터 여름 사이에 1~2회, 그리고 가을 방목이 끝난 후 1회 정도 실시해 주면 좋다.

6.4. 목초의 하고현상과 여름철 관리

6.4.1. 목초의 하고현상

우리나라에서 재배되고 있는 목초는 추위에는 강한 편이나 고온이나 건조에는 약한 편이다. 일반적으로 오차드그라스 같은 북방형 목초의 생육에 가장 알맞은 기온은 18~21℃이다. 그러다가 한여름철 일평균기온이 25℃ 이상 되는 고온 조건에서는 생육이 서서히 멈추게 되고 생산량이 부진해진다.

이렇게 북방형 목초가 한여름철 한때 잠자는 상태에 들어가는 것을 하고(夏枯, 여름타기)라고 하며, 높은 기온이 계속될수록 목초가 받는

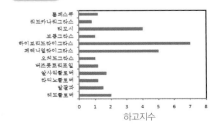

그림 6-13 목초의 하고지수(하고지수는 높을수록 심한 하고를 나타냄)

피해는 커진다. 수원지방에서 목초가 하고를 일으킬 수 있는 기간은 대개 7월 25일부터 8월 25일경까지 한 달 정도이다. 하고의 강약을 규정지을 수 있는 하고지수를 수원지방을 중심으로 살펴보면(그림 6-13), 라이그라스 및 티머시는 하고현상이 나타나는 위험상한지수인 2.0을 크게 넘어서서 심한 하고를 보인다.

6.4.2. 하고의 원인

목초가 하고를 일으키는 원인에는 여러 가지가 있으나 이 중에서 고온에 의한 생육장해가 가장 크며, 그다음이 건조에 의한 생육장해이다. 그 외 남방형 계통인 여름철 잡초의 발생에 의한 생육장해, 병충해 침입에 의한 생육장해, 기타 생리적 장해 등이 있으며, 고온과 건조가 하고의 주된 원인이라 볼 수 있다.

(1) 고온건조에 의한 생육장해

고온조건하에서 목초는 광합성 부진으로 체내 물질의 합성이 불량하게 되는 반면 호흡량이 많아져 저장양분을 계속하여 소모하게 된다. 또한 고온이 체내 효소의 불활성화를 일으켜 목초는 양분대사에 있어서 불균형을 일으키고 대사기능에 장해를 일으킨다.

건조는 목초가 뿌리로부터 흡수한 수분이 잎이나 토양 등으로부터 날아가는 증산량이나 증발량에 비해 부족할 때 나타나는 현상으로 한여름철에는 기온이 높아 며칠만 건조하면 수분이 부족하게 되어 목초는 심한 스트레스를 받게 된다. 그런데 고온과 건조는 서로 밀접한 상관관계를 가지고 있어 하고는 고온건조에 의한 생육장해라고 할 수 있다.

(2) 여름잡초 및 병충해 침입에 의한 생육장해

여름철에는 고온과 건조, 또한 장마에 강한 여름철 잡초(피, 바랭이, 소리쟁이, 애기수영, 쇠비름, 방동사니 등)가 많이 침입하게 되어 목초와 양분, 수분 및 광선에 대하여 경합을 벌이게 된다. 이때 약해진 목초는 잡초에게 쉽게 억눌리게 되며, 오차드그라스의 경우 긴 장마철 초지 내 배수가 불량할 때에는 뿌리의 발육상태가 좋지 못하여 이중으로 생육장해를 받게 된다.

또 장마기간 중에는 대기 중의 습도가 높아지는 반면 지표면에는 햇빛을 받기 어려워 초지 내 미기상 환경조건은 아주 나빠지게 된다. 이때 목초의 활력이 떨어진 틈을 타서 병원균이나 해충이 침입하여 하고 피해는 더욱 심하게 나타난다.

하고를 완전히 막을 수는 없겠지만 단기적으로는 알맞은 초지관리이용 방법을 통해 그 피해를 최소한으로 줄여줄 수 있으며, 장기적으로는 하고에 강한 새로운 품종을 육성하여야 할 것이다.

6.4.3. 하고경감을 위한 여름철 관리요령

(1) 하고기에는 가급적 목초이용을 피한다.

한여름철 하고기에는 목초의 활력이 약하여 충분히 생육하지 않았을 때는 베거나 방목이용은 피하는 것이 좋다. 하고기에 초지를 이용하게 되면 많은 고사 식물체가 생기고 빈 땅이 발생하며, 빈 땅에는 피나 바랭이 같은 여름잡초가 많이 침입하여 쉽게 부실초지로 되어 버린다.

표 6-16 고온기 예취높이에 따른 지온 및 목초의 생육비교 　　　　　　　　　 (서 등, 1984~86)

예취 높이 (cm)	지표 온도 (℃)	지중 온도 (℃)	재생 초장 (cm)	재생 엽면적 (cm²/10개체)	목초 고사율 (%)	잡초 발생률 (%)
3	31.6	25.9	9.6	81	38.2	60
6	30.0	24.9	12.3	116	19.2	21
9	28.6	24.3	16.7	153	10.2	7

표 6-17 하고기 예취높이에 따른 클로버 비율

하고기 예취높이(cm)	목초비율(%)	
	화본과 목초	라디노 클로버
3	54	46
6	62	38
9	81	19

(2) 하고기라도 목초가 충분히 자랐을 때는 높게 베어준다.

그러나 한여름철이라도 목초가 충분히 생육했을 경우나, 또는 너무 생육하여 도복(쓰러짐) 될 우려가 있는 초지는 알맞은 강도로(벨 때는 높게, 방목 때는 가볍게) 이용을 해 주어야 한다. 여름철 목초가 충분히 생육했을 때 베어주지 않으면 나지율과 목초 고사율이 높아지며, 수량 도 베어주었을 때 비해 크게 낮아진다.

그런데 하고기에 목초를 베어줄 경우에는 높게 베어주어야 하는데 〈표 6-16〉에서 보는 바 와 같이 예취높이가 3cm로 낮을 때에는 목초 고사율이 38%로 높고 잡초 발생률이 60%로 식생을 크게 악화시켰으나 9cm로 높게 베어주면 지온을 낮추어 주어 초지를 보호해 주며, 목 초고사와 잡초발생이 크게 낮아지고 재생수량도 많아진다. 따라서 하고기에 목초를 벨 때에 는 10cm 정도의 좀 높은 예취가 바람직하다.

한편, 하고기에 목초를 높게 베어주면 낮은 지대에서 우점이 문제되고 있는 라디노 클로버 의 우점을 막아줄 수 있다. 〈표 6-17〉에서 보는 바와 같이 3cm 높이에서는 클로버 비율이 46%로 아주 높았으나 9cm 예취높이에서는 19%로 낮아져 높게 벨 때 클로버 우점 방지로 초지식생은 크게 유리하였다.

(3) 목초가 도복되었을 때는 바로 베어준다.

한여름철 목초의 키가 어느 정도 크면 소나기나 집중호우 등으로 목초가 도복될 경우가 있 는데 심한 도복이 나타났을 경우에는 바로 베어 주어야 한다. 〈표 6-18〉에서 보는 바와 같이 바로 베어주지 않으면 예취할 때 고사물량이 많아지고 목초 고사율이 높아지며, 클로버의 비 율도 뚜렷이 증가하여 초지식생은 심한 불균형을 일으키게 된다.

(4) 장마가 오기 전에 베어준다.

보통 1차 예취 후 재생된 목초는 출수하지 않고 잎만 무성하게 자라기 때문에 식물체는 연 약해지기 쉽다. 이런 상태로 장마기에 들어가면 잎은 지면에 처져 햇빛과 바람이 통하지 못 하고 고온다습한 기상조건이 되어 밑 부분은 썩게 되고 여름이 지나면 빈 땅과 잡초발생이 많아진다(표 6-19).

표 6-18 하고기 목초 도복 후 예취시기에 따른 재생과 초지 식생 (박 및 서, 1988)

예취시기	예취 당시 수량 (kg/ha)		목초 고사율 (%)	재생 목초수량 (kg/ha)	초지 식생 (%)	
	생존 물량	고사 물량			화본과	두과
도복 후 바로 예취	3,760 (90)	410 (10)	26.3	1,730 (100)	78	22
도복 10일 후 예취	1,970 (48)	2,210 (52)	41.7	1,260 (73)	46	50
도복 20일 후 예취	1,850 (39)	2,900 (61)	46.7	1,050 (61)	37	62

표 6-19 여름철 장마 전후 예취에 따른 목초의 재생과 초지식생 (권 및 김, 1988)

예취시기	목초 고사율(%)	초지 식생(%)			재생 건물수량 (kg/ha)
		목초	잡초	나지	
장마 전 예취	0	82	8	10	2,140(100)
장마 후 예취	30	54	31	15	780(36)

그러나 장마 전에 베어주면 목초고사가 전혀 나타나지 않았으며 빈 땅과 잡초도 크게 줄어들고 재생수량도 현저히 많아졌다. 따라서 초지는 장마가 오기 전에 최소한 2차 수확(방목의 경우 3차 정도)이 끝나야 한다.

한편, 장마철에는 초지가 습하여 땅이 무르게 되어 방목 시 가축의 발굽에 의해 목초가 짓밟히고, 토양과 식물체가 엉키게 되어 재생에 좋지 못한 영향을 미치므로 장마철 방목은 피하는 것이 좋다.

또한 우리나라 여름철은 장마와 함께 집중호우가 예상되므로 미리 배수로를 점검하거나 다시 만들어 주어 초지가 물에 잠기는 것을 막아주어야 한다. 우리나라에서 가장 많이 재배·이용되고 있는 오차드그라스는 다른 적응성과 생산성은 좋지만 뿌리와 줄기밑동이 습해에는 약한 편이므로 배수가 잘되도록 해 주어야 한다.

(5) 하고기를 알맞은 초장으로 넘긴다.

하고기를 알맞은 초장으로 넘긴다면 하고피해를 크게 줄여줄 수 있다. 〈표 6-20〉에서 보는

표 6-20 하고기 경과초장에 따른 목초의 재생과 초지식생 및 하고지수 (서 등, 1988~90)

하고기 경과초장 (cm)	목초 고사율 (%)	잡초 발생률 (%)	도복률 (%)	부엽률 (%)	하고지수
10	15	20	0	4	2.15
20	11	7	13	6	1.63
30	8	6	34	10	1.07
40	9	6	34 이상	23	1.05

주) 하고지수 2.0 이상이면 심한 하고 상태임.

표 6-21 하고기 비료시용에 따른 목초재생과 초지식생 　　　　　　　　　　　　　　　(서 등, 1989)

하고기 시비수준 (kg/ha)	목초율 (%)	나지율 (%)	재생건물수량	
			kg/ha	지수(%)
무시용	76	24	1,743	100
질소 50	64	36	1,647	94
칼리 50	70	30	1,667	96
질소 50+칼리 50	70	30	1,860	107

바와 같이 목초의 키가 작을 때는 목초고사와 잡초발생이 크게 높고 하고지수도 2.15로 재생에 치명적이었으며, 또 목초가 너무 클 때에는 고사와 잡초비율은 낮았으나 도복률과 부엽률이 크게 높아져 초지식생은 아주 불리하였다.

따라서 목초의 재생과 초지식생을 고려한 하고기간 중 목초의 알맞은 경과 초장은 20~30cm로 한여름철을 이 정도의 초장으로 유지시키기 위해서는 장마 전에 수확해 주는 것이 좋다.

(6) 하고기에는 가급적 비료를 주지 않는다.

초지를 이용한 다음 목초의 양호한 재생을 위하여 추비시용은 필수적이다. 그러나 하고기에는 광합성에 의해 물질을 합성하는 것보다는 대사작용이나 호흡작용 등에 의해 소모되는 에너지가 더 많아지므로 식물체내에서 가용성 탄수화물의 축적량은 급격히 감소되어 목초의 생육은 거의 정지된다.

이때 질소비료를 너무 많이 주게 되면 목초의 고사율이 크게 높아지고 빈 땅이 많이 생기며, 여름철에 적응력이 강한 잡초나 산야초가 많이 발생하게 된다.

〈표 6-21〉에서 보는 바와 같이 하고기 비료 시용은 목초의 생육에 전혀 유리하지 못하였으며, 또한 한여름철에는 고온과 함께 장마, 폭우 등으로 비료의 유실이 우려되므로 가급적 비료시용을 억제하는 것이 좋다.

(7) 방목이용 시에는 풀 생산량에 맞추어 방목두수를 조절한다.

우리나라에서 초지가 망가지는 원인의 대부분은 풀의 생육이 좋지 못한 여름철 이후의 관리 소홀에 있다. 따라서 여름철 방목 시에는 풀 생산량을 고려하여 알맞은 가축두수를 넣어 주어야 하며 가축이 초지면적(또는 목초수량)에 비해 너무 많으면 초지가 과방목되어 재생에 치명적인 손상을 입게 된다. 그렇지만 너무 적은 두수를 방목시켜도 먹지 않는 풀이 많아지고 초지이용률이 낮아져 초지를 부실화시킨다(표 6-22). 따라서 적절한 방목강도 유지가 중요하다.

표 6-22 하고기 방목강도에 따른 목초 재생과 초지 이용률 　　　　　　　　　　　　(서, 1990)

하고기 방목강도	방목 직후 잔초		재생 건물수량		하고 지수
	잔초장 (cm)	잔초수량 (건물, kg/ha)	kg/ha	지수 (%)	
경방목	16.7	880	1,875	(100)	1.07
중방목	10.5	385	1,882	(100)	1.07
과방목	5.1	214	1,001	(53)	1.78

주) 하고지수는 높을수록 심한 하고를 나타냄.

그림 6-14 한여름철 과방목 초지(왼쪽)와 적방목 초지

(8) 때때로 관수해 준다.

우리나라의 초지토양은 유기물함량이 낮고 사질토양이 많을 뿐 아니라 경사지므로 보수력이 약하여 토양건조가 하고의 큰 원인이 되고 있다. 따라서 관수시설이 되어 있는 초지라면 주기적으로 관수해 주어 지온을 낮추어 주고 초지를 보호하여 생산성을 증진시킬 수 있다. 수자원이 풍부하고 관수의 효과가 기대될 수 있는 곳이라면 경제성을 고려해 본 다음 간이 관수시설이라도 해주는 것이 좋다.

6.5. 남는 풀의 수확과 저장

6.5.1. 초지의 남는 풀

목초는 언 땅이 풀린 후 온도가 5℃가 되면 생육이 시작되어 늦가을까지 일정한 한도 내에서 생육을 계속하는데 이 생산성은 계절적으로 크게 달라진다(그림 6-2 참조).

4월 중순경부터 7월 상·중순경까지는 생육이 왕성하여 풀 생산량이 소요량에 비해서 많다. 따라서 이 기간 동안에 남는 풀은 베어서 건초나 사일로를 만들어 두었다가 겨울철에 이용하도록 한다.

6.5.2. 건초조제

건초(乾草, hay)는 건조라는 물리적인 방법에 의하여 저장성을 부여한 사료로 대개 대자연의 태양에너지를 이용하여 수분함량이 15~20%가 되도록 건조시킨 풀을 말하며, 우리말로는 마른 꼴이라고 한다.

고품질 건초조제 요점은 1) 기상 고려, 2) 재료의 적기수확, 3) 포장건조 시간의 최대한 단축, 4) 비 맞히지 말기, 5) 기계화 작업체계의 확립 등이다. 특히 포장에서의 건조기간이 길어질수록 건물 및 양분 손실률이 커져 품질등급은 낮아진다.

(1) 건초의 장단점
① 장점
- 정장제 효과가 있어 설사를 방지함(특히 송아지)
- 수분함량이 적어 운반과 취급이 편리함
- 태양 건조 시 비타민 D 함량이 높아짐

표 6-23 포장건조 일수에 따른 목초의 건물 및 양분 손실률

건초 등급	건조일수	건물 손실	전분가 손실	단백질 손실
좋은 건초	1~3일	10~15%	40%	33%
나쁜 건초	3~6일	20	50	50
아주 나쁜 건초	6~9일	35	65	65

표 6-24 건초조제 시기별 조제소요 일수 및 품질 (축산연, 1997)

수확시기	건초조제 소요일수(일)	건물 손실률(%)	외관 평점*	TDN(%)	상대사료가치 (RFV)
수잉후기	5	13.5	81	62.4	100
출수기	3~4	8.0	79	61.3	97
개화기	2	1.3	62	57.7	84

주 1) 혼파목초, 알팔파, 호밀, 귀리의 평균성적임.
2) 외관평가 기준 : 우수(90 이상), 양호(80~89), 보통(65~79), 불량(64 이하)

- 특수한 기계나 시설이 없어도 간편하게 만들 수 있음
② 단 점
- 조제 시 기상의 영향을 많이 받아 장기 건조나 강우에 의한 품질저하가 우려됨
- 부피가 커서 저장 공간을 많이 차지함
- 화재 발생의 위험이 있음

(2) 건초조제 적기

우리나라에서 건초조제에 알맞은 시기는 목초의 생육특성에 따라 달라지나 강우, 일조 등 기상을 고려할 때 대개 5월부터 6월 중순경까지이며, 이외에 가을철에도 건초를 만들 수 있다. 일반적으로 목초류는 최대 수량을 얻을 수 있는 1번초(이삭이 나옴)가 알맞으며, 2번초도 건초조제용으로 좋다.

건초조제 적기는 화본과 목초는 출수초기~출수기, 두과목초는 개화초기이다. 그런데 고품질의 건초조제를 위해서는 화본과 목초는 수잉후기~출수 시작기, 두과목초는 꽃봉오리가 맺히는 출뢰후기~개화 시작기 수확이 바람직하며, 출수기나 개화기에 수확하면 숙기가 늦어 양질 건초조제는 어렵다(표 6-24).

(3) 건조방법에 따른 건조효과

건조방법에 따라 건초조제에 소요되는 시간, 건초의 품질 등은 차이가 있다. 관행 건조에 비해 모어 컨디셔너(mower conditioner) 처리 시 포장건조 일수는 단축되고(4~5일→2.5일), 건물 손실률은 감소된다(12.3%→6.4%). 또 TDN 함량(60.6%→62.4%)과 상대사료가치(93→102)는 높아짐을 알 수 있다(표 6-25). 모어 컨디셔너는 수확과 동시에 기계적으로 줄기를 부수거나 짓 눌러 건조가 더딘 줄기를 잎과 비슷한 속도로 건조시켜 준다. 그런데 일반적으로 화본과 목초에 대한 건조제 처리효과는 낮다.

표 6-25 건조방법별 건초조제 소요일수 및 품절

건조방법	건초조제 소요일수(일)	건물 손실률(%)	외관 평점	TDN (%)	상대사료가치 (RFV)
관행건조	4~5	12.3	76	60.6	93
건조제 처리	4	8.2	77	61.2	97
모어 컨디셔너	2.5~3	6.4	81	62.4	102

주) 혼파목초, 알팔파, 호밀, 귀리의 평균성적임.

그림 6-15 모어 컨디셔너 이용 수확작업

그림 6-16 건조제 처리

(4) 건초조제 작업순서

재료의 수확 (베어주기) ⇒ 반전 (뒤집기) ⇒ 집초 (풀 모으기) ⇒ 곤포 (사각 또는 원형)

그림 6-17 목초 수확

그림 6-18 목초 뒤집어 주기

그림 6-19 건초 모으기

그림 6-20 사각건초 조제

그림 6-21 원형건초 조제

그림 6-22 건초 저장 창고

(5) 초가 건조법

초가 건조법이란 건조틀(시렁)을 이용하여 풀을 말리는 방법으로 건조틀은 우선 통나무나 각목 등으로 만들어 그 위에 풀을 걸어 말린다. 이 초가 건조법은 고산지대나 비가 자주 오는 지역에서 초지에 깔아 말리는 동안에 비가 온다든지 말리는 기간이 길어질 때 말리는 풀이 부패하여 품질을 저하시키는 것을 방지할 뿐 아니라 깔아둔 풀 밑에서 재생하는 목초가 동화작용이나 호흡작용의 방해를 받아 죽는 것을 방지할 수 있다.

(6) 인공건초

인공건초는 수확 직후의 원재료나 어느 정도 예건한 재료를 세절하여 고온 조건에서 순간 건조시켜 수분함량을 10~12%가 되도록 건조시키는 것으로, 고품질의 건초는 만들 수 있으나 에너지 소모가 너무 커 우리나라에서는 실용성이 높지 않은 것으로 보인다.

(7) 건초의 품질평가, 보관저장 및 급여

① 품질평가
- 녹색도 : 연녹색~자연 녹색
- 잎의 비율(특히 두과목초) : 많을수록 좋음
- 냄새 : 상큼한 풀냄새
- 곰팡이 발생 여부 : 없을수록 좋음
- 수분함량 : 18~20% 이하, 가급적 15% 이하
② 건초의 보관저장
- 보관저장 장소는 공기가 잘 통하고 일광이 잘 비치는 곳이 좋음
- 저장 중 건초는 절대 비나 이슬을 맞지 않아야 함
- 다습한 조건에서 건초가 습기를 흡수했을 때에는 맑은 날 창을 열어 통풍이 잘되도록 하여야 함
- 건초의 저장상태가 양호하면 충분히 발효가 되어 품질이 유지됨
- 건초는 불이 나기 쉬우므로 늘 살피고 화재에 주의
③ 건초의 급여이용
- 월동용 사료뿐만 아니라 연중 가축에게 급여 가능
- 건초 위주 사양 시 체중의 2% 정도까지 급여 가능
- 봄, 여름철 방목이나 청예 위주 사양 시 설사방지 효과
- 육성기 송아지의 설사예방과 소화기 발달 촉진

(8) 건초 가공품

① 펠 릿
목초 분말을 펠릿 성형기로 고온·고압 조건하에서 순간적으로 단단한 알갱이로 만든 것으로 용적이 줄어들어 취급과 수송이 편리하고 먼지발생을 줄여줄 수 있다. 펠릿 입자의 크기는 보통 직경 0.6~0.8cm이며, 밀도는 m³당 700kg 정도이고, 수분함량은 8% 미만이다.
② 큐 브
짧게 자른 목건초를 압축 성형기로 각형의 알갱이로 만든 것으로 펠릿에 비해 조사료의 특성을 그대로 간직하고 있다. 입자의 크기는 보통 2.5~3.5cm 이며, 밀도는 m³당 500kg 이상

표 6-26 건초 가공품의 특성 (Kuentzel, 1976)

구 분	수분함량 (%)	밀 도 (kg/㎥)	조섬유 구조	사료섭취량 (kg/일)
목초 분말	6~8	300~400	변 화	4~6
펠 릿	6~8	700~750	변 화	4~6
큐 브	12~14	500~600	유 지	11~16

이다.

6.5.3. 사일로 조제

사일로(silage)는 담근먹이, 매초 또는 엔실리지라고도 하며 생풀을 안전하게 저장하기 위하여 원료인 목초를 사일로(재료를 저장하는 통)에 넣고 주로 젖산 발효를 시킨 수분이 많은 다즙질 사료이다. 다시 말해 저장 중 젖산균의 증식 발효에 의해서 다른 부패균의 분해 작용을 억제하여 재료를 안전하게 저장하는 방법인 것이다.

사일로를 만들 때의 기본원칙은, 1) 적기에 수확하고 재료의 수분을 적당히 조절하며, 2) 짧게 잘라야 하고, 3) 철저한 진압과 빨리 덮어 공기와 차단하며, 4) 필요시 적절한 첨가제 사용, 5) 기계화 작업체계의 확립 등이다.

(1) 사일로의 장단점
① 장 점
- 날씨의 영향을 받지 않는다.
- 다즙질의 사료를 연중 급여할 수 있다.
- 일반적으로 건초조제 시보다 영양분 손실이 적다.
- 작물의 최대양분 축적기에 일시에 수확하여 생산성을 높일 수 있다.
- 건조가 곤란한 작물이나 농산 부산물도 활용할 수 있다.
② 단 점
- 재료의 수확, 조제 시 노력이 단기간에 집중된다.
- 건초보다 수분함량이 많아 약 3배의 중량을 다루어야 하므로 운반과 취급이 불편하다.
- 사일로 시설, 절단기 구입 등에 경비가 소요된다.

(2) 사일로의 영양분 손실
사일로는 포장에서 수확할 때부터 발생하는 기계적인 손실, 식물의 호흡이나 발효로 인한 화학적 손실, 저장 중이나 개봉 후 급여 시까지 호기성 미생물의 활동에 의한 발효 손실, 재료 중 수분함량이 높을 경우의 삼출액 손실 및 조제기술의 미숙에서 오는 손실 등에 의해 원재료에 비해 최소 7%에서 심한 경우 40%에 달하는 건물손실이 발생할 수 있다.

그런데 이러한 손실은 피할 수 없는 손실이 있는 반면, 피할 수 있는 손실도 있어 조제기술의 향상 등으로 고품질의 사일로 조제가 가능하다.

(3) 사일로 조제요령
① 재료의 적기수확

그림 6-23 재료의 충진(좌)과 저장 중 트렌치 사일로(우)

목초는 생육이 진행됨에 따라 줄기와 이삭의 비율이 증가하는 반면 단백질이나 비타민, 무기물 등의 주요 공급부위인 잎의 비율이 줄어들며, 동시에 소화율이 현저히 떨어지므로 품질이 좋은 목초 사일로를 만들기 위해서는 단위면적당 가소화 양분수량이 높으면서 재생에 지장이 없는 생육시기에 베어주어야 한다.

사일로 조제를 위한 수확적기는 화본과 목초는 출수기(늦어도 출수후기), 두과목초는 개화초기~개화기로 이때 수분함량은 75~85% 정도이다. 따라서 포장상태에서 다소의 예건이 필요하다.

② 재료의 수분조절

목초 사일로 조제 시 재료의 적당한 수분함량은 70% 내외이므로 적정 수분조건을 만들어 주기 위해서는 포장에서 1~2시간 또는 한나절 정도 예건시키거나, 또는 밀기울 등 수분 조절제나 기타 첨가제를 이용한다.

그런데 두과목초는 화본과 목초에 비해 당분이 적고 단백질이 많으며 수분함량이 높아 사일로 재료로는 화본과보다 부적절하다. 재료의 간이 수분함량 측정법으로는 손으로 절단한 재료를 꽉 쥐었을 때 물기가 약간 스미는 정도가 좋다.

③ 재료의 절단

목초의 알맞은 절단 길이는 2~4cm이며, 균일하게 절단하여야 한다. 너무 짧게 자르면 작업효율이 떨어지고 가축급여 시 사료의 반추위 내 통과속도가 빨라져 사양효과가 현저히 떨어진다. 또 너무 길게 자르면 젖산균 비율이 떨어져 사일로의 품질이 저하되고 가축 섭취량이 낮아진다. 수확시기가 늦었을 경우에는 다소 짧게 잘라주는 것이 좋다.

④ 재료의 담기와 진압

비닐을 두른 후 재료를 고루 펴고 압착을 철저히 한다. 트렌치 사일로는 트랙터 등으로 다져주고 탑형 사일로 등은 벽면 쪽에 신경을 써서 다져준다. 재료를 넣고 2~3일 뒤에 내려간 부분을 다시 채워준다. 담는 작업은 단시일 내에 끝나야 한다.

⑤ 덮기와 공기배제

진압 후에는 비닐과 보온덮개로 공기가 들어가지 않도록 한다. 눌림 재료는 돌, 폐타이어, 모래주머니 등을 사용하며 트렌치 사일로 주위에는 배수로를 만들어 준다.

(4) 첨가제 이용

사일로 조제 시 불량발효를 억제하고 재료의 품질향상과 가축 기호성 증진을 위해서는 각

표 6-27 사일로 종류에 따른 양분 손실률(%)

구 분	호흡에 의한 손실	발효 중 손실	즙액 유출에 의한 손실	외벽부분 의 손실	총 손실률
고수분 사일로	2	15~18	8~13	0~2	25~35
저수분 사일로	2~5	13~15	–	0~2	15~22

그림 6-24 사일로의 종류

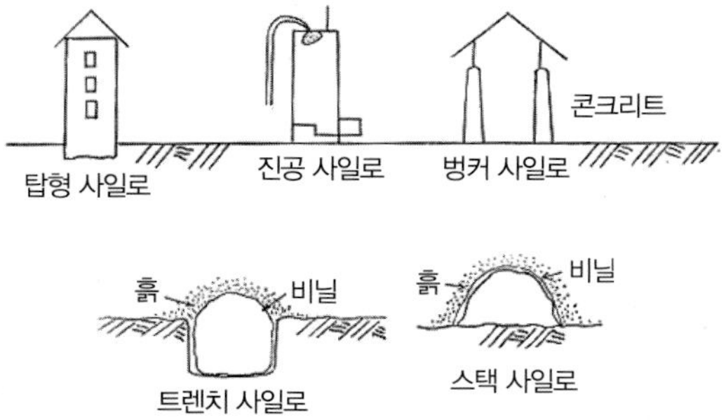

탑형 사일로　　진공 사일로　　벙커 사일로　콘크리트

흙　비닐　　흙　비닐

트렌치 사일로　　　스택 사일로

종 첨가제가 이용된다.

첨가제 사용은 산도저하, 발효촉진, 영양분 공급, 수분조절 등 이용목적에 맞는 첨가제의 선택, 사용지침의 준수, 균일한 혼합 및 살포, 그리고 구입비용 등이 추가되므로 신중한 고려가 있어야 한다.

최근에는 사일로 전용 미생물 첨가제(국립축산과학원 개발)가 개발이 되어 보급되고 있으며, 첨가제 사용으로 사일로의 품질이 개선되고 가축의 섭취량을 높여줄 수 있다.

(5) 저수분 사일로(헤일리지)

사일로는 그 만드는 방법에 따라서 두 가지로 나눌 수가 있는데, 벤 다음 수분이 많을 때 만드는 고수분 사일로와 1~2일간 포장에서 말려서 수분이 50% 내외일 때 만드는 저수분 사일로(헤일리지, haylage)가 있다. 이 두 방법은 농가의 입지조건, 경영규모 및 노동력 등에 따라 결정하여야 한다. 헤일리지는 곤포 사일로에서 자세한 설명을 하였다.

고수분 사일로를 만드는 것은 작업과정이 단순하며 일기의 변동에 영향을 받지 않으나 재료의 운반노력이 더 들고, 헤일리지는 품질이 좋은 사료를 만들 수 있고 또 수분함량이 낮으므로 운반이 용이하나 고수분 사일로 때보다 짧게 잘라주고 재료를 채워 진압하는 데 노력을 더 기울여야 한다.

(6) 사일로의 종류

사일로(silo)의 종류에는 탑형 사일로, 트렌치 사일로, 벙커 사일로, 스택 사일로, 기밀 사일로(진공 사일로, 하베스토아), 곤포(베일리지) 등이 있는데, 최근 트렌치 사일로와 곤포(베일리지)가 주로 이용되고 있다. 기밀 사일로는 영양분 손실이 적지만 설치에 많은 경비가 소요된다.

(7) 사일로의 품질평가

① 외관평가

– 색 깔 : 녹황색~담황색

– 냄 새 : 산뜻하고 새콤한 사일로 특유의 냄새

– 맛 : 상쾌한 산미

– 수분함량 : 물기가 느껴지는 정도의 수분(70% 내외)

– 기호성 : 급여 시 가축이 거부하지 않고 잘 먹는 것

② 화학분석에 의한 평가

– pH가 : 낮을수록 젖산함량이 많고 품질이 좋다.

– 유기산 조성비율 : 젖산의 비율은 높을수록, 낙산의 비율은 낮을수록 좋다.

– 암모니아태 질소 등 질소화합물 : 암모니아태 질소비율은 낮을수록 좋다.

– 소화율 : 높을수록 좋다.

(8) 사일로의 급여

- 사일로는 조제 후 30~40일이 지나면 안정화되면서 가축에게 급여가 가능하다.
- 급여량은 처음에는 적은 양부터 시작하여 점차 늘려준다.
- 썩은 것과 언 사일로는 먹이지 않는다.
- 한 번 파내는 깊이는 10~15cm가 적당하며, 급여 시 노출면이 많으면 호기성 미생물이 다시 활동하여 심한 영양분 손실이 나타나므로 가급적 노출면을 최소화한다.
- 품질이 좋지 못한 사일로는 반드시 양질의 건초나 농후사료 등을 보충 급여해 주어야 한다.

6.5.4. 곤포 사일로(베일리지) 조제

목초나 사료작물의 곤포 사일로(베일리지)는 수확 후 재료를 절단하지 않고 원형으로 둥글게 말거나 사각으로 압축 곤포한 다음 얇은 비닐로 밀봉 피복(랩핑)하여 외부로부터의 공기 유입을 차단함으로써 안에서 혐기성 발효가 일어나도록 하여 저장성을 부여한 저장 풀 사료이다.

최근에는 원형 곤포가 주로 이용되고 있으며, 보통 직경 100~120cm, 길이 120~150cm, 무게 400~600kg 정도이다.

〈조제 작업〉

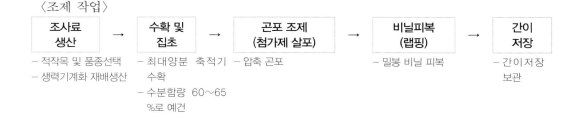

〈 곤포 사일로(베일리지) 조제 핵심기술 〉

◇ 초종별 재료의 적기 수확
◇ 예건 및 수분함량 조절 : 60~65% 이하, 40%까지도 좋음
◇ 흙 등 이물질 유입 방지(월동 후 진압 필수)
◇ 곤포 후 바로 랩핑하되, 곤포 압력 최대로
◇ 충분한 랩핑 실시 : 밀봉, 저장기간에 따라 4~6겹
◇ 2단(또는 3단), 세워서 저장, 구멍 등 손상부위 신속조치
◇ 사일로 전용 미생물 첨가제 살포 권장

(축산원, 2010, 2013)

표 6-28 일반 사일리지에서 pH에 의한 간이 품질평가

pH	평가
4.2 이하	우수
4.2~4.5	양호
4.5~4.8	보통
4.8 이상	불량

표 6-29 목초의 곤포조제 수확적기 (축산원, 2008, 2013)

화본과 목초	이탈리안 라이그라스	두과목초
출수기	출수후기~개화기	개화초기~개화기

(1) 적기에 수확한다

곤포 사일로를 만들 때 가장 중요한 첫 단계는 적기에 수확하는 것이다. 이것은 수분함량과 품질에 직접적으로 영향을 미치며, 가축의 사양능력, 생산성과도 직결된다. 재료의 생산량, 사료가치, 가축 기호성 및 재생 등을 고려해야 하며, 수확 시 기상조건이 변수로 작용할 수 있다.

(2) 알맞은 수분함량에서 곤포한다

재료의 수분함량은 매우 중요하다. 수분이 너무 많으면 발효가 비정상적으로 되어 쉽게 썩어 버린다. 목초로 원형곤포 사일로(베일리지)를 만들 때의 알맞은 수분함량은 60~65%이며 40%까지도 권장된다. 재료의 수분상태를 고려하여 수확 후 가능하면 빠른 시간 내에 곤포조제를 마쳐야 하는데, 한나절이나 하루 정도(경우에 따라 이틀) 건조시킨 다음 집초 및 곤포 작업으로 들어가면 좋다.

(3) 필요시 첨가제를 처리한다

곤포 사일로의 품질을 오랫동안 유지시키기 위해서는 첨가제 처리가 권장된다. 농기계 작업의 특성상 액상 상태로 분무해 주는 것이 좋으며, 첨가제 살포기(분무기)는 추가로 구입하여 곤포기(베일러)에 부착시키면 곤포작업이 진행되면서 동시에 첨가제가 분무용 노즐에서 분무되어 이중의 노동력이 필요 없게 된다. 첨가제 처리효과는 크지만, 재료의 수분함량이 많을 때에는 첨가제 효과가 별로 없게 된다.

(4) 곤포를 최대한 단단하게 묶는다

원형 곤포기를 이용하여 집초된 목초 재료는 두루마리 형태로 감게 되는데, 곤포조제 시에는 압력을 최대로 높여 단단하게 묶는 것이 밀도를 높여 공기 배제에 유리하고 품질유지를 위해 중요하다.

표 6-30 예건에 따른 사일리지의 건물 손실률과 품질등급 (축산연, 1999)

처 리	조제시 건물함량 (%)	조단백질 (%)	건물 소화율 (%)	pH	건물 손실률 (%)	품질 등급*
비예건	20.2	9.6	60.6	4.54	20.8	3.7
한나절 예건	31.2	10.0	59.0	4.87	17.9	3.0
하루 예건	43.9	10.6	58.0	5.38	10.2	2.7

주) 호밀, 귀리, 목초 평균성적임.

* 품질등급 : 1(우수, 80 이상), 2(양호, 61~80), 3(보통, 41~60), 4(불량, 21~40), 5(부적합, 20 이하)

(5) 곤포 후 가급적 보관(저장)할 장소로 빨리 옮긴다

만들어진 원형 곤포는 보관(저장)할 장소로 빨리 옮겨 비닐로 밀봉 피복(랩핑)한다. 이동은 비닐을 감기 전에 해 주는 것이 좋은데, 밀봉 피복한 곤포는 이동 중에 비닐이 파손될 우려가 있기 때문이다. 저장 장소는 가급적 바닥이 단단하고 평평한 곳이 바람직하다.

(6) 곤포 후 바로 랩핑한다

만들어진 원형 곤포는 가급적 빠른 시간 안에 비닐 피복기(랩퍼)를 이용하여 랩핑해 주어야 한다. 재료가 밀봉상태가 되어야 젖산균 발효를 이용한 양질의 사일로가 된다. 그날 만든 곤포는 당일 바로 랩핑해 주는 것이 좋으며, 랩핑이 늦어질수록 품질은 떨어진다. 오전에 만든 곤포는 점심 전에 랩핑하고, 오후 곤포는 저녁 전에 랩핑하도록 한다.

(7) 충분히 랩핑해 준다

일반적으로 비닐을 감는(랩핑) 횟수는 50%가 중복되게 하여 4~6겹으로 감는데, 수분이 많은 재료나 10개월 이상 장기 저장 시에는 6겹으로 감아주는 것이 권장된다. 충분히 랩핑해 주되, 몇 개월 이내에 바로 급여할 곤포는 4겹이면 충분하다. 많이 감아주는 것이 pH를 낮추고 젖산 함량과 조단백질 함량을 높여 품질유지에는 좋으나 비닐값도 고려하여야 한다.

(8) 세워 저장하되 2~3단 정도로 적재한다

원형곤포 사일로(베일리지)는 세워서 저장하는 것이 권장되며, 보통 2~3단 정도로 적재하면 좋다. 만일 논 상태에서 적재할 경우에는 바닥에 두꺼운 비닐을 깔고 그 위에 적재해 주는 것이 안전하다. 또 원형곤포를 운반하거나 적재할 때에는 운반기(핸들러)를 이용하여 비닐 파손을 방지하여야 한다.

(9) 새나 쥐 피해에 유의하고, 구멍이 나면 즉시 막아준다

곤포 사일로(베일리지)는 새나 쥐에 의한 피해를 입을 수 있다. 따라서 장기 저장할 경우 윗부분은 방조망을 설치하여 조류에 의한 피해를 막아주며, 쥐 등에 의한 구멍 피해가 있으면 발견 즉시 테이프 등으로 막아주고 쥐약 놓기 등 방제 장치를 하여 피해를 최소화하여야 한다. 작은 구멍이라도 생기면 공기(산소)가 들어가 불량 세균이 번식하게 되어 품질은 크게 낮아지게 된다.

(10) 피해 부위가 크면 바로 소에게 급여한다

새나 쥐에 의해 파손되거나 피해를 입은 곤포 사일로(베일리지)는 보완해 주되, 그 피해부위가 클 때에는 바로 풀어서 소에게 급여해 주는 것이 좋다. 이런 베일리지는 품질유지가 쉽지 않기 때문이다.

(11) 곰팡이 발생 곤포 사일로는 급여하지 말아야 한다

랩핑 시 비닐을 적게 감아 완전한 밀봉이 안 되거나, 생산현장에서 농장이나 창고로 운반

그림 6-25 목초 원형곤포 사일리지 조제작업과 저장 (축산원, 1998, 2008)

중에 파손되거나 파손부위가 비를 맞게 되면 곰팡이가 100% 발생하게 된다. 발생부위가 작을 때에는 곰팡이를 완전히 제거한 다음 급여해야 한다. 그렇지만 송아지나 임신우에게는 급여하지 않는 것이 좋다.

발생한 곰팡이의 모양이나 분포양상만 보고는 어떤 곰팡이인지 확신할 수 없다. 해롭지 않는 곰팡이도 많으나 곰팡이 독소(마이코톡신)를 생산하는 곰팡이들이 다수 발견되므로 오염된

그림 6-26 곰팡이 발생 곤포 모습

곤포는 급여하지 말아야 한다. 곰팡이 발생 곤포를 취급할 때에는 마스크, 장화, 작업복 등 보호장비를 잘 갖추고 작업 후에는 잘 씻는 등 주의를 요한다. 곰팡이 발생을 예방하려면 앞에서 언급한 곤포 사일로(베일리지) 조제기술을 잘 준수하여야 한다.

6.6. 초지의 관수

6.6.1. 관수의 중요성

목초가 정상적으로 자라기 위해서 충분하고도 알맞은 강우는 기온과 함께 가장 중요한 환경요인이다. 우리나라에서 연평균 강수량은 1,000~1,300mm 정도로 목초가 자라는 데는 아무 지장이 없으나, 강수량의 60% 이상이 7월과 8월에 편중되어 있어 매년 봄과 가을에는 가뭄의 피해를 입고 있다.

강수량이 부족한 5~6월과 9~10월에는 대기의 수분요구량이 강수량보다 많아 전반적으로 물 부족현상을 보이고 있으며, 대체로 가뭄은 5월 중순경부터 6월 중하순 장마 전까지가 제일 심하다. 따라서 목초의 생육기간 중 가뭄에 따른 초지의 생산성과 식생유지를 위한 보조수단으로 관수(灌水, irrigation)를 해 줄 필요가 있다.

그렇지만 관수에는 많은 비용이 투자되므로 수자원이 풍부하고 충분한 경제성(관수에 의한 증수효과 등)이 기대될 수 있는 지역 선정 등 여러 조건을 잘 고려한 다음 결정하여야 한다.

6.6.2. 초지의 관수효과

(1) 관수에 따른 지온저하

관수는 고온건조기간 중 초지의 지온을 낮추어 주어 초지를 보호해 줄 수 있다. 〈표 6-31〉에서 보는 바와 같이 관수는 무관수에 비해 지표온도 3.3℃, 지중온도 1.0℃를 저하시켰다. 따라서 관수는 목초의 지상부뿐만 아니라 지하부도 보호해 주어 생장점의 활력을 높이며, 초지의 이용기간 연장과 초생유지에 큰 도움을 준다.

(2) 관수에 따른 목초의 수량증가

목초는 가뭄이 계속되면 수분에 대한 스트레스를 받아 식물조직이 위축되어 잎이 마르고 뿌리는 비료를 잘 흡수할 수 없게 되어 생육에 영향을 받게 된다. 그러므로 건조기 초지의 관수는 목초의 생육촉진과 수량증가에 효과적이다.

〈표 6-32〉에서 보는 바와 같이 건조기 관수는(5년간 성적 평균) 무관수에 비해 생초수량은

표 6-31 ▶ 지온저하에 미치는 관수의 효과 (4년 평균)   (서 등, 1985~89)

관수여부	지표온도(℃)	지중(10cm) 온도(℃)
관 수	25.8	21.1
무관수	29.1	22.1
효 과	−3.3	−1.0

표 6-32 건조기 관수와 질소시비수준에 따른 목초 생산량(5년 평균 성적)　　　　　　　(서 등, 1985~89)

구분	질소시비 수준(kg/ha)	초장 (cm)	생초수량		건물수량	
			kg/ha	지수(%)	kg/ha	지수(%)
관수	140	53	35,460	107	6,081	99
	280	63	46,690	140	7,950	130
	420	70	57,720	172	9,502	155
	평균	62	46,623 (147)		7,845 (134)	
무관수	104	45	23,690	71	4,504	74
	280	54	33,250	(100)	6,114	(100)
	420	59	37,950	114	6,904	113
	평균	53	31,630 (100)		5,841 (100)	

주) 관수 시에도 질소비료는 연간 4회 정도 나누어 주어야 함.

47%, 건물수량은 34% 증가시켰다. 또한 관수 시에는 질소비료의 이용효율이 높아져 질소시비수준이 ha당 140, 280, 420kg으로 높아질수록 수량은 크게 증가하고 있다. 그러나 무관수구에서는 질소 280kg구와 420kg구간 수량차이는 크지 않았다.

따라서 관수를 해 줄 경우에는 비료성분의 용탈도 아울러 고려하여 질소시비량을 표준시비량(200kg/ha)에 비해 다소 많이 주는 것이 좋으며, 목초의 수량과 사료가치를 고려할 때 ha당 300~350kg이 바람직할 것이다. 외국에서도 관수 시에는 질소시비량을 ha당 300kg 이상 주는 것을 추천하고 있다. 이때 관수를 할 물에 질소 수용액을 타서 스프링클러(살수기)로 관수하는 방법이 있는데, 이는 관수의 효과를 높일 수 있어 선진국에서는 많이 이용하고 있다.

(3) 관수에 따른 목초재생력 증가

건조기 관수는 목초의 재생 초장, 재생 엽면적, 재생 건물중 등 재생력을 크게 촉진시킨다. 〈표 6-33〉에서 보는 바와 같이 관수구에서 재생 초장과 엽면적은 각각 39cm와 156cm²로 무관수에 비해 38%와 47%가 증가하였으며, 일당 건물증가량은 75.9kg으로 31%가 증가하였다.

(4) 관수에 따른 우유생산량 증가

건조기 관수는 목초의 생산량 증가뿐만 아니라 고기와 우유생산성도 크게 높여준다. 〈표 6-34〉에서 보는 바와 같이 관수를 해 준 초지에서 연간 목초 생산량은 무관수 초지에 비해 60% 증가하였고, 또한 우유생산량도 56~58% 증가하였다.

표 6-33 목초 재생력에 미치는 관수의 효과　　　　　　　(서 등, 1985~89)

관수여부	재생 초장 (cm)	재생 엽면적 (cm²/10g)	일당 건물증가량 (kg/ha/일)
관 수	39(138%)	156(147%)	75.9(131%)
무관수	28(100)	106(100)	57.9(100)

표 6-34 목초 및 우유생산에 미치는 관수의 효과

관수여부	목초 TDN 생산량 (kg/ha)	우유 생산량 (4%FCM, kg/ha)	초지로부터 우유생산량 (kg/ha)	kg당 조수익 (천 원)	관수량 (mm)
관 수	4,595	13,547	8,636	177,566	498
무관수	2,866	8,681	5,465	–	–

(5) 기타 관수효과

이외에도 관수는 목초의 하고(夏枯)를 줄여주어 생산량을 기대하기 어려운 여름과 가을철에 수량을 기대할 수 있어 어느 정도 계절 생산성의 균형을 맞추어 주며, 토양의 물리성과 화학성을 개선시켜 준다. 또한 관수를 해줌으로써 목초를 조금이라도 값싸게 생산할 수 있는데 생초 kg당 목초생산비는 관수구가 평균 22.5원으로 무관수의 26.7원에 비해 낮아 경제적으로 유리하다(축산원, 1989).

6.6.3. 관수에 소요되는 수자원

관수에 사용할 수 있는 물이 초지 가까운 곳에 있다고 하는 것은 수원개발에 필요한 비용을 줄일 수 있다는 점에서 무엇보다 중요하다. 실제로 관수에 의한 목초의 증수만으로는 관수시설과 수원을 개발하는 데 소요되는 비용까지를 충분히 보상받기는 어렵다.

관수에는 대량의 수원이 필요한데 즉, ha당 2.5cm 정도의 관수를 한다고 가정할 때 이에 소요되는 물의 양은 약 300,000L가 된다. 그런데 관수 시에는 물의 증발과 기타 여러 가지 손실을 고려하여야 하므로 실제로 ha당 2.5cm의 관수를 하는 데는 약 450,000L의 물이 필요한 셈이 된다.

초지는 1회 관수로 불충분하며 한 계절에 적어도 3~4회 정도는 관수를 필요로 하므로 총 11~15cm 정도의 관수가 필요하며, 따라서 15cm의 관수를 할 경우 ha당 총 2,700,000L의 물이 있어야 한다는 계산이 나온다. 그러므로 한발기간 중 최소한 2,700,000L의 물을 공급할 수 있는 수원을 갖지 못할 경우라면 관수시설을 하지 않는 것이 좋다.

관수가 잘 발달된 미국에서는 4ha 이하의 관수가 필요한 초지를 가진 농가라면 관수시설을 하지 않는 것이 오히려 유리하다고 하며, 영국에서는 여름철 비가 적은 기간 동안 평균 강수량이 350mm 이하이거나, 토양의 보수력이 낮은 지역에서만 관수시설을 하는 것이 경제적으로 유리하다고 한다.

관수 수원으로는 지하수, 호수, 연못, 강 또는 하천 등을 들 수 있는데, 지하수를 개발하여 이용하는 것이 비용은 많이 드나 가장 편리하며 안정성이 높다.

6.6.4. 스프링클러에 의한 살수관수

초지의 관수방법에는 크게 나누어 살수관수와 휴간관수의 두 가지가 있으나, 일반적으로 초지에서는 대부분 목초의 뿌리가 지표면으로부터 얕게 분포되어 있으므로 가볍게 자주 관수해줄 수 있는 스프링클러에 의한 살수관수(sprinkler irrigation)가 많이 이용된다(그림 6-27 참조). 특히 살수관수는 수원이 제한되어 있거나 지세로 보아 기복이 조금 심한 초지에 적합하다.

그림 6-27 스프링클러에 의한 초지 관수

그림 6-28 이동식 스프링클러에 의한 초지 관수

이 방법은 파이프를 통하여 끌어온 물을 분수식으로 살수기를 통해 초지 가운데에서 이동시키면서 골고루 뿌려주는 방법으로 토양이 경사 3% 이하의 평탄한 초지에서 건조기와 여름철에 주로 사용하는 방법이다. 살수관수는 물이 효과적으로 고루 퍼지기 때문에 보수력이 약한 토양이나 또는 수로를 만들기가 어려운 토양에서 유리하며, 토양유실이 적고 수분효율 면에서도 유리하며 자동장치로 사용하기에도 편리하다. 그러나 처음 시설을 갖추는 데 많은 비용이 소요된다. 살수기 꼭지의 형태는 회전식, 고정식 및 진동식 등이 있다.

관수를 할 때에는 며칠간 계속하여 충분한 양을 주는 것이 좋고, 하루 중 살수시간은 아침과 늦은 오후가 관수효과를 높여줄 수 있어 좋으며, 낮에는 물이 목초의 잎이나 토양을 통해 곧 증발하기 때문에 피하는 것이 유리하다. 보통 살수관수의 효율은 70% 정도이다. 또 여름철 고온기간 중에는 날씨를 보아 5~7일에 한 번씩 관수를 해 주면 초지의 여름타기(夏枯)를 막아줄 수 있어 좋다.

6.7. 잡초 및 해충 방제

6.7.1. 초지잡초의 생태적 특성

가을에 초지를 조성하였을 때는 가을 기온이 목초 생육에 적합하고 야초나 잡초에는 불리한 조건이므로 파종 당년의 가을에는 잡초 문제가 별로 없다.

그러나 잘 조성된 초지라 할지라도 이용되는 해가 거듭됨에 따라 관리상의 부주의 또는 생태적인 현상으로 목초의 초생이 쇠퇴하여지고 잡초가 무성해지는 수가 생긴다. 특히 해로운 잡초나 가축이 잘 뜯지 않는 풀이 많아지면 초지를 버리는 경우가 많다. 그런데 목초를 제외한 모든 광엽잡초를 방제 대상으로 할 것까지는 없다.

초지에 자생하는 잡초 중 일부는 가축이 먹으나, 대부분의 잡초는 잎이나 줄기에 털이나 가시가 있거나 악취가 나므로 가축이 기피한다. 잡초의 생활주기는 1년(월년) 또는 다년생이며 대부분 종자로 번식한다. 일부는 종자와 지하경으로 번식하는 악성잡초로 초지나 사료포에 한번 침입하게 되면 방제가 극히 어렵다.

잡초는 척박한 토양에서 비옥한 토양까지 생육범위가 넓기 때문에 한번 침입한 잡초를 물리적 방법으로 짧은 기일 내에 방제한다는 것은 거의 불가능하다. 또한 대부분 잡초의 발아율은 어두운 조건보다 밝은 조건에서 현저히 촉진된다. 잡초의 적정 발아온도는 25~30℃이다. 잡초종자는 땅속에서 오랫동안 그 생명력을 유지하면서 적당한 조건이 되면 발아하는 것으로 여겨진다.

표 6-35	우리나라 초지에서 봄과 여름 발생 주요 잡초

봄 발생 주요 잡초	여름 발생 주요 잡초
개밀, 개갓냉이, 개망초, 꽃다지, 광대나물, 냉이, 망초, 메꽃, 별꽃, 서양민들레, 소리쟁이, 쇠뜨기, 쑥, 질경이, 콩다닥냉이, 큰개불알풀 등	강아지풀, 개비름, 깨풀, 돼지풀, 돌피, 둑새풀, 들깨풀, 명아주, 방동사니, 바랭이, 쇠비름, 애기수영, 어저귀, 여뀌, 털비름, 환삼덩굴 등

6.7.2. 우리나라 초지에서 발생하는 주요 잡초

우리나라의 초지에서 많이 발생되는 잡초는 망초, 쑥, 양지꽃, 애기수영, 씀바귀, 오이풀, 사초류, 제비꽃, 바랭이, 새, 고사리 순으로 많이 있고, 기타 강아지풀, 돌피, 개밀, 민들레, 엉겅퀴, 개망초, 냉이, 별꽃, 쇠비름, 명아주, 비름, 방동사니, 질경이, 새삼, 소리쟁이, 며느리배꼽, 둑새풀, 여뀌, 쇠뜨기풀 등이 있다.

그러나 넓은 초지에서 이들 잡초를 완전히 제거하기는 어려운 일이므로 목초와 잡초의 생육특성을 잘 알고 이것을 이용해서 잡초의 생육을 억제하여야 한다. 우리나라 초지에서 봄과 여름에 걸쳐 발생하는 주요 잡초는 〈표 6-35〉에서 보는 바와 같다.

6.7.3. 잡초의 침입경로

초지에 잡초가 침입하는 경로를 보면 주로 성숙한 잡초로부터 떨어진 종자를 통해 대부분 직접 들어온다. 또 초지 근처의 길가나 들 또는 다른 밭으로부터 종자가 바람이나 물을 통해 침입하거나, 가축이나 사람 또는 콤바인 같은 기계류에 잡초 종자가 묻어온다. 또한 잡초를 채식한 가축의 배설물을 통하여 들어오기도 한다. 이러한 잡초의 종자는 초지에 떨어진 다음에 토양 중에 있다가 토양 수분이 발아에 적합하고 알맞은 온도 조건이 되면 쉽게 발아하게 된다.

즉, 초지는 이용연한이 경과됨에 따라 식생이 변화되어 인위적으로 파종된 목초는 점차 쇠퇴하게 되며, 따라서 초지에서의 목초 점유비율은 낮아지는 반면 불량 환경 조건에서 잘 견디는 잡초의 비율은 높아지게 된다. 대부분의 잡초는 토양 산도가 낮거나 척박한 토양이나 매우 습한 지대에서 잘 자라므로 잡초를 방제하기 위해서는 이러한 조건을 목초가 자라는 데 적합한 조건으로 바꿔주는 것이 중요하다.

(1) 초지조성 후 발생하는 잡초

초지조성 후 몇 년 사이에 발생하는 잡초는 대부분이 1년생으로 특히 질소성분을 좋아하는 바랭이, 강아지풀, 비름, 쇠비름, 명아주, 돌피, 양지꽃 등이 있다.

이들 잡초는 목초에 비해 초기 생육이 빨라서 파종 후 2~3개월이면 초지를 완전히 피복하기 때문에 빨리 제거를 해주어야 하나, 잡초와 목초의 생육을 잘 파악하여 실시하여야 한다. 너무 일찍 베어 주면 잡초의 방제효과는 적고 목초의 유식물만 억제하는 결과가 오며, 너무 늦게 베면 잡초에 의해 목초의 유식물이 억압되기도 한다.

(2) 초지의 생산성이 높을 때 발생하는 잡초

초지조성 2~3년 후에 발생되는 잡초는 대부분 다년생인 것이 특징으로 이에 속하는 것으로는 소리쟁이, 씀바귀, 쑥 등이 있으며 1년생은 망초로, 초지의 생산성이 비교적 높을 때에

볼 수 있는 잡초라고 할 수 있다. 이들 잡초는 채초나 방목으로 잘 이용하고 있는 초지에 잘 적응하는 특성을 가지고 있어 초지가 이용 중간단계에 들어가게 되면 어느 곳에서나 많이 발생되고 있다. 이들 잡초는 방목이나 채초에 의한 방제는 어렵고 제초제에 의해서만 가능하다.

(3) 초지가 부실화되었을 때 발생하는 잡초

초지가 불량한 관리 때문에 부실화되었을 때 많이 발생하는 잡초로는 고사리, 쑥, 냉이 또 외래잡초로서 애기수영 등을 들 수 있다. 이러한 잡초가 많이 발생하게 되면 초지의 생산성은 급격하게 낮아지기 때문에 갱신을 해야 한다. 또한 오래된 초지에서 발생하는 잡초는 가축에 유해한 종류가 많기 때문에 제초제에 의한 제거가 필요하다.

(4) 토양의 환경요인에 따라 발생하는 주요 잡초
① 산성토양에 잘 자라는 잡초
애기수영, 들개미자리, 검은겨이삭, 꿩의밥, 나도겨이삭, 들깨풀, 멍석딸기, 참쑥, 닭의장풀, 개여뀌, 미나리아재비, 바랭이, 고사리, 맑은대쑥 등
② 척박한 토양에 잘 자라는 잡초
애기수영, 들국화, 엉겅퀴, 개억새, 개솔새, 잔디, 씀바귀, 솔새, 새, 김의털 등
③ 건조한 토양에 잘 자라는 잡초
애기수영, 애기장대, 들국화, 벼룩이자리, 엉겅퀴, 개망초, 쇠비름 등
④ 습한 토양에 발생하는 잡초
개구리자리, 기는미나리아재비, 골풀, 방동사니, 별꽃, 큰별꽃, 물여뀌, 새포아풀, 둑새풀, 황새냉이, 개갓냉이 등

표 6-36 주요 외래 잡초의 생태적 특성

과 명	초종명	토양특성	생활주기	번식상태	특 성
마디풀과	애기수영 소리쟁이 털여뀌	척박 산성토 비옥 양토 양토~사양토	다년생 다년생 1년생	종자, 지하경 종자, 뿌리 종자	일부 섭식 〃 털, 섭식기피
명아주과	좀명아주 흰명아주	양토 비옥 양토	1년생 1년생	종자 종자	일부 섭식
비름과	털비름	비옥 사양토	1년생	종자	털, 섭식기피
십자화과	다닥냉이	사양토	월년생	종자	일부 섭식
가지과	독말풀 도깨비가지	비옥 양토 양토~사양토	1년생 다년생	종자 종자, 지하경	악취, 섭식기피 가시, 섭식기피
국화과	큰도꼬마리 돼지풀 개꽃아재비 붉은서나물 돼지감자	비옥 사양토 양토 비옥 사양토 사양토 양토, 사양토	1년생 1년생 1년생 1년생 다년생	종자 종자 종자 종자 종자, 지하경	털, 섭식기피 〃 악취, 섭식기피 〃 털, 섭식기피
아욱과	어저귀	비옥 양토	1년생	종자	악취, 섭식기피
자리공과	미국자리공	음지 산성토	다년생	종자, 뿌리	독성, 섭식기피
석죽과	쇠별꽃	비옥 양토	월년생	종자	일부 섭식

(5) 외래 잡초의 유입과 초지에 침입

우리나라에 자생하는 외래 잡초는 여러 경로를 통하여 들어오고 있다. 특별한 목적으로 종자를 수입하여 국내에서 재배하다가 유출되어 잡초화한 것도 있다. 그러나 대부분 도입 종자나 곡류 또는 농산물이나 원모, 목재 등을 수입할 때 유입되거나 종자용보다 사료용 곡물에 훨씬 더 많이 섞여 들어오는 것으로 보인다.

초지나 사료작물 포장에 발생하는 잡초의 방제를 위해서는 토양 환경을 개선하거나 우수한 제초제를 조기에 선발하고, 방제기술을 개발·보급하여 축산농가가 피해를 입는 일이 없도록 해야 한다. 특히 축산농가에서는 가축분이나 퇴비에 의해 다시 잡초가 포장에 유입될 수 있으므로 가축 퇴·구비는 반드시 완전 발효 후 뿌려야 한다.

또 초지에 종자로 번식하는 잡초가 만연할 경우에는 목초 수확적기 이전이라도 잡초 종자가 성숙되기 전에 방목이나 예취하여 이용하는 것도 잡초를 방제하는 한 방법이다.

그림 6-29 초지 발생 주요 잡초(농협중앙회, 2002)

서양민들레	소리쟁이	애기수영
쇠뜨기	쇠별꽃	양지꽃
어저귀	여뀌	지칭개
환삼덩굴	쇠비름	돌피

애기똥풀	엉겅퀴	강아지풀
자리공	광대나물	도깨비가지
꽃다지	냉이	닭의장풀
돼지풀	매듭풀	망초
메꽃	명아주	바랭이
털비름	별꽃	새삼

6.7.4. 잡초 방제법

잡초를 방제하는 방법으로는 1) 기계적 방제, 2) 화학적 방제, 3) 기계적과 화학적인 겸용 방제법 등이 있다.

(1) 기계적 방제법

기계적 방제법은 초지의 관리방법을 개선하여 잡초를 방제하는 방법으로서 적기·적량 시비하여 적기에 초지를 이용하여 잡초를 억제하거나, 습지에는 수분을 제거하여 잡초에게 생태적 변화를 주어 생육을 억제하는 방법이 있다. 또 잡초를 자주 베어 줌으로써(특히 개화 전에) 방제할 수 있다.

(2) 화학적 방제법
① 제초제 사용

화학적인 잡초 제거방법은 제초제 비용이 추가되고, 토양 및 수질을 오염시킬 수 있으며, 제초제에 저항성이 있는 잡초를 더욱 번성하게 하는 단점도 있으나 가장 확실하게 잡초를 제거할 수 있는 방법이다.

특히 쑥이나 소리쟁이 등 뿌리로서도 잘 번성하는 잡초는 기계적 방제법보다는 제초제에 의한 화학적 방제법이 좋다. 처리방법은 전면적에 살포하는 전면살포법과 소리쟁이 등과 같이 군데군데 있는 잡초를 방제하는 점 처리법이 있다. 제초제를 뿌렸을 경우 최소한 2주일 이내는 예취나 방목 등 초지의 이용을 하지 않아야 한다.

② 제초제 사용 시 유의사항

초지에 제초제를 사용코자 할 때는 우선 제거할 잡초를 잘 알아서 선택성이 있는 제초제를 사용하여야 한다. 또 제초제 처리 시 특히 유의할 것은 항상 커다란 위험이 뒤따르기 때문에 사용하기 전에 설명서를 잘 읽고 사용시기 및 사용량을 꼭 지키는 것이 중요하다.

또 제초제 효과가 가장 잘 나타나는 잡초의 생육시기와 제초제를 살포하는 날의 기상을 고려하여야 한다. 온도가 낮을 때에는 살초효과가 떨어진다. 제초제는 반드시 권장량만큼 희석하여 바람이 없는 맑은 날 이슬이 사라진 후 잎이 충분히 젖도록 살포해야 한다. 살포시에는 인근 작물에 미세한 약액의 입자라도 날리지 않게 세심한 주의를 기울여야 한다.

디캄바액제의 경우 흡수 이행력이 강력하여 살포된 농약이 빗물이나 관개수 등에 흘러들어 부근의 다른 작물에 피해를 줄 수 있으므로 이러한 우려가 있는 지역에서는 사용에 주의해야 한다. 디캄바 액제는 선택성으로 화본과에는 해가 없으나 소리쟁이와 애기수영에는 부분 살포(점 처리 등) 해야 기존 두과목초에 피해가 없다. 애기수영이나 소리쟁이와 같이 5~7월에 꽃이 피는 잡초는 곧 종자가 맺게 되므로 종자가 맺히기 전에 제초제를 살포하는 것이 유리하다.

(3) 기타 잡초방제

목초는 어느 정도 자라서 뿌리와 지상부위가 건전하여지면 베어도 잡초에 비하여 우세하나 그렇지 못할 경우에는 경합에서 지기 쉽다. 그러므로 가능하면 목초는 반드시 가을에 뿌려 봄부터 잡초와의 경합에서 이기도록 하여야 하며, 다음과 같은 일반적인 요령에 의하여

표 6-37 제초제의 종류 및 용도

제초제	대상잡초	사용시기	비 고
글라신액제 (근사미)	일년생 및 다년생 화본과 및 광엽초	수잉기 및 개화기 전후	비선택성
파라쿼트 (그라목손)	일년생 및 다년생 화본과 및 광엽초	생육왕성기	비선택성
디캄바액제 (반벨)	일년생 및 다년생 광엽초	생육초기	선택성
씨마네 (씨마진)	일년생 및 다년생 화본과	발아 전 토양처리	발아억제
알라 (라쏘)	일년생 및 다년생 화본과	발아 전 토양처리	발아억제

주) 글라신액제(근사미)와 디캄바액제(반벨)는 애기수영, 소리쟁이, 쑥 등 악성잡초
방제에 사용. 글라신액제와 디캄바액제를 혼용 처리할 수 있음.

표 6-38 주요 잡초별 제초제 처리기준   (축산원, 1999)

잡 초 명	제초제명	사 용 량 (L/ha)	사 용 시 기
애기수영	디캄바액제 (반벨)	4.0~6.0	잡초생육 전기간 중에 처리할 수 있으며, 특히 초기 생육기에 효과가 큼.
	글라신액제 (근사미)	10.0~12.0	잡초생육이 왕성한 시기
쑥	디캄바액제 (반벨)	4.0~6.0	잡초생육 전기간 중에 처리할 수 있으며, 특히 초기 생육기에 효과가 큼.
	글라신액제 (근사미)	10.0~12.0	잡초생육이 왕성한 시기
	글라신액제+ 2.4 D	1.0+0.75	잡초생육이 왕성한 시기
소리쟁이 냉 이	디캄바액제 (반벨)	1.0~2.0	잡초생육이 왕성한 시기
명아주 좀명아주	디캄바액제 (반벨)	1.0~2.0	잡초생육 초기(3~4엽기)

방제해야 한다.

　① 사료용 곡물 및 사료작물 종자 도입 시 잡초의 종자가 섞이는 것을 방지하여야 한다. 우리나라의 초지에 유입된 많은 종류의 잡초는 대부분 외국으로부터 사료용 곡물이 수입될 때에 함께 들어온 것으로 그동안 애기수영, 소리쟁이, 명아주, 어저귀 등이 조사료 포장에 많이 발생하였으며, 가축에게 해를 미치거나 초지를 부실화시키는 새로운 외래잡초로서는 도깨비가지, 도꼬마리, 붉은서나물, 방가지똥, 독말풀, 미국자리공 등이 있다.

　그러므로 목초종자를 외국으로부터 수입할 때 보증종자(certified seed)에 한해서 도입하는 것이 잡초종자가 유입되는 것을 방지할 수 있는 최선의 방법이다.

　② 질소질 비료의 증량 시비는 화본과 목초의 생육을 촉진하여 초지의 증수에 유리하나,

그림 6-30 쇠별꽃 우점초지(좌)와 혼합 잡초 우점초지(우)

화본과 목초가 질소비료를 이용하기 어려운 조건에서 과량의 질소비료 사용은 오히려 잡초를 무성하게 한다.

6.7.5. 초지의 주요 가축 유해식물

초식가축은 선천적으로 품질이 우수한 풀을 섭취하고, 독성이 있는 풀은 기피하는 성질이 있다. 가축에 유해한 풀을 섭취하는 경우는 과방목이나 초지가 황폐화되어 풀이 부족할 때 주로 일어난다. 미국에서 방목을 주로 하는 초식가축의 폐사 원인을 보면 50%는 박테리아나 바이러스 등 병원균에 의한 것이며, 25%는 대사장해, 15%는 기생충, 유해식물에 의한 것은 8.7%에 불과하다.

식물과 초식가축의 입장에서 보면 각자 나름대로의 방어체계를 가지고 있다. 식물은 가시, 털로 무장하거나 알칼로이드, 타닌 등과 같이 기호성을 감소시키는 물질 또는 섭취하면 독성이 있는 물질을 만들어 자신을 보호하고 있다. 반면 초식가축은 반추위의 반추미생물에 의해 1차적으로 거의 모든 독성들은 분해할 수 있고, 간에서 여러 가지 독성물질을 해독하는 방어체계를 가지고 있다.

독성이 나타나는 것은 이러한 범위를 벗어나는 경우로서 유독초종에서 초본류는 고사리, 미국자리공, 독미나리, 개쑥갓, 할미꽃, 실새삼, 쇠뜨기, 여뀌, 등대풀, 천남성, 미나리아재비 등이 있으며, 관목류로는 주목, 참나무, 진달래속 식물, 야생버찌 등 여러 가지가 있다. 대부분은 가축이 섭취하지 않기 때문에 큰 문제는 없으며, 고사리 등 일부 초종에서는 다소 문제가 될 수 있다.

6.7.6. 초지 해충과 유해동물 방제

목초지에 해충은 거의 없는 것같이 생각되나 생육기에 잎이나 뿌리 등을 갉아 먹음으로써 초지의 일부 또는 전부에 피해를 주는 일이 있다. 초지에 충해가 발생하기 시작하면 그 피해가 클 뿐 아니라 초지의 수량이 감소하며 품질도 떨어진다. 특히 초지는 수시로 풀을 이용하기 때문에 살충제를 뿌릴 때에는 이용기간을 고려하여야 하지만 갑작스런 발생으로 살포하였을 경우 최소한 2주 후의 예취나 방목이용 하는 것이 가축에 안전하다.

목초의 해충에는 여러 가지 종류가 있어 갑자기 발생하여 큰 피해를 주는 것과 언제든지 발생하여 서서히 목초를 약화시켜 초지의 이용연한을 단축시키는 것이 있다. 방제 대책으로는 해충을 유인할 수 있는 유아등을 설치하거나 발생 즉시 유기인제 등 살충제를 이용하여 그 피해를 막을 수도 있다.

그림 6-31 굼벵이 발생 피해 초지(좌)와 굼벵이(우)

(1) 뿌리 및 땅속줄기의 해충

뿌리나 땅속줄기에 피해를 주는 해충은 풍뎅이 종류의 유충(幼蟲)인 굼벵이가 가장 흔하며 그 외 땅강아지, 방아벌레류, 선충 등이 있다. 이들 해충은 주로 목초의 뿌리를 갉아 먹음으로써 초지에 피해를 주는데 특히 방목을 하지 않고 오랫동안 예취 위주로 이용된 초지에서 심하다. 특히 굼벵이는 예취 위주의 생육이 왕성한 초지에 많다.

굼벵이는 땅속에서 월동 또는 생활하므로 이들의 발생을 미연에 방지하는 것이 중요하다. 따라서 파종할 때 토양살충제를 뿌리면 예방효과가 크다. 그러나 이미 조성된 초지에 굼벵이의 피해가 발생하면 토양 속에 해충이 있기 때문에 방제가 대단히 어렵다. 2~3년마다 주기적으로 토양살충제를 뿌려주면 어느 정도 피해를 방지할 수 있고 또 예취와 방목을 교대로해 주면 굼벵이의 발생을 다소 억제할 수 있다.

(2) 잎이나 줄기의 해충

목초의 잎이나 줄기를 갉아먹거나 즙액을 빨아먹는 해충은 메뚜기류, 끝동매미충, 애멸구, 진딧물류, 조명나방, 멸강나방류, 배추벼룩잎벌레류 등이 있으며, 알팔파에는 진딧물의 피해와 클로버에는 배추벼룩잎벌레와 애멸구의 피해가 있다. 이들 해충은 주로 어린 풀에 많은 피해를 주기 때문에 순식간에 목초지를 황폐화시킨다.

살충제를 살포하면 피해를 막을 수 있으나 항상 가축이 이용하는 풀이기 때문에 가장 적은 횟수로 많은 효과를 얻을 수 있도록 해야 한다. 약제를 살포할 때는 초지에 가축을 넣어 미리 방목을 시키든가 예초기로 벤 다음 맑은 날을 택하여 이슬이 마른 오후에 실시하는 것이 좋다.

(3) 멸강나방

멸강나방은 초지에 가장 큰 피해를 주는 해충의 하나로 빈번히 발생하는 돌발해충이다. 멸강나방은 애벌레(幼蟲) 때 작물에 피해를 주는데 한번 발생하면 빠른 속도로 전 포장에 이동하면서 주로 화본과 목초에 큰 피해를 준다.

발생 상태는 연도에 따라 다르나 크게 발생하면 화본과의 연한 부분을 전부 갉아먹고 때에 따라서는 줄기까지 먹게 되

그림 6-32 멸강충(좌)과 발생 초지(우)

그림 6-33 두더지 피해 초지

므로 피해는 막심하다. 보통 1년에 2~3회 발생하는데 1회는 5월 하순~6월 상순, 2회는 7월 상순~중순, 3회는 8월 중순~하순경인데, 보통 1~2회 발생시기에 피해가 크다.

방제를 위해서는 조기 예찰이 가장 중요하며, 인근 초지나 사료작물포를 가진 농가와 공동방제를 하여야 한다. 방제 약제는 디디브이피(DDVP) 유제와 디프 수화제(디프록스), 파프 유제 등이 살충효과가 크며 1,000배액으로 희석하여 살포한다.

(4) 들쥐 및 두더지의 피해

겨울에 먹이가 떨어지게 되면 들쥐는 목초지에 모여들어 목초를 채식하게 되므로 피해를 준다. 들쥐의 방제법은 특별히 없으며 쥐약이나 덫에 의해 방제하는 수밖에 없다.

초지조성 후 식생이 좋아지고 유기물 함량이 높아지면 지렁이가 번성하게 되고, 두더지는 지렁이를 잡아먹기 위해 초지에 모여들면서 토양 속을 이리저리 구멍을 뚫어 초지를 망치게 한다. 이러한 초지는 예취 이용을 억제하고, 방목을 시켜 부슬부슬해진 흙을 가축의 발굽으로 눌러 줌으로써 두더지가 활동하는 데 지장을 주게 하여 다른 곳으로 이동하게 한다. 이 밖에 약이나 덫에 의한 방법이 있으나 약제를 사용할 때에는 가축에 피해가 없도록 주의하여야 한다.

6.8. 초지갱신

6.8.1. 초지갱신의 의의

초지는 대체로 조성 후 1~2년째에는 높은 생산량을 보여주나 3~4년을 경과하면 생산량이 줄게 되고 초종이 단순화되며 잡초가 발생하게 된다. 쇠퇴(衰退)한 초지를 최소한으로 갈아엎거나 겉뿌림을 통해 생산성이 높은 초지로 되돌아가게 하는 작업을 초지의 갱신(更新, renovation)이라 한다. 이렇게 초지가 빨리 쇠퇴되는 경향은 고랭지보다 따뜻한 지방, 개간한지 오래된 땅보다는 새로 개간한 땅, 그리고 생산성이 낮은 초지보다는 높은 초지에 더 많다.

물론 초지는 한번 만들어 오랫동안 이용하는 것이 경제적인 면에서 좋으나, 생산성이 낮은 초지를 오랫동안 그대로 이용하는 것은 오히려 경제성이 저하되기 쉬우므로 4~5년 이용한 다음에 생산성이 많이 떨어지게 되면 초생을 보아 갱신하는 것이 좋다.

6.8.2. 갱신이 필요한 원인

조성된 지 오래된 초지는 ha당 생초수량이 10톤(건물수량 2톤), 새로 개간한 초지에서는 5톤(건물수량 1톤) 이하로 내려가면 갱신이 필요한 부실초지(不實草地)라고 볼 수 있다.

초지가 수량이 낮아지는 주원인은 주로 목초를 재배하는 땅의 이화학적 성질이 쇠퇴하여 식생이 악화되기 때문이다. 대체로 오래된 초지는 화본과목초가 우세하기 쉬우며, 토양의 표층에 오래되어 죽은 목초의 뿌리나 땅밑 줄기로부터 생긴 유기물이 분해되지 않고 모여 있는 것을 볼 수 있다.

토양의 이화학적 성질이 쇠퇴하는 것은 오래된 초지에서 토양이 굳어져 단단하게 되고, 그 결과 토양 가운데 비교적 큰 구멍 사이를 목초의 뿌리가 채우게 되며, 그 장력(張力)에 의해서 토양이 굳어지게 된다. 이렇게 되면 공기와 물이 통하는 성질이 감소되며 용수량이 공기량에 비해 크기 때문에 알맞은 배수 및 환기가 되지 않고, 이와 함께 뿌리가 자라는 것이 불량하게 된다. 따라서 곁뿌리와 뿌리털의 발생이 감소되어 양분을 빨아들이는 능력이 나빠진 나머지 해가 바뀜에 따라 생산성이 낮아지게 된다.

두과목초가 쇠퇴하여 화본과목초가 우점되면 목초 중에 단백질과 무기물 함량이 감소하고, 질소 이용성이 감소하여 초지의 생산성이 떨어지며, 활력 감소로 잡초 침입이 증가한다.

화본과목초의 우점에 의한 초지의 부실화와는 달리 우리나라의 평야지대에서 너무 초지를 과도하게 이용할 경우 클로버 우점에 의한 초지의 수량저하가 또한 문제가 된다. 클로버가 우점되면 방목가축의 고창증 유발은 물론 건물률이 낮은 클로버와 잡초의 침입으로 초지의 생산성이 급격히 낮아지기 때문에 갱신하지 않을 수 없는 상태에 이르게 된다.

6.8.3. 갱신의 방법과 효과

토양 및 식생조건의 악화로 인한 초지생산성을 회복시키기 위해서는 먼저 악화요인의 종류와 진전 정도에 따른 갱신방법을 결정하여야 한다(표 6-39). 일반적으로 생산성이 낮아진

표 6-39 갱신이 필요한 원인과 이에 따른 갱신방법

초지상태		갱신 요인 (원인)	갱신방법	
			간이 갱신	완전갱신
토양 조건의 악화	이화학성	견고화(답압, 과방목) 뿌리 집적(시비 부족) 통기, 통수 불량(견고화)	표층파쇄 시비개선 퇴구비 사용 적정방목	경운 뿌리 묻어줌 쇄토 퇴구비 사용
	화학성	산성화(다비, 석회 부족) 인산 결핍(시비 부족) 비효 저하(통기, 통수성 불량, 목초 식생밀도 저하)	석회표층 살포 인산증시 표층파쇄 시비개선	경운 토양개량제 시용 퇴구비 사용
식생 조건의 악화	두과목초 비율저하	두과목초 쇠퇴(질소 다용, 석회, 인산부족, 과방목, 이용부족, 불식과번초) 화본과목초 우점 (질소 과용, 경방목)	겉뿌림 질소시비제한 인산, 석회 보급 적정방목	경운 초종 개선
	목초밀도 저하	목초밀도 저하(재생 불량, 하고, 동사, 병충해) 나지화(토양침식, 우도, 방목시설) 잡초침입(목초밀도 저하, 선택채식) 저위 생산성 목초 침입 (시비 부족, 이용과도)	겉뿌림 잡초예취 제초제 살포 시비법 개선 적정방목	경운 잡초 묻어줌 새로 파종 초종 개선

그림 6-34 바랭이(좌), 소리쟁이(우) 등 잡초 우점으로 완전갱신이 필요한 초지

초지의 갱신 방법으로서는 추비 시용, 겉뿌림 보파, 토양표층의 손질 등 간이(부분)갱신 방법과 초지를 완전히 갈아엎고 다시 파종하는 완전갱신방법이 있다.

갱신의 효과를 거두기 위해서는 ① 새로 파종한 목초의 유식물과의 경합을 줄여주기 위해서 될 수 있으면 강방목을 시키고 자주 예취하며 악성 잡초를 제거하여 주고, ② 두과목초의 생육을 위해 토양 비옥도나 pH를 알맞게 교정하여 주고, 알팔파와 같은 두과목초는 파종 전 필히 근류균을 접종하여 주며, ③ 가능하면 경합능력이 우수하여 정착이 빠른 초종이나 품종을 선택하면 갱신의 효과를 달성할 수 있다.

(1) 완전갱신방법

이 방법은 초지의 생산성이 극히 낮을 경우에 한하여 초지를 완전히 갈아엎고 다시 초지를 만드는 방법으로, 여기에 속하는 갱신방법은 그 초지가 위치한 지형 및 기상조건 때문에 사료작물의 재배가 어렵고 계속해서 초지로 이용하지 않을 수 없는 입지조건하에서 유리한 방법으로, 그 순서는 처음 초지를 만들 때의 방법과 같다. 오래된 초지는 목초 뿌리의 방석형성 때문에 쟁기만으로 가는 것은 불완전하다

특히 화본과가 우세한 초지는 갈아엎는 것이 어려우므로 근사미 등과 같은 갱신용 제초제를 살포하든가 또는 갈아엎기 전에 톱니바퀴형 해로로 뿌리가 일단 잘라지도록 세로로 끊어주고, 곧 가로로 갈아엎기 작업을 하여 경운초지조성 때와 같은 작업과정을 거쳐서 갱신을 한다. 즉 토양개량, 시비, 파종 및 진압을 해야 한다.

(2) 간이갱신방법

이 갱신방법은 부분적인 갱신방법이라고도 하며, 초지의 생산성 저하가 토양의 이화학성의 악화 때문에 오는 것이 아니고 농가의 초지관리 기술부족 때문에 식생이 한쪽으로 우점되었거나 또는 식생밀도가 낮아졌을 경우에 쓰이는 갱신방법이라고 할 수 있다. 이 방법은 바람이나 토양침식의 피해를 최소화하고, 에너지나 종자 소요량을 줄이며, 갱신 첫해에 초지 생산성을 증가시킬 수 있는 장점도 있다.

① 디스크 해로에 의한 갱신

플라우(plow)를 사용하지 않고 디스크 해로(disk harrow)만을 사용하여 가로 및 세로로 여러 번 초지에 절단상(切斷傷)을 주는 갱신방법을 말한다. 먼저 디스크 사용 전에 목초를 짧게 벤 다음 소요량의 석회를 뿌리고 나서 디스크 해로에 무거운 물체를 얹어 절단칼날이 충분히 흙 속에 들어가도록 하여 주어야 한다.

디스킹은 여름장마 뒤에 곧 시작하는 것이 좋으며, 이렇게 함으로써 지표가 굳어지지 않을

표 6-40 티머시가 우점된 고랭지의 기성초지에서 갱신효과　　　　　　　　　　　　　　　　　　(이 등, 1994)

춘파 시 초종 및 처리방법	두과목초 정착수 (개/4m²)	추파 시 초종 및 처리방법	두과목초 정착수 (개/4m²)
레드 클로버 예취	44	레드 클로버 예취	7
그라목손 처리	58	그라목손 처리	35
반벨 처리	1	반벨 처리	7
방목 실시	40	방목 실시	3
화이트 클로버 예취	2	화이트 클로버 예취	5
그라목손 처리	3	그라목손 처리	12
반벨 처리	0	반벨 처리	2
방목 실시	2	방목 실시	1

뿐만 아니라 8월 중의 고온과 건조한 기후에 의하여 선점식생의 제거가 충분히 가능한 것이다. 디스킹을 여러 차례 할 때에는 최종 디스킹 전에 인산과 칼리 비료를 시용하는 것이 필요하다.

한편 불경운방법에 의하여 초지를 갱신할 때에 전식생을 약화 및 제거하는 방법으로서 제초제를 함께 쓰는 경우도 있으며, 이때에 갱신의 효과는 높다.

② 줄겉뿌림에 의한 갱신

줄겉뿌림(over-drilling)에 의한 갱신은 갈아엎지 않고 갱신하는 방법이다. 목초를 짧게 방목하든가 또는 벤 다음에 경운을 하지 않고도 기존식생 중에 줄로 겉뿌림이 가능한 불경운 겉뿌림 파종기(no-till seeder)를 사용하여 화본과가 우세한 초지에는 두과목초로서 레드 클로버나 알팔파 등을, 그리고 두과목초가 우세한 초지에는 오차드그라스나 라이그라스 등의 화본과 목초를 줄로 겉뿌림함으로써 갱신이 가능하다.

③ 제초제에 의한 갱신

제초제에 의하여 부실초지를 갱신하는 주목적은 선점식생을 전부 제거하지 않고 식생이 좋아지는 방향으로 초지의 초종을 일부 변화시키는 데 있다. 즉, 선택성인 제초제를 사용해서 불필요한 초종을 없애고 유용한 초종을 남기는 것으로, 이러한 제초제에 의한 초지의 갱신은 화본과목초에 살초효과가 높은 제초제인 근사미에 의하여 그 실용화가 이루어졌다.

갱신에 사용되는 제초제는 식물에 의하여 신속히 흡수되며, 토양 중에 지속성이 없는 것이 특징으로 되어 있다. 그라목손은 초지의 갱신에 알맞은 제초제로서 비호르몬형 접촉성이 특징이며 살초효과가 크며, 토양 중에 잔효성이 없다. 그렇지만 지상부위는 죽일 수 있으나 지하부까지 죽이는 것은 어렵고, 처리시기와 처리 후의 기상상태에 따라 그 효과는 다르다.

기타 갱신방법으로는 인력과 경비가 많이 소요되는 기존의 갱신방법보다 더 생력적인 자연낙종이나 입모 중 보파에 의한 갱신도 매우 효과적이라는 것이 입증되었으며, 자연적으로 종자가 토양에 떨어져 발아되어 정착하는 자연낙종에 의한 갱신은 건물수량과 사료가치가 증가하고, 갱신비용도 크게 낮추어 줄 수 있어 바람직한 갱신방법 중 하나이다.

갱신 시에 방목이용은 완전갱신 지역에서는 8주간, 일부 점처리한 곳에서는 2주 동안 방목을 제한하는 것이 좋다.

참/고/자/료

1. 국립축산과학원 시험연구보고서. 1960~2013.

2. 권찬호, 김종덕. 2004. 목초 및 사료작물의 재배와 관리. 원트출판사.

3. 김동암 등 16인. 1987. 초지학 총론. 선진문화사.

4. 김동암 등. 2001. 초지학. 선진문화사.

5. 김종덕 등. 2009. 조사료 생산 및 이용. 신광종합출판인쇄.

6. 농림부, 농협중앙회. 2003. 조사료 생산이용 기술지도 교본.

7. 농촌진흥청. 1982. 산지초지 조성과 이용.

8. 농촌진흥청. 1986. 알기 쉬운 초지조성과 이용.

9. 농촌진흥청. 1998. 2005. 2011. 조사료.

10. 농촌진흥청. 2008. 조사료 생산기계.

11. 농촌진흥청 국립축산과학원. 2012. 축산연구 60년사.

12. 농협중앙회. 2002. 목초 및 사료작물 원색도감.

13. 서성. 1985. 사초와 관련된 가축의 질병장애와 사초관리. 월간 축산진흥 7월호. 118~21.

14. 서성. 1986. 관개와 질소시비수준이 토양수분장력과 목초의 재생 및 수량에 미치는 영향. 한국축산학회지 28(2): 110-116.

15. 서성. 1988. 고온기 예취방법에 따른 목초의 재생과 하고성 분석. 한국축산학회지 30(3): 212-217.

16. 서성. 1992. 방목초지관리. 한국초지학회지 12(특별호): 116-121.

17. 서성. 1998. 서로 다른 화본과/두과 방목이용 혼파초지에서 육성우의 증체효과 비교 연구. 축산과학논문집 40(2): 114-119.

18. 서성. 2008. 국내 조사료자원의 개발 및 이용. 한국동물자원과학회 춘계 심포지엄(서울대, 서울). 6월 26일.

19 서성. 2014. 우리나라 초지농업의 과거와 현재, 그리고 미래. 한국초지조사료학회 심포지엄 프로시딩(경북대, 상주).

20. 이효원 등. 2008. 유기농업. 방송대출판부.

21. 한국초지학회지. 2003. 초지와 조사료. 신광종합출판인쇄.

22. Ball, D.M., C.S. Hoveland, and G.D. Lacefield. 2007. Southern forages. 4th ed. International Plant Nutrition Institute (IPNI), Georgia, USA.

23. Barnes, R.F., C.J. Nelson, M. Collins and K. J. Moore. 2003. Forage Volume Ⅰ. An introduction to grassland agriculture. 6th ed. Blackwell Publishing.

7장
축종별 산지초지의 이용

개 관

우리나라는 전 국토의 65%가 산지로 이루어져 있으며, 이 중 초지로 개발 가능한 면적은 26.6%인 1,711천ha로 추산된다. 현재 지속적인 곡류가격 상승에 의한 농후사료 가격 상승으로 총생산비 중 약 50%이상을 점유하고 있는 사료비를 절감하기 위해 산지이용 방목의 중요성이 대두되고 있다. 그러나 가축을 방목할 때는 우사 사육에 비해 채식과 보행 등에 따른 유지에너지 소비량이 증가하므로 우사 사육 대비 영양소 요구량 증가가 요구된다. 따라서, 방목시 유지에너지 요구량은 우사 사육보다 건물 1kg당 섭취하는 데 필요한 에너지 소비량이 축사 내 사육보다 높기 때문에 일반적인 방목조건에서는 15~50% 정도 증가한다. 아울러 방목을 한 착유우의 우유 및 비육우의 고기내 지방산 조성의 변화가 있어 건강에 유익한 불포화지방산 함량 증가 및 n-6/n-3 비율의 감소로 방목에 대한 관심도가 증가하고 있다.

학/습/목/표

한우 암소 육성우 및 성우 방목 사양관리를 설명할 수 있다.
2. 한우 거세 수소 육성우 방목시 도체등급, 생산비절감 및 고기내 지방조성 변화를 설명할 수 있다.
3. 젖소 방목 육성우의 최적 수정 월령을 위한 목표체중 ha당 방목 가능 두수를 설명할 수 있다.
4. 젖소 육성 초임우 방목시 이점에 대하여 설명할 수 있다.
5. 젖소 방목 착유우 보조사료 종류, 급여효과, 우사 사육과의 우유조성 차이 및 경제성을 비교할 수 있다.
6. 각 축종별 조사료 채식습성 및 소화 생리적 특징에 대하여 알아본다.
7. 산지방목을 하기 위해 필요한 구비조건은 무엇인지 살펴본다.
8. 산지방목 시에 발병하기 쉬운 질병에 대하여 알아본다.

주/요/용/어

산지초지 방목, 산유량, 번식효율, 유질, 증체량, 육질, 우유내 지방산 조성 변화, 채식 가능량, 사료비 절감, 염소, 산양, 사슴, 말, 채식습성, 방목입지, 구비조건, 방목장 목책, 적정 방목두수, 방목적기, 방목효과, 방목방법, 방목축의 질병관리

7.1.1. 방목시 영양소 요구량

(1) 암송아지 방목우

한우 암송아지가 성장하여 번식능력을 최대한 발휘하기 위해서는 적정 성장이 이루어져야 되는데 성장단계에 따라 요구되는 영양소를 과부족 없이 급여하여야 한다. 일반적으로 한우 육성우를 개량초지에서 하루 종일 방목을 실시하였을 때 일당증체량은 0.3~0.48kg이라고 보고하였다(강 등 2003). 하지만, 가축을 방목할 때는 다양한 외부 기상환경에 영향을 받을 수밖에 없기 때문에 요구 조건에 맞는 적정 요구량을 급여하는 데 세심한 노력이 필요하다.

한편으로 육성우는 방목시 목초의 품질이 좋으면 필요한 영양소량을 모두 초지에서 섭취할 수 있지만 부족한 경우 적정 일당증체량을 확보하기 위해 곡류 위주 보충사료를 급여할 필요가 있다. 보충사료를 추가할 경우 방목시 성별 및 초생에 따라 체중의 0.7~1.0% 정도 곡류사료를 급여하는데 이 때 급여하는 보충사료는 고에너지 사료를 급여할 때 효과가 좋다. 아울러 방목우에 무기물의 균형에도 주의해야 한다.

(2) 암소 성우 방목

한우사양표준(2012)에서는 체중이 500kg인 공태 중인 성빈우의 유지에 필요한 TDN량은 3.64kg이라고 제시하고 있지만 〈표 7-1〉과 같이 초지가 약간 불량한 상태에 방목할 때 추가 증가분을 30%로 할 때 4.73kg이 된다. 체중 500kg인 포유모우가 송아지를 포유시킬 경우 추가로 비유량 1kg당 0.36kg의 TDN이 필요하다. 특히, 성빈우의 경우 임신말기 또는 포유기에는 영영소 부족이 있을 수 있으므로 주의해야 한다. 반면에 성빈우를 양질의 개량초지에 방목시킬 경우 단백질 과잉이 될 수 있다.

번식우들은 대부분 방목지에 입식되기 전에 송아지를 분만하게 되고 분만과 송아지 포유 기간을 거치면서 체중이 50~60kg 정도 감소한다. 감소한 체중의 1/2 이상은 방목초기에 거의 회복되며 나머지는 송아지 이유 후 가을 또는 초겨울에 들어서 회복된다. 간혹 여름철, 즉 하고기 때 목초수량이 부족하고 포유 송아지의 영양소 요구량이 증가함에 따라 체중이 감소하므로 여름철 방목지에서는 송아지 따로 먹이기 시설 설치가 필요하다. 그리고 목초의 무기물 함량은 토양과 시비관리에 크게 영향을 받기 때문에 무기물 섭취량이 부족하거나 혹은 과

표 7-1 방목 중인 성빈우의 TDN 유지에너지 요구량

체중 kg	우사 사육	방목조건		
		양호	약간 불량	불량
400	3.08	3.54	4.01	4.62
450	3.36	3.86	4.37	5.04
500	3.64	4.18	4.73	5.46
550	3.91	4.49	5.08	5.86

주) 방목조건이 양호한 목초지에서는 우사 사육보다 유지에너지 요구량의 15%, 약간 불량한 목초지는 30%, 불량한 목초지는 50%를 더하여 산정함.

표 7-2 한우의 광물질 요구량('12, 한우사양표준)

광물질	단위	요구량			최대한계수준
		육성우 및 비육우	암소		
			임신	비유 초기	
코발트(Co)	mg/kg	0.1	0.1	0.1	10
구리(Cu)	mg/kg	10	10	10	100
요드(I)	mg/kg	0.5	0.5	0.5	50
철(Fe)	mg/kg	50	50	50	1,000
마그네슘(Mg)	%	0.1	0.12	0.2	0.4
망간(Mn)	mg/kg	20	40	40	1,000
칼륨(K)	%	0.6	0.6	0.7	3.0
나트륨(Na)	%	0.06~0.08	0.06~0.08	0.1	―
셀레늄(Se)	mg/kg	0.1	0.1	0.1	2.0
황(S)	%	0.15	0.15	0.15	0.4
아연(Zn)	mg/kg	30	30	30	500

잉이 될 수 있으므로 목초의 성분함량에 주의하고 부족시에는 적정량을 보조사료로 보충해 줄 필요가 있다.

특히, 마그네슘의 결핍에 관심을 가져야 하는데 이른 봄 목초가 잘 자란 초지에 방목을 시작한 후 2~3주간 이내 마그네슘 결핍증, 즉 그라스 테타니가 발생할 수 있다. 이른 봄 기온이 낮으면 토양의 온도가 내려가 목초의 마그네슘 흡수가 방해되어 결핍이 일어날 수 있다. 따라서, 예방법으로 한우 성우에 1일 40g의 산화마그네슘(MgO)을 사료에 첨가하여 급여하고 송아지는 1일 7g의 산화마그네슘을 사료에 첨가하여 급여한다.

7.1.2. 목초섭취량과 방목지 면적

(1) 목초섭취량

한우 방목우의 목초 건물섭취량은 적정 영양관리를 위해 매우 중요하다. 방목우의 풀 채식량은 소의 성별, 성장단계, 방목일수, 방목강도 및 보충사료 유무 등에 의해 영향을 받으며 이외 방목지 기온 및 습도에도 영향을 받는다. 방목우의 채식량은 건물기준으로 체중의 1.5~3.4%로 성숙할수록 그 비율이 감소하는 경향이 있다. 또한 풀의 품질과도 매우 밀접한 관계가 있는데 건물소화율이 높고 낮음에 따라 섭취량이 체중 대비 0.3~0.5% 정도의 변이가 있다. 한국사양표준(2012)에 의하면 방목 중인 암소의 풀 섭취량은 건물소화율에 영향을 받는데 방목 중인 체중 200kg 암소가 방목 목초의 건물소화율이 50%, 60%, 70%, 80%인 경우 체중 대비 목초 건물섭취량은 1.7%, 2.15%, 2.6% 및 3.2%로 방목지의 풀의 상태가 좋으면 비례적으로 섭취량이 증가하였다.

한우를 개량초지에서 하루 종일 방목할 경우 생초 섭취량은 환경요인에 따라 달라질 수 있지만 일반적으로 체중의 8~10%로 방목우가 임신초기 또는 공태 중인 경우 별도의 사료급여가 필요하지 않지만 이보다 더 많은 증체가 필요한 임신말기 및 포유기에는 배합사료를 체중의 1.0~1.5% 급여하는 것이 바람직하다. 그러나 거세우와 같이 방목기간에도 증체량을

0.7~0.8kg/일 유지하고자 할 때는 배합사료를 체중의 1.8% 정도 급여하여야 한다(강 등 1995).

(2) 방목지 소요면적

상급초지에서 체중이 300kg인 육성우 1두를 1일 방목시킬 경우 채식량은 체중의 10%인 30kg, 훼손 및 방목 후 잔량이 15kg임을 고려할 경우 총 45kg의 생초가 소요되는데 방목지 1m²당 초고가 20cm인 목초의 생풀 수량이 1.5kg 정도이므로 1두당 1일 방목지 소요면적은 30m²가 된다. 따라서, 육성우 1두를 180일간 방목시킬 경우 1두당 5,400m²가 소요된다. 개량초지에서 연간 5~6회 방목시킬 경우 1ha당 육성우 10두 내외를 방목시킬 수 있으며 연간 2~3회 방목시킬 경우 ha당 4~5두 방목이 가능하다. 체중 500kg인 성축의 경우 1일 1두당 방목시 채식량은 50kg이고 훼손 및 잔량을 15kg으로 하면 총 65kg의 생풀이 소요되며 이를 초지면적으로 환산하면 1두당 1일 43m²가 된다. 따라서, 성축 1두를 180일간 방목시킬 경우 두당 7,740m²가 소요되며, 개량초지에서 연간 5~6회 방목시킬 경우 1ha당 7두 내외 방목이 가능하다.

7.1.3. 한우 암소 육성우 및 성우 방목 사양관리

(1) 육성우

암소 육성기는 골격 및 소화기관의 발달이 가장 왕성한 시기로 조사료 위주로 사육하되 비타민 및 광물질이 풍부해야 한다. 즉 암송아지는 이유 후 초종부까지 양질의 조사료 중심으로 사육하되 12~14개월령 체중이 250kg 전후 도달해야 하며 육성기 동안 일당증체량은 0.5~0.7kg을 유지토록 해야 한다. 번식적령기는 성성숙을 2~3개월 지난 체중이 250~260kg이며, 특히 방목우인 경우 이동거리 등에 의해 우사 사육보다 추가 에너지가 필요하다. 기본적으로 방목시 유지에너지 요구량 증가 비율은 풀 상태, 초지의 경사도 및 채식 시간 등에 의해 차이가 있지만 일반적인 방목조건에서는 15~50% 정도가 증가된다. 따라서, 한우 처녀우를 개량초지에서 장기간 종일 방목할 때에는 단백질보다 에너지 함량이 높은 사료를 추가로 급여하되 우사 사육보다 최소한 15% 정도 추가 급여해 줘야 한다(강, 2000).

① 암송아지 방목 사양관리
가) 사료비 절감
2014년 국립축산과학원 한우시험장에서 가을에 분만한 생후 7.8개월령 한우 육성우를 5월

그림 7-1 산지초지 한우 암소 육성우 방목

표 7-3 한우 암소 육성우의 우사 사육과 방목 사육시 사료비 비교

구분	대조구	방목	비고
○공시두수(두)	9	9	
○방목기간(일)	154	154	
○체중(kg)			
– 개시(생후 7.8개월)	179.7	178.4	
– 종료(생후 13개월)	259.9	257.7	13개월령 목표 체중 255kg
– 일당증체량	0.527	0.515	
○사료급여량(두/일, kg)			
– 배합사료	2.5(1.13)	1.65(0.75)	( ) : 체중 대비 섭취량
– 건초	2.87(1.3)	–	〃
– 방목	–	16.4(7.51)	〃
○영양섭취량			
– DM	4.82	4.90	
– TDN	3.15(100)	3.47(110)	방목시 활동량 등을 고려한 증량
– CP	622.4	599.0	
○사료비(원, 두/일)	2,445.2	1,485.4	
지수	100	60.7	

주) 1kg당 가격 : 농후사료 450원, 건초 460원, 방목 45.3원

중순부터 생후 13개월인 10월 말까지 154일 동안 방목과 우사 사육시 사료비 절감 효과를 조사한 결과 다음과 같았다.

이때 급여한 사료량은 최적의 성성숙 및 첫 수정일을 고려하여 생후 12개월령에 체중이 240kg 전후 그리고 13개월령에 체중이 255kg 전후가 될 수 있도록 우사 사육인 경우 농후사료는 체중의 1.2%, 건초는 1.3% 그리고 방목은 농후사료는 체중의 0.8% 전후, 목초 섭취량은 체중의 7~10% 급여하였다. 이 기간 동안 일당증체량은 우사 및 방목 사육시 차이가 없었으며 방목 종료일인 생후 13개월 체중은 각각 259.7 및 257.8kg으로 차이가 없었다. 그리고 이 기간 동안 총사료비는 두당 일일 각각 2,445.2원 및 1,485.4원으로 방목이 우사 사육보다 사료비가 39.9% 절감되어 방목 154일 동안은 두당 총 147,809원의 사료비가 절감되었다.

나) 번식효율

가을에 태어난 생후 5개월령에 이유한 한우 암송아지를 7개월령부터 21개월령까지 총 462일 중에서 방목 전·후 우사 사육기간인 231일(방목 직전 48일, 방목 직후 183일) 동안 농후사료 급여 수준을 체중의 0.5%, 1.0%, 1.5% 및 2% 급여, 방목시는 모든 처리구에 농후사료를 체중의 1%를 급여하였다.

이때, 일당증체량은 방목 전·후 농후사료를 체중의 2% 급여구가 가장 높았고 체중의 0.5% 급여가 가장 낮아 방목 전·후 우사 사육기간 동안 농후사료 급여수준이 성장발육에 유의적인 영향을 미쳤다(강 등, 2003).

표 7-4 한우 방목 전·후 우사 사육시 농후사료 급여량에 따른 체중과 일당증체량 비교

구분	처리(우사 사육)			
	농후사료 체중의 0.5%	농후사료 체중의 1%	농후사료 체중의 1.5%	농후사료 체중의 2.0%
○공시두수	9	9	9	9
○체중				
− 개시(7개월), A	118.0±22.7	117.8±32.5	121.3±29.6	121.7±24.0
− 방목직전 (9개월), B	133.7±26.4	143.7±30.9	154.3±39.2	166.3±23.4
− 방목직후(15개월), C	223.8±28.8	231.3±29.1	235.0±40.8	241.1±18.3
− 종료(21개월), D	266.3±26.2	289.7±32.4	313.3±43.9	337.2±30.2
○일당증체량				
− B−A	0.326±0.13	0.539±0.28	0.687±0.33	0.93±0.26
− C−B (방목기간)	0.462±0.04	0.479±0.1	0.413±0.04	0.382±0.04
− D−C	0.232±0.04	0.318±0.05	0.428±0.05	0.525±0.1
− D−A	0.348±0.02	0.403±0.06	0.45±0.05	0.501±0.08

방목기간 동안 일당증체량은 평균 0.434kg이었고 방목 전·후 농후사료 급여수준이 체중의 1.5 및 2.0% 급여시 증체량이 낮았고 반면에 농후사료 급여수준이 체중 대비 0.5 및 1.0%를 급여한 낮은 처리구에서 증체량이 높았다. 즉, 방목 전 저영양 수준으로 사육한 경우 방목기간 동안 양질의 청초를 무제한 섭취하여 보상성장이 이루어졌다.

번식률은 〈표 7-5〉와 같이 초임에 적합한 체중인 250kg에 도달하는 나이는 전반적으로 늦었으나 방목기간 동안은 농후사료를 체중의 1.0% 그리고 방목 전·후 우사 사육기간 동안은

표 7-5 방목 전·후 우사 사육시 농후사료 급여량에 따른 수태율 비교

구분	처리(우사 사육)			
	농후사료 체중의 0.5%	농후사료 체중의 1%	농후사료 체중의 1.5%	농후사료 체중의 2.0%
○공시두수	9	9	9	9
○목표체중도달 월령				
− 200kg	13.7±2.1	12.9±2.0	12.5±3.0	12.1±1.4
− 225kg	16.1±2.9	15.3±2.5	14.8±3.5	14.1±1.8
− 250kg	19.0±3.1	17.9±2.9	17.0±3.4	16.4±1.9
○ 1차수정				
− 나이	19.5±1.3	19.5±1.1	19.3±0.7	19.7±1.1
− 체중	250.4±26.6	268.4±30.7	274.7±45.3	295.1±24.7
○2차 수정				
− 나이	22.8±1.3	22.8±1.1	22.6±0.7	23.0±1.1
− 체중	267.7±31.1	299.2±32.6	316.6±42.8	356.4±33.9
○수태율(두)				
− 첫 수정	3	4	6	6
− 2차수정	3	5	3	3

농후사료를 체중의 1.5% 급여한 경우가 수태율이 높았다.

② 방목 암소 육성우의 미량 영양소와 번식
가) 비타민A와 번식
　암소 번식우가 정상적인 발정 및 번식능력 유지에는 여러 영양소가 관계하지만 특히 비타민A가 매우 중요한 역할을 한다. 국내 젖소 20두 및 한우 40두를 대상으로 사일리지로 사육하고 있는 겨울철과 방목 중인 여름철 혈중 비타민A 및 케로틴의 농도를 측정한 결과 겨울철의 젖소 및 한우의 혈중 비타민A의 농도는 각각 100mL당 101.21IU 및 88.87IU였고 혈중 케로틴의 농도는 394.73mg 및 157.77mg으로 일부 두수에서는 비타민A 결핍농도 수준을 보였다. 반면에 방목기간인 여름철에는 젖소 및 한우의 비타민A농도는 각각 100mL당 212.03IU 및 208.67IU였고 베타케로틴의 농도는 735.25mg 및 728.2mg으로서 정상농도를 유지하였다. 이와 같이 방목이 우사 사육보다 비타민A 및 케로틴 농도가 더 높았다. 따라서, 우사 사육 대비 방목을 실시하면 혈중 비타민A의 수준이 번식에 적합한 정상수준이 유지되어 번식효율이 증가될 수 있을 것으로 판단된다.

나) 육성우 비타민A 급여와 번식효율개선 농가사례
　한우의 개량이 가속화되면서 체형이 커지고 고급육계통이 증가하면서 미경산우의 번식에 영향을 미치고 있다. 현재 많은 한우 번식농가에서 미경산우가 12개월령까지 발정이 원활하게 반복되나 정작 수정을 시키려고 하는 14개월령에는 발정이 오지 않아 어려움이 많은데, 이를 해결하기 위해 한우 번식농가에 비타민A를 체중에 따라 일일 7,000～11,000IU 추가 급여한 결과 다음과 같다. 한우 미경산우 생후 13개월령에 비타민A를 추가 투여하지 않았을 때는 21.5%가 무발정 상태로 난소기능이 휴지하였고, 생후 14개월령에는 14.3%가 무발정 상태인 반면 비타민A를 추가 급여한 미경산우는 번식적령기에 100% 정상적 발정주기를 유지할 수 있었다. 이와 같이 암소 육성우에 비타민A는 번식에 매우 중요한 영양소로 방목시 혈중 비타민A의 농도가 증가하므로 수태율도 증가할 것이다.

(2) 한우 번식우 방목 농가사례
　2013년 축산과학원에서는 강원도 평창군에 소재하고 있는 한우 성우 암소 방목 농가를 대

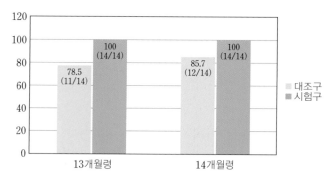

그림 7-2 ▶ 한우 미경산우에 비타민A 추가 급여시 번식적령기 때 정상 발정 발현율

그림 7-3 한우 경산 암소 방목

표 7-6 산지초지이용 방목 한우 번식우 수익성 비교(단위 : 원/두)

구분		전국평균 (일반)	사례농가 (방목)	비고
조수입		1,051,579	1,383,200	− 사례농가 번식률: 95% − 전국 평균 번식률: 72.7%
경영비	사료비	1,085,576	405,880	− 6개월 방목
	− 농후 사료	715,309	310,980	− 방목 이외 기간 사료급여
	− 조사료	326,501	94,900	− 볏짚 등 급여
	− TMR 사료	3,766	−	
	− 기타 비용	415,427	101,003	− 수도광열, 방역차료 등
	계	1,501,003	697,541	− 방목시 비료, 종자대 : 88,000원/두
소득		−449,424	685,660	

상으로 방목시 경제적 효과를 분석하였다. 이때 농가가 보유한 한우 두수는 한우 암소 성우 130두, 육성우 30두 및 송아지 30두로 총 190두였으며 초지 8ha를 보유하고 있었으며 ha당 3.8두를 방목하고 있었다.

산지초지 이용 현황을 보면 방목두수는 30여 두로 5월 초부터 10월 말까지 6개월 방목을 하였는데 주로 임신우 2산 이상 된 경산우를 이용하여 방목을 하고 있었다. 초지 식생은 오차드그라스+켄터키블루그라스+화이트클로버 혼파초지로 5개 목책구로 나눠 윤환방목을 실시하고 있었으며, 방목을 할 때는 농후사료를 전혀 급여하지 않고 방목을 하지 않은 우사 내 사육할 때는 농후사료 4kg과 볏짚 4kg을 급여하였다. 본 한우 번식우 방목 농가의 번식률은 95% 이상이 1년 1산하였으며 1회 종부시 수태율이 90%로 매우 양호하였고 두당 수익도 일반 전국 평균보다 높아 두당 685,660원 이익이 더 많았다.

7.1.4. 한우 거세 수소 육성우 방목

⑴ 거세 수소 송아지 방목

① 발육성적

가을에 태어난 한우 수송아지를 4개월령 전·후에 거세하여 우사에서 배합사료 위주로 사육한 후 7개월령인 이듬해 5월 중순부터 사육형태를 달리하여(처리 1 : 우사에서 전기간 배합사

표 7-7 거세한우 가을송아지의 사육형태에 따른 체중변화

구분	처리1	처리2	처리3
○체중(kg)			
– 개시(A)	154.6	154.7	154.9
– 방목 전(B)	223.4	224.5	197.9
– 방목 후(C)	384.1	364.2	330.0
– 출하시(D)	524.4	604.5	554.9
○일당증체량(kg/일)			
– B–C*	1.027	1.042	0.642
– C–B**	0.869	0.755	0.723
– D–C***	0.488	0.834	0.746
– D–A****	0.685	0.833	0.722

*B–C : 가을 분만 송아지 이유 후 우사 사육(67일)
**C–B : 가을 분만 송아지 이유 후 우사 사육 후 방목(185일)
***D–C : 방목 후 우사 사육(288일)
****D–A : 총 사육기간(540일)

료와 목건초 자유채식, 처리 2 : 방목 전·후 배합사료와 목건초 자유채식, 방목 중에는 배합사료 체중의 1.5% 급여, 즉 방목 전 고영양 수준, 처리 3 : 방목 전 및 방목 중 배합사료 체중의 1.5% 급여, 방목 후 배합사료 자유채식, 즉 방목 전 중영양 수준) 24개월령까지 사육한 결과 다음과 같았다.

방목기간 중 이용한 초지는 티머시의 비율이 높은 중급 초지였으며 방목기간 중 생풀수량은 36톤/ha, 거세우의 평균체중은 273.1kg, 1일 1두당 방목지 소요면적은 54.5㎡였다. 거세수소 방목기간 중 일당증체량은 우사 사육보다 적었지만 방목종료 후 24개월령까지 농후사료 위주로 비육시 방목기간 중에 다소 둔화된 증체량을 충분히 보상해 주어 관행사육보다 방목에서 출하체중 및 도체중이 각각 80.1 및 37.6kg이 높았고 소득도 29% 증가하였다.

② 도체등급
도체등급에서는 방목 육성시 육량 A등급이 우사 내 사육보다 높았으나 육질등급을 결정하는 근내지방도는 4.5로 전 기간 우사 사육의 5.2보다 다소 낮아 등급 출현율도 낮았다.

③ 생산비 절감효과
방목기간 동안은 우사 사육이 방목 사육보다 총증체량이 20.9~28.5kg이 많았지만, 방목기

표 7-8 도체성적

구분	처리1	처리2	처리3
절식 체중(kg)	500.8	582.4	525.1
도체중(kg)	311.0	348.6	310.9
등지방두께(mm)	10.5	7.6	7.0
육량등급(A : B : C)	4 : 3 : 1	5 : 3 : 0	6 : 2 : 0
육질등급(1+ : 1 : 2 : 3)	2 : 5 : 1 : 0	2 : 4 : 2 : 0	2 : 3 : 3 : 0

표 7-9 방목기간 중 생산비 절감효과

구분	비육개시 체중(kg)	방목기간		
		개시 체중(kg)	종료 체중(kg)	kg증체당 경영비(원)
처리1	154.8	223.4	384.1	5,137(100)
처리2	154.7	224.5	364.2	3,824(74)
처리3	154.9	197.9	330.0	3,725(73)

간 중 1kg 증체에 소요되는 경영비는 〈표 7-9〉에서 보는 바와 같이 방목지에서 사육한 처리구가 우사에서 사육한 대조구보다 26~27%가 절감되었다.

따라서, 봄부터 가을까지 초지에서 방목 사육 할 경우 인건비를 포함한 비용이 절감되어 쇠고기의 생산비를 낮출 수 있을 뿐만 아니라 육성기 동안 적절한 운동으로 반추위를 포함한 모든 장기들이 건강하게 성장되어 방목 이후 농후사료 위주로 비육시에도 높은 증체량을 나타내어 방목기간 중 다소 둔화된 증체량을 충분히 보상해 주어 출하체중이 높은 비육우를 생산할 수 있다(강 등, 2003).

그러나 본 연구는 2000년에 수행한 연구 결과로 현재의 등급체계와는 차이가 있으며 또한 고급육 생산을 위한 비육기간이 30개월로 다소 차이가 있다. 따라서 현재 등급체계 및 비육기간을 고려한 방목 거세우 사양관리 방법에 관한 기술 개발이 추가로 필요할 것으로 사료된다.

7.1.5. 방목우의 고기내 지방조성

(1) 고기내 지방산 조성

최근 사회적인 관심사는 건강하고 풍요로운 삶을 의미하는 well-being을 위해 소비자들의 구매 욕구가 바뀌고 있다. 소득 수준의 향상으로 식품에 대한 영양 기능성, 즉 생리활성 기능의 질적 개선 욕구로 전환되면서 소비자들의 식생활도 바뀌어 가고 있다. 특히, 방목 등 친환경 축산과 함께 동물복지를 고려한 사양에서 생산된 육류에 대한 소비자 관심도 증가하고 있다.

방목 사육에 의해 생산된 쇠고기는 곡류 사육과 비교시 다가불포화지방산 함량이 증가하여 소비자들의 식이를 향상시킨다. 포화지방산은 인간의 건강에 해로운 것으로 간주되고 있으나 반면에 다가불포화지방산(n-3지방산)은 암, 비만, 심장질환과 같은 여러 질병들을 예방하는 역할을 한다. 특히 CLA 급여원으로서 초지에 의한 방목이 농후사료 위주 급여보다 고기내 CLA 농도가 증가하였다.

Realini 등(2004)에 의하면 비육 후기 헤어포드 육우 수소를 우사 사육과 방목 사육을 했을 때 고기내 지방산 조성을 조사한 결과 다음과 같았다. 이때 시험에 공시한 방목지는 페레니얼라이그라스, 버즈풋트레포일, 화이트클로버, 톨페스큐 혼파초지였고 우사 사육은 50% 옥수수사일리지, 28% 밀껍질, 18% 옥수수, 5% 첨가제를 급여하였다. 그리고 방목우는 130일 방목 후 도축하였다.

방목 및 농후사료 위주 우사 사육의 고기내 포화지방산인 올레산, 팔미트산 및 스테아르산의 함량은 각각 71% 및 77%로 농후사료 위주 우사 사육에서 더 높았으며, 특히 고기내 올

표 7-10 방목과 농후사료 급여시 근육내 지방산 조성비교

지방산(%)	방목	사사(농후사료)
14 : 0, 미리스트산	1.64±0.104	2.17±0.073
14 : 1, 미리스트올레산	0.23±0.025	0.41±0.017
16 : 0, 팔미트산	21.61±0.53	24.26±0.375
16 : 1, 팔미톨레산	2.50±0.14	3.38±0.099
18 : 0, 스테아르산	17.74±0.507	15.77±0.358
18 : 1, n-9 올레산	31.54±0.771	37.28±0.545
18 : 2, n-6 리놀산	3.29±0.217	2.84±0.154
18 : 3, n-3 리놀렌산	1.34±0.055	0.35±0.039
총 CLA*	0.53±0.031	0.25±0.022
20 : 4, n-6 아라키돈산	1.28±0.097	0.95±0.069
20 : 5, n-3 EPA**	0.69±0.053	0.30±0.037
22 : 5, n-3 DPA***	1.04±0.07	0.56±0.047
n-6 : n-3 비율	1.44±0.109	3.0±0.077

*CLA : conjugated linoleic acid, **EPA : eicosapentaenoic acid, ***DPA : docosapentaenoic acid

레산 및 팔미트산의 함량은 농후사료 우사 사육에서 방목보다 더 높았다. 반대로 불포화지방산인 리놀산 및 리놀렌산, 아라키돈산, EPA 및 DPA의 함량은 방목이 농후사료 우사 사육보다 더 높았다.

CLA 함량은 방목 및 우사 사육이 각각 0.53 및 0.25%로 방목구에서 2.1배 더 높았으며 n-6 : n-3 비율은 방목이 1.44 : 1로 우사 사육의 3.0보다 훨씬 낮았다.

(2) 고기내 비타민E 수준

헤어포드 육우 수소를 농후사료 위주 우사 사육, 농후사료+비타민E 급여 우사 사육 및 방목을 했을 때 고기내 비타민E를 조사하였다. 이때 비타민E 급여량은 도축 전 100일 동안 1,000IU 급여하였고 방목우는 130일 방목 후 도축하였다.

그림 7-4 사사 및 방목시 우유내 비타민E 수준 비교(단위:μg/g)

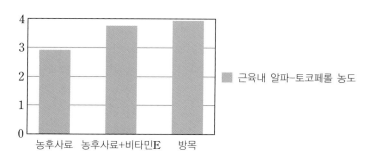

범례: 근육내 알파-토코페롤 농도

고기내 알파-토코페롤 농도를 보면 농후사료, 농후사료＋비타민E 및 방목을 했을 경우 각각 2.92μg/g, 3.74 및 3.91로 방목을 한 육우의 고기에서 가장 높았다. 일반적으로 근육내 최소 비타민E의 수준은 3.0μg/g이다. 근육내 비타민E는 지방산화 및 색소환원에 크게 영향을 주기 때문에 고기품질에 중요한 영양성분으로 목표 농도는 3.5μg/g이다. 따라서, 방목한 고기내 비타민E의 농도가 3.91μg/g으로 높아 고기 보존 및 유통 기간 연장이 가능하다(O'Neil 등, 2011).

7.1.6. 방목시 주의사항

축사에서 사육했던 소를 방목시키면 급격한 환경변화나 목초의 과식 등으로 고창증, 폐렴 및 설사 등의 질병이 발생할 수 있으며 방목개시 및 종료시에는 낮과 밤의 온도차가 심하기 때문에 호흡기 질환에 유의해야 한다. 방목 대상축이 하루 종일 방목을 하기 위해서는 최소한 1주일 정도 일일 2~3시간 훈련이 필요하며 방목지에 깨끗한 물을 항상 마실 수 있도록 해준다. 방목우의 1일 행동습성은 계절에 따라 다소 차이가 있지만 행동습성에 맞추어 방목 두수, 건강상태와 발정유무 등을 확인해야 한다.

방목우는 군집으로 행동하기 때문에 군집에서 떨어져 있는 개체는 어떤 문제가 있는 것으로 보아도 좋다. 방목우는 우사 내 사육보다 발정관찰이 쉽지는 않지만 공태우의 발정징후, 즉 승가 등을 보고 적기에 종부하도록 한다. 종부 후 21일 후에 재발정 유무를 관찰하여 수태 여부를 확인하며 진드기, 쇠가죽파리 등과 같은 외부기생충의 구제 대책도 준비해야 한다.

초지의 생육이 양호한 방목지에서도 하고기 동안 청초 생산량이 부족하거나 한발기간이 길어지면 어느 정도 보충사료 급여가 요구된다. 이처럼 필요한 영양소를 초지로부터 충족하지 못할 경우 보조사료를 급여하여야 하는데, 방목시는 단백질보다 에너지가 쉽게 부족하기 때문에 주로 곡류사료 급여가 요구된다.

그 밖에 남부지방의 경우 7~8월에는 목초가 더위에 시드는 현상이 심해 재생력이 떨어지며 목초의 질도 낮아 이 기간 중에는 방목강도를 낮추고 소금을 포함한 광물질사료와 농후사료 급여에 특히 유의해야 한다.

7.2. 젖소 육성우 사양과 초지

우리나라의 목초생육이 가능한 기간은 225일(북부)~300일(제주)이지만 목초가 더위에 시드는 하고 기간인 30~50일을 감안하면 실제 이용 가능한 기간은 185일(북부)~270일(제주)이 되므로 지역에 따라 6~8개월간 방목 위주로 가축 사육이 가능하다. 방목유형으로는 고정방목(연속방목), 윤환방목과 대상방목으로 구분할 수 있다. 고정방목은 방목시 기호성이 좋은 풀만 선택적으로 채식하므로 풀이 많을 때는 가축의 증체량은 높지만 초지의 재생력이 쉽게 쇠퇴하며 먹지 않고 남기는 풀의 번성 및 재생률 상승 등으로 초지의 이용률이 떨어지고 가축이 모이는 곳은 풀이 없어 그대로 나지로 드러나게 되므로 생산성이 낮은 조방적으로 이용하는 방법이다. 윤환방목은 몇 개의 목구로 나누어 각 목구를 순차적으로 돌려 방목하는 집약적인 초지이용방법이고, 대상방목은 윤환방목의 일종으로 전기목책을 이용하여 많은 가축을 적은 면적에 1일 혹은 몇 시간 채식할 수 있도록 목구를 세분하여 초지를 집약적으로 이용하는 방법이다.

7.2.1. 젖소 육성 방목우의 목표체중

육성우란 생후 4개월부터 초임우의 분만까지 생육기간에 있는 젖소를 말한다. 이 기간은 발육과 함께 생식기관의 발달, 발정, 수태 및 태아의 발육 등 체변화가 많이 일어나며 착유우로 성장하는 데 결정적인 역할을 하는 시기다. 이 시기 때 적정 성장률과 사료비를 고려하여 영양소를 공급하되 과비되지 않도록 관리를 해야 한다. 그리고 생후 7~12개월령의 육성우는 이 기간 동안 양질의 건초를 급여하거나 우량한 방목지에서 자유롭게 양질의 청초를 채식하는 경우 소량의 농후사료와 광물질 사료만 보충해 주면 된다.

(1) 방목 육성우의 성성숙 전·후 일당증체량과 산유량

홀스타인 방목 육성우의 성성숙 전·후 일당증체량은 분만 후 산유량에 영향을 미친다. 즉, 성성숙 전·후 일당증체량을 0.8kg 전·후로 사육하여 분만월령이 24개월 전·후 때 산유량이 가장 높았다. 따라서, 육성우를 방목할 경우 계절별 목초생산량, 방목 면적, 이동거리, 운동량 및 외기기후 등을 고려하여 일당증체량이 0.8kg 전후가 될 수 있도록 보조사료를 추가 조절 급여한다.

홀스타인 육성우의 방목이용의 사례를 보면 방목을 시작하는 5월 초순경 생후 약 7.5개월, 체중 약 210kg의 육성우를 시작해서 생후 13개월령인 10월 중순에 방목지를 나오고 11월 중순인 생후 14개월령의 체중이 350~370kg이 될 수 있도록 방목우를 사양하면 바람직하다. 따라서 이 목표체중에 도달하기 위해서는 방목기간 동안 총증체량은 150kg 정도로 일당증체량은 0.83kg 정도이다. 특히, 여름철 하고 기간에 풀이 충분히 생산되지 않은 시기에는 목표 일당증체량을 유지하기 위해서는 일정량의 농후사료를 보충 급여해 줘야 한다.

육성우의 사양에 있어 가장 중요한 사항은 초임우가 분만 후 산유량을 최대한 유도하는 것으로 여기에는 육성우의 성성숙 이전 및 이후의 발육이 중요하다. 즉, 〈표 7-12〉 및 〈표 7-13〉과 같이 육성우의 성성숙 이전 및 이후의 일당증체량은 분만 후 산유량에 영향을 미치는데

표 7-11 홀스타인 육성우의 생육단계별 목표 증체량

구분	7~12개월	13~18개월	19~22개월
목표체중	250(10개월)	360(14개월)	500(20개월)
건물섭취량	5.3~6.0	7.5~8.5	11.0~12.3
체중비(%)	2.4	2.4	2.5

표 7-12 방목 육성우의 성성숙 이전 일당증체량과 산유량

인용문헌	일당증체량(g)	산유량	분만시 월령
Albani 등, 2000	667	25.4	28.7
	775	26.8	28.6
Radcliff 등, 2000	770	28.3	23.6
	1,120	24.6	20.7
Lammers 등, 1999	705	27.9	22.9
	1,009	26.6	22.8
Waldo 등, 1998	776	24.0	24.4
	997	22.9	23.2

표 7-13 방목 육성우의 성성숙 이후 일당증체량과 산유량

구분	일당증체량			
	0.97	0.90	0.80	0.76
○시험개시				
- 월령	9.9	9.8	9.8	10.0
- 체중	312	318	313	315
○시험종료				
- 분만월령	20.6	22.7	23.6	25.6
- 분만 직전 체중	622	663	638	664
- 분만 직후 체중	551	587	580	602
○산유량	25.0	26.0	27.2	26.6

표 7-14 육성 초임우 첫 분만월령별 차기 산유량 비교

첫 분만시 월령(개월)	두수(두)	산유량(kg/두) (305일 보정)	유지량(kg/두)
21	26	6,455.7	236.9
23	26	6,733.8	248.2
24	110	7,226.3	265.9
25	236	6,889.2	254.0
26	349	6,900.1	252.8
27	369	6,955.4	253.7
28	287	6,818.1	250.1
29	239	6,884.2	254.1
30	157	6,813.6	253.2

적정 일당증체량은 0.75~0.85kg으로 사육했을 때 산유량이 가장 높았다.

또한, 초임우의 분만월령이 크게 영향을 주는데 〈표 7-14〉와 같이 생후 14개월령 때 수정하여 생후 24개월령 때 분만한 소가 산유량이 가장 높았고 경제수명도 길었으며 수익도 가장 많았다. 따라서, 홀스타인 육성우를 방목할 경우 14개월 체중이 360kg 전·후에 초종부를 시켜 24개월령에 분만할 수 있도록 육성우 방목 관리가 요구된다.

7.2.2. 젖소 육성 방목우의 풀 요구량 및 방목면적

7개월령 체중이 200kg인 육성우 50두의 풀 요구량을 계산하면 다음과 같다. 홀스타인 육성우의 건물섭취량은 체중의 2.5%, 즉 건물기준으로 250kg의 풀이 매일 필요하다. 새로운 방목지에 육성우가 들어가면 방목 이용률을 70%, 그리고 이용하지 못하고 남아 있는 풀이 30%라는 전제 조건에서 다음과 같이 계산할 수 있다.

- 육성우 체중 200kg×0.025(건물섭취량)×50두=250kg
- 250kg/70%(방목률)=357kg이 매일 방목지로부터 요구된다.

따라서, 방목기간이 180일일 경우 총건물로 64.2톤을 생산할 수 있는 목초지가 필요하다. 방목지 초고가 20cm인 목초의 1ha당 생풀 수량이 15톤 정도이고 건물함량이 21% 정도라면

이때 건물수량은 3.15톤이다. 따라서, 방목지 연간 이용횟수를 4회로 보면 1ha당 12.6톤을 생산할 수 있어 5.1ha(64.2톤÷12.6톤)의 방목지가 필요하다.

7.2.3. 육성의 방목이용 방법에 따른 산유량 변화

(1) 연차간 방목-우사 교대 사육

Lopes 등(2013)은 봄에 태어난 육성우를 분만 2년까지 사육방법, 즉 1~2년 계속 방목, 1년차에 방목하고 2년차에 우사 사육, 1년차에 우사 사육하고 2년차에 방목, 그리고 2년 계속 우사 사육했을 때 초산우의 산유량을 조사하였다. 방목기간 동안 일정량의 보조사료를 급여하였고 우사 사육은 TMR을 급여하였으며 방목지 초종은 이탈리안라이그라스였다. 초산우의 61일 동안 산유량을 비교한 결과 산유량만 고려했을 경우 1년차에 우사 사육하고 2년차에 방

표 7-15 육성우의 방목-우사 교대 사육과 산유량 비교

구분	2년 방목	1년차 방목- 2년차 우사사육	1년차 우사사육- 2년차 방목	2년 우사사육
산유량(kg/일)	30.5	30.1	31.5	29.6
4% FCM	28.1	27.7	28.5	27.4
유지방(%)	3.4	3.5	3.4	3.5
유단백(%)	3.0	3.0	2.9	3.0
이동거리(km) (분만 후 61일)	4.5	4.0	2.7	2.0

표 7-16 젖소 육성우와 염소 동반 방목 효과

구 분	육성우 방목	육성우+염소 방목
○1년차		
– 개시체중(kg)	146.8	147.9
– 종료체중(kg)	190.3	194.4
– 일당증체량(kg)	0.65	0.70
– 목초섭취량(kg)	4.6	4.3
– 총섭취량(kg)	7.2	6.8
– 사료효율*	0.076	0.087
○2년차		
– 개시체중(kg)	167.6	167.6
– 종료체중(kg)	210.2	204.7
– 일당증체량(kg)	0.65	0.56
– 목초섭취량(kg)	6.7	4.4
– 총섭취량(kg)	9.0	6.7
– 사료효율*	0.08	0.091

*사료효율 : 증체량/ 총 사료섭취량

목한 사육방법이 가장 높았다.

(2) 젖소 육성우와 염소 공동 방목

톨페스큐, 화이트클로버, 레드클로버, 켄터키블루그라스 혼파 초지로 1개 방목구에 4두 육성우와 2두 염소를 동시에 방목했으며 육성우 방목구는 4두 방목을 하였다. 공시축은 체중 147.4kg, 월령이 134일의 육성우 24두에 방목시 보조사료를 6주까지 체중의 0.9% 그리고 6~12주 체중의 2.0% 급여하였고 염소는 2년생으로 체중 39.2kg이었다.

육성우의 일당증체량은 방목만 했을 때와 육성우＋염소와 함께 방목했을 때 1년차 방목에서는 각각 0.65kg 및 0.7kg, 2년차 방목은 각각 0.65kg 및 0.56kg이었으며 평균은 각각 0.65kg 및 0.63kg으로 차이가 없었다. 따라서, 젖소 육성우와 염소를 같이 방목하면 육성우의 체중에는 차이가 없고 반면에 섭취량이 감소하여 결과적으로 사료효율 및 일당증체량에 역효과 없이 육성우와 염소를 같이 방목이 가능하다(Dennis 등, 2012).

7.2.4. 육성 초임우의 방목과 셀레늄이 분만 후 유방염 발생

Ceballos-Marquez(2010)의 연구결과에 의하면 방목 중인 육성 초임우 49두에 셀레늄을 체중 kg당 1mg을 1회 근육주사한 후 분만우의 산유량과 유선 건강을 조사하였다. 산유량은 셀레늄을 주사한 초임 방목우의 산유량이 24.6kg으로 셀레늄을 투여하지 않은 방목우보다 1.2kg이 더 많았으며, 또한 유두 내 유방염 발생을 일으키는 미생물의 감염 유두수와 임상형 유방염 발생두수가 방목 초임우 분만 전 셀레늄을 투여했을 때 더 적었다.

7.2.5. 육성 초임우 방목 이점

(1) 건강

Roche 등(2013)은 분만예정 전 5개월 동안 방목 또는 우사 사육을 실시한 육성 초임우의 분만 후 대사성 질병 등 건강에 미치는 영향을 시험한 결과 난산, 케토시스, 전위 등 대사성 질병의 발생이 분만 전 방목을 실시한 초임우에서 현저하게 발생률이 낮았다. 이와 같이 대사성 질병 발생이 낮아지면 농가의 경제적 손실을 줄일 수 있는데, 전위가 발생하면 손실이 35.7천 원, 유열 35.1천 원, 케토시스 15.2천 원이 발생한다. 이와 같이 분만우의 대사성 질

표 7-17 방목 초임우 분만 전 셀레늄 급여시 유두 건강

구분	무처리			처리		
	C*	T**	L***	C*	T**	L***
총 감염 유두수	26	16	3	3	9	6
임상형 유방염 감염수	4	–	6	4	–	–

*C : 분만시 및 분만 후 1일째 채취한 우유 중에 미생물이 20CFU/mL 이상 존재하고 있는 유두수
**T : 분만시 미생물이 20CFU/mL 이상 가지고 있어 치료한 유두수
***L : 분만 후 28일에 새로운 미생물이 20CFU/mL 있는 유두수

표 7-18 분만 전 방목 및 우사 사육시 대사성 질병 발생 비교

구분	고정방목	윤환방목	사사
공시두수	20	20	20
전위	3	2	7
난산두수	2	3	5
자궁내막염	–	–	1
케토시스	2	0	3

표 7-19 분만 전 방목 및 우사 사육시 난산 발생 비교

구분	공시두수	난산처리가 필요한 두수	난산 난이도*
ㅇ농가1			
방목	25	6	1.26
우사	25	12	1.6
ㅇ농가2			
방목	25	0	1.62
우사	25	12	1.75

*난산 난이도 점수 : 1(어려움 없이 순산), 2(조금 도움이 필요한 분만), 3(매우 어려운 분만)

병 발생률이 낮은 이유는 분만 2주 전 사료섭취량을 조사한 결과 방목을 실시한 초임우의 분만시 사료섭취량이 7.7kg인 반면에 우사 사육은 5.4kg으로 방목을 실시한 초임우의 사료섭취량이 현저하게 높아 케토시스와 같은 대사성 질병의 발생률이 낮았다. 또 다른 연구결과에 의하면 〈표 7-19〉와 같이 방목과 우사 사육시 난산정도를 조사한 결과를 보면 방목을 한 경우가 우사 사육보다 난산이 적었다.

(2) 경제적 이익

젖소 육성우의 사육비는 젖소 농가의 가장 많이 드는 비용 중의 한 요소이다. 미국 코넬 대학에 의하면 육성우가 착유우로의 대체우로 되기까지 소요비용은 2,001,280원 정도로 1kg 증체량에 2,465원의 사육비용이 소요되며 여기에는 사료비가 가장 큰 비중을 차지하고 다음이 인건비였다. 집약 방목초지를 이용할 경우 육성우가 착유우가 대체우로 들어가기 전까지 사료비와 인건비를 두당 136,600~345,000원, 평균 약 46.9% 절약할 수 있었다(Daley 등, 2010).

표 7-20 우사 사육과 방목시 육성우의 사육비용 비교

구분	체중(kg)			
	91~317	317~385	385~분만	평균
우사관리(원/일)	2,289	2,898	3,875	3,021
방목(원/일)	1,365	1,575	1,575	1,505
비용차이(원/일)	924	1,323	2,300	1,516
150일 방목(원)	136,600	198,450	345,000	226,683

7.3.1. 방목 착유우의 영양소 요구량

착유우를 방목할 경우 방목지의 경사도, 음수시설 장소, 풀 상태, 외기 온도 등을 고려하여 〈표 7-21〉이 제시한 우사 사육시 영양소 요구량보다 증가 급여해 줘야 한다. 일반적으로 방목우는 우사 사육우에 필요한 유지요구량의 15~30%를 증량 급여해 준다. 예를 들면 산유량이 30kg인 착유우를 방목할 경우 목초의 상태에 따라 추가로 요구되는 에너지량은 0.76(5.09 ×0.15)~1.53(5.09×0.3)로 총 실제 급여량은 15.5(14.75+0.76)~16.3(14.75+1.53)이 된다.

7.3.2. 방목우 보조사료 급여

(1) 농후사료 요구량

잘 관리된 양질의 목초지는 홀스타인 착유우 산유량이 15.9~20.4kg까지는 추가 보충사료 급여 없이 에너지 및 단백질 요구량을 충족할 수 있다. 그러나 산유 초기 및 고능력우는 우유 생산과 번식에 필요한 영양소 요구량을 충족시키기 위해서는 추가 곡류사료가 필요하다. Bernard(1994)는 초지의 이용성(품질)에 따른 일일 산유량에 필요한 영양소 요구량을 충족하기 위해 산유량 대비 곡류급여량을 제시하였다. 산유량이 36.2kg인 경우 적정 목초섭취량을 위해서는 목초 품질과 수량이 우수한 초지가 필요하다. 보조사료 급여량은 곡류 : 산유량의 비율이 1 : 3비율로 급여할 경우 양질의 목초지에서 방목하면 적정 목초섭취량이 가능하다. 미국 펜실베이니아 대학에서는 홀스타인 착유우의 1일 산유량이 27.2kg 이상인 경우 산유량 1.8kg당 0.45kg의 곡류사료, 즉 4:1비율로 추가 급여를 추천하고 있다. 따라서, 일반적으로 방목만 했을 때 곡류사료를 5.4~9.1kg을 추가 급여하는 것을 추천하고 있다.

Bernard와 Carlisle(2000)의 연구결과에 의하면 방목우의 산유량은 유량 대비 농후사료 공급량이 증가함에 따라 급격하게 증가하고 반면에 유지율은 감소하였으며, 농후사료 급여 없이 방목만으로 일일 20.6kg 우유생산이 가능하였다. 한편, Wales 등(2009)은 산유 초기 방목우의 농후사료 급여량 차이 효과를 구명하기 위해 페레니아얼라이그라스 초지에서 54두 홀스타인 착유우(초산우 16두, 경산우 38두)를 농후사료 급여량 3개 수준(0, 3, 6kg/일)으로 방목시험을 한 결과는 다음과 같았다. 산유 초기 방목우에 농후사료 급여량을 증가해 주면 유량도 증가하지만 농후사료 섭취량이 2.6kg과 4.9kg 간의 유량 차이는 없었다. 이는 2.6kg 농후

표 7-21 우사 사육시 착유우의 영양소 요구량

구분	건물 요구량 (kg/두)	조단백질 (kg)	TDN (kg)	칼슘 (g)	인 (g)
유지		0.49	5.09	29	20
유지+산유량 10kg	13.2	1.39	8.31	61	40
15	15.6	1.84	9.92	77	50
20	17.2	2.29	11.53	93	60
25	19.2	2.74	13.14	109	70
30	20.7	3.19	14.75	125	79

표 7-22 방목 착유우의 농후사료 : 산유량 비율과 산유량

구분	농후사료 : 산유량 비율			
	0	1:7	1:5	1:3
농후사료 섭취량 (kg/일)	0	4.25	6.15	9.6
산유량(kg/일)	20.6	25.8	28.95	30.95
유지방(%)	3.32	2.95	2.87	2.79
유단백(%)	2.86	2.95	3.02	2.92
유당(%)	4.49	4.35	4.45	4.50
체중변화(kg/일)	−0.28	−0.07	+0.28	+0.45

표 7-23 방목 착유우의 농후사료 급여량과 산유량

구분	농후사료 급여량		
	0	3	6
○섭취량			
− 목초	15.4	13.8	11.7
− 농후사료	0	2.6	4.9
− 계	15.4	16.4	16.6
○산유량	26.0	28.2	28.4
○유지방	3.89	3.72	3.69
○유단백	3.37	3.45	3.57
○BCS변화	−0.46	−0.19	−0.33

표 7-24 방목 착유우의 계절별 · 산유량별 보조사료 급여량

구분	산유량				
	봄			여름, 가을	
	25	30	40	25	35
목초로부터 생산가능한 산유량 (kg/일)	27	29	31	20	24
농후사료 급여량 (kg/일)	0	4.5	7.5	4.0	8.5

사료 급여구에서 목초섭취량이 4.9kg 농후사료 급여구보다 2.1kg 더 많이 섭취한 결과였다 (표 7-23).

McGilloway와 Mayne(1996)에 의하면 매우 양호한 목초지 조건하에서의 방목시 일일 두 당 목초로부터 건물로 17kg, 양호한 목초지에서는 15kg 건물섭취가 가능하였다. 따라서, 목초로부터 건물섭취량이 17kg일 경우 일일 산유량이 25kg에 필요한 영양소 공급이 가능하나 일일 산유량이 30kg인 경우는 보충사료 급여가 필요하다. 특히, 같은 산유량이라도 풀 생산량이 많은 봄철과 상대적으로 풀 생산량이 적은 여름 및 가을철 방목우에 급여하는 보조사료

의 양도 달라진다. 예를 들면 일일 산유량이 25kg인 경우 봄철에는 추가 보조사료 급여가 필요하지 않지만 여름 및 가을철에는 4.0kg의 보조사료 급여가 요구된다〈표 7-24〉.

(2) 방목우에 에너지 보충사료 종류별 급여효과

① 단미사료

혼파 방목지에 적당량의 목초를 공급할 경우 우유생산에 제1제한 영양소는 대사에너지로 이를 충족하기 위해 곡류사료를 차등 급여하도록 추천하고 있다.

Whelan 등(2012)은 앞서 언급한 바와 같이 방목우가 부족하기 쉬운 영양소는 에너지로 이때 급여할 에너지 사료별 반추위의 분해속도에 차이가 있어 생산성에 영향을 줄 수 있다고 보고하였다. 즉, 일반적으로 밀이나 보리는 옥수수보다 반추위 내에서 분해속도가 빨라 초산:프로피온산 비율을 낮춰 유지방 저하를 가져온다. 일부 방목지에 단백질 함량이 부족한 목초일 경우 젖소에 대사단백질이 부족하여 단백질을 추가 공급하면 생산성을 증가할 수 있다. 따라서, 방목우의 에너지 보충사료로서 밀, 비트펄프 및 반추위에서 서서히 분해되는 셀룰로오스의 함량이 높은 대두피를 각각 1일 3.5kg 보충 급여한 결과 〈표 7-25〉와 같이 산유량과 유지율은 대두피를 급여한 젖소에서 가장 높았다.

또한, Soriano(2000) 연구결과에 의하면 방목우에 급여하는 에너지 보충사료인 옥수수도 가공형태에 따라 생산성에 차이가 있었는데, 옥수수를 미세하게 분쇄하는 것보다는 거칠게 분쇄하는 것이 산유량이 더 높았다(표 7-26). Rego 등(2008)은 방목우에 보충사료로 옥수수 및 옥수수＋대두박 급여시 효과를 조사한 결과 옥수수를 급여하는 것이 옥수수＋대두박 혼합 급여보다 산유량이 더 높았는데, 이는 방목우에 부족하기 쉬운 영양소는 단백질이 아니고 에너지임을 입증해 주는 연구결과다(표 7-27).

② 하루 중 보충사료 급여시기

가. 농후사료

방목우의 우유생산능력에 맞는 영양소 섭취가 이루어지지 않는 방목시스템에서 특히, 건물 및 대사에너지 섭취량이 낮을 경우 방목우에 보충사료를 급여한다. 그러나 하루 중 보충사료 급여시기에 따라 산유량에 차이가 있다. 착유우는 오전, 오후 착유시 유량 차이가 있는데 일반적으로 오전 착유가 오후 착유보다 산유량이 높다. 따라서, 방목 착유우에 부족한 영양소를 공급하기 위해 보충사료를 오전 착유 또는 오후 착유 후 3kg 급여한 결과 다음과 같았다. 방목시 보충사료를 급여한 경우 방목만 한 것보다 산유량이 증가하였으며 또한 하루 중 보충사료 급여시기에 따라 산유량 반응에 차이가 있었다(표 7-28). 즉, 방목시 동일 성분 및 동일 량의 농후사료 보충사료를 급여할 때 오전에 급여하는 것이 오후에 급여하는 것보다 산유량이 1.8% 더 높았다(Sheahan 등, 2013).

표 7-25 방목 착유우에 에너지 보충사료 종류별 급여 효과

구분	보충사료 에너지 급여원 종류		
	밀	비트펄프	대두피
산유량(kg/일)	26.7	27.2	27.3
유단백(%)	3.0	2.90	2.95
유지방(%)	3.62	3.66	3.75

표 7-26 착유우 방목우의 옥수수 가공형태별 급여효과

구분	옥수수 가공형태	
	미세하게 분쇄한 가루	거칠게 분쇄한 가루
산유량(kg/일)	29.7	30.1
3.5% FCM	26.4	28.1
유성분(%)		
– 유지방	2.94	3.23
– 유단백	2.99	2.96

표 7-27 방목 착유우에 옥수수 또는 옥수수+대두박 보충사료 급여효과

구분	옥수수(96%옥수수)	옥수수(78%) + 대두박(18%)
산유량(kg/일)	25.3	24.7
유지방(%)	3.69	3.79
유단백(%)	3.26	0.24
체중(kg)	569	566

표 7-28 보충사료 오전 또는 오후 급여시 생산성 차이

구분	방목	오전에 보충사료 급여 + 방목	방목+오후에 보충사료 급여
목초섭취량(kg/일)	16.8	15.1	14.9
산유량(kg/일)	26.6	28.1	27.6
유지방(%)	4.46	4.38	4.38
유단백(%)	3.63	3.63	3.64
방목시간(분)	541	510	504

주) 방목허용량 : 20kg 건물/일

표 7-29 방목 착유우에 TMR 보충사료 오전, 오후 급여에 따른 생산성 비교

구분	사료급여 방법		
	오전 TMR– 오후 방목	오전 방목– 오후 TMR급여	오전–오후 TMR
TMR섭취량(kg/일, 건물)	17.5	20.3	26.6
산유량(kg/일)	28.2	27.6	29.1
일일 두당 수입	3,805.4	3,370.8	3,031.6
지수	126	112	100

주) 건물 톤당 가격 : 방목 26,394원, TMR 130,592원

나. TMR

Soriano(1998)는 방목 착유우에 보충사료로 TMR 사료를 오전, 오후 급여했을 때 생산성 비교를 연구한 결과 산유량은 오전·오후 종일 TMR 급여구에서 산유량이 가장 높았으며 그 다음이 오전에 TMR급여+오후에 방목이었다. 그러나 사료비 대비 두당 일일 수입은 오전·오후 종일 TMR급여보다 오전 TMR 급여+오후 방목 및 오전 방목+오후 TMR급여에서 각각 26% 및 12%의 소득이 증가하였다(표 7-29).

7.3.3. 방목강도와 보충사료급여별 방목습성 및 생산성

Tozer(2004)는 펜실베이니아 대학에서 홀스타인 착유우 대상으로 방목강도와 보충사료 급여 효과를 조사한 결과 방목만 실시한 착유우의 방목시간은 617분, 약 10시간 그리고 분당 56회 풀을 뜯었다. 이와 같이 많은 수의 풀을 뜯기 위해서는 적당한 목초이용성이 필수적이다. 특히, 큰 차이점은 1번초 풀을 뜯을 때의 섭취량으로 보충사료를 급여하지 않고 목초허용

표 7-30 방목강도별 보충사료 급여효과 비교

구분	낮은 목초허용량 (25kg/두/일)		높은 목초허용량 (40kg/두/일)	
	보충사료 미급여	보충사료 8.6kg	보충사료 미급여	보충사료 8.6kg
○방목습성				
방목시간 (분/일)	609	534	626	522
풀 뜯는 횟수/분	56	54	56	55
1회 풀 뜯을 때 건물섭취량(g)	0.55	0.55	0.6	0.59
총 풀 뜯는 횟수/일	34,000	28,000	35,200	28,600
○섭취량(kg/일)				
목초	17.4	19.5	20.4	16.0
보충사료	–	8.65	–	8.65
계	17.4	24.0	20.4	24.7
○산유량(kg/일)	19.0	29.6	22.1	29.8

표 7-31 착유우의 방목강도와 보충사료 급여 효과

구분	기간 (28일)	화본과 혼파초지			
		방목률 (5두/ha)		방목률 (2.5두/ha)	
		농후사료 급여량1*	농후사료 급여량2**	농후사료 급여량1*	농후사료 급여량2**
산유량 (kg/일)	1차	21.3	16.5	21.0	19.5
	2차	13.0	16.8	19.5	21.2
	3차	15.4	15.1	22.3	20.7
	평균	16.6	16.1	20.9	20.5
유지율	1차	3.51	3.74	3.81	3.48
	2차	3.93	3.65	3.67	3.34
	3차	3.39	3.61	3.64	3.71
	평균	3.61	3.67	3.70	3.51
목초수량 (건물 kg/ha)	1차	1,750	1840	1960	1610
	2차	940	1000	1560	1180
	3차	720	780	1560	1270
	평균	1,136.6	1,206.7	1,693.3	1,353.3

*농후사료 급여량1 : 0.4kg/우유1kg
**농후사료 급여량2 : 0.29kg/우유1kg

량이 높은 목초지에 방목만 실시한 착유우가 0.6g으로 목초허용량이 낮은 방목우보다 더 많았다(0.6 vs 0.55g). 이로 인해 젖소의 풀 섭취량은 3.0kg(20.4 vs 17.4) 더 많았으며 산유량도 3.1kg 더 많았다(22.1 vs 19.0). 그리고, 보충사료를 8.65kg 추가 급여했을 경우 목초섭취량은 줄어들지만 총섭취량은 증가하여 산유량 7.7~10.6kg이 보충사료를 급여함으로써 증가하였다. 또한, Macoon 등(2011)은 산유량이 20kg 전후의 착유우를 라이그라스 혼파 초지에 각각 방목강도를 달리했을 때 산유량 변화를 조사한 결과 〈표 7-31〉과 같았다.

두당 산유량은 1차 28일 방목기간 동안(기간1)은 방목강도에 의해 영향을 받지 않았으나 2차 방목기간(기간2) 및 3차 방목기간 동안(기간3)에서는 고방목강도보다는 저방목강도에서 산유량이 높았다. 보조사료 급여에 따른 산유량은 동일 방목강도에서는 차이가 없었는데, 이는 착유우 산유량이 20kg 전·후인 경우 추가 보조사료 급여 없이도 산유량 생산이 가능함을 제시하고 있다. 따라서 초지이용성과 산유량을 고려하여 적정 방목강도를 결정하는 것이 중요하며 일반적으로 ha당 성우 착유우 4~5두가 적합한 것으로 사료된다.

7.3.4. 건유시 BCS가 방목우의 건강에 미치는 영향

Roche 등(2013)은 건유 시작시 BCS가 5.0, 4.0 및 3.0(10점 기준, 1은 여윔, 10은 비만)인 건유우를 분만 직전 BCS를 각각 0.5 증가하도록 건유기 동안 방목과 보충사료를 급여하였다. 즉, 분만시 BCS가 5.5, 4.5 및 3.5로 이는 5점 기준으로 했을 때는 3.3, 2.9 및 2.5였다. 해당 목표 BCS를 맞추기 위해 방목, 목초사일리지 및 농후사료를 조절하여 급여하였다. 방목우의 건유시 BCS는 분만 후 1~6주 산유초기 우유생산에 유의성 있게 영향을 미쳤다(표 7-32). 일반적으로 건유우의 우사 사육시 적정 BCS는 5점 기준으로 3.5인 점을 고려하면 건유우를 방목이용할 때도 이와 비슷한 BCS를 유지할 수 있도록 사양하는 것이 좋다.

7.3.5. 고능력 젖소의 방목과 TMR 급여 간의 생산성 비교

Kolver와 Muller(1998)는 산유량이 평균 46.3kg이고 체중이 623kg인 고능력 젖소를 방목과 TMR 급여시 생산성을 조사한 결과 다음과 같았다. 이때 방목한 초지의 목초 혼파조합은 페레니얼라이그라스가 53%, 화이트클로버 19%, 오차드그라스, 톨페스큐 등이 27%로 구성된 우량 초지였다. 실험 결과 방목시 건물섭취량이 19kg/일, 산유량이 29.6kg/일이었다. 즉, 방목시 산유량이 29.6kg 정도이며 산유초기 건물섭취량이 일일 19.0kg으로 생산 가능한 산유량이다. 이는 Tucker 등(2002)이 보고한 보조사료 없이 방목시 고능력우의 우유생산 가능량은 27kg/일과 유사한 결과이다. 이와 같이 방목우의 1일 건물섭취량은 17~20kg 정도이다. 반면에 TMR을 급여한 젖소의 건물섭취량은 23.4kg이며 산유량이 44.6kg으로 산유량 대비 영양균형이 맞았다. 또한 이때 건물섭취량은 체중 대비 방목인 경우 3.38% 및 TMR은

표 7-32 건유우 방목우의 분만시 BCS별 산유초기 산유량 비교

구분	분만시 BCS		
	5.5(3.3)*	4.5(2.9)	3.5(2.5)
산유량	23.2	22.8	20.2
유지방	4.85	4.57	4.28
유단백	3.58	3.57	3.63

*( ) : BCS 5점 기준 환산값

표 7-33 방목 및 TMR 급여시 산유량 및 유성분 비교

구분	방목	TMR
건물섭취량(kg/일)	19.0	23.4
산유량(kg/일)	29.6	44.6
유지방(%)	3.72	3.48
유단백(%)	2.61	2.80
체중(kg)	562	597
BCS	2.0	2.5

3.92%였다. NRC(1989)에 의하면 이 수준의 건물섭취량은 BCS가 조금 감소하면서 산유량을 28.8kg/일을 공급할 수 있는 에너지를 공급할 수 있는 수준이라고 하였다. 따라서, 매우 우수한 양질의 목초지에서 고능력 착유우를 방목만으로 할 경우 일일 29kg 이하는 가능하나 이상의 산유량인 경우는 에너지를 추가 공급해 줄 보충사료급여가 필요하다고 하였다.

7.3.6. 방목과 우사 사육시 체세포수 및 유방염 발생 비교

유두 건강은 우유생산과 가축의 건강에 매우 밀접한 관계가 있는데, 특히 유방염은 젖소의 산유량이 감소하고 버려지는 우유와 치료에 많은 경제적 손실을 가져다준다. Nelson 등(1991)에 의하면 유방염에 걸리면 113,420원 손실을 가져온다고 하였으며 Middleton과 Poock(2013)는 272,420원의 손실을 가져다준다고 하였다. 이처럼 착유우는 유방염 관리가 매우 중요한데 Cicconi-Hogan 등(2013)의 연구에 의하면 방목을 한 젖소가 우사 사육한 젖소보다 체세포수가 8.8% 적었다. 이와 같이 방목시 우유내 체세포수가 감소하였다는 것은 산유량이 증가할 수 있음을 의미한다.

7.3.7. 착유우의 방목과 우사 사육시 유지방 조성 변화

Craninx 등(2008)이 연구한 방목 또는 우사 사양관리를 한 착유우 젖소의 산유량과 유지방 중 지방조성을 보면 다음과 같다.

산유량은 우사 사육이 방목보다 높았으나 우유내 지방조성에서는 우사 사육과 방목 사양 간에 큰 차이가 있었다. 즉 포화지방산인 C14 및 C16 지방산의 함량은 우사 사육에서 방목보다 유의성 있게 높았다. 반면에 불포화지방산인 C18:0, C18:1 및 C18:2의 지방산은 반대로 방목우에서 우사 사육 젖소보다 현저하게 높았다. 또한 오메가6 지방산은 우사 사육이 방목보다 높았고 반대로 오메가3 지방산은 방목우가 우사 사육 젖소보다 유의성 있게 높았다. 이 결과 n-6/n-3의 비율은 우사 사육과 방목이 각각 4.3 및 1.41로 방목에서 훨씬 낮았다.

표 7-34 착유우를 방목 및 우사내 사육시 체세포수 차이 비교

구분	사사	방목
공시두수	63	36
체세포수(×1,000/mL)	182	166
유지방(%)	3.91	3.87
유단백(%)	3.13	3.19

표 7-35 방목 및 우사 사육시 우유내 지방산 조성비교

구분	우사 사육	방목
○산유량	36.6	30.5
○유지방	4.1	3.79
○유지방조성		
- C14. 미리스트산	9.78	8.17
- C16. 팔미트산	30.7	24.6
- C18 : 0. 스테아르산	9.89	13.4
- C18 : 1. 올레산	20.7	27.3
- C18 : 2. 리놀산	0.475	0.659
- n-6	1.83	1.31
- n-3	0.424	0.711
- n-6/n-3	4.3	1.41

표 7-36 방목시 축종별 물 요구량

축종	물 섭취량(L/일)
육우	68~90
젖소	90~136
육성우	54~68

7.3.8. 방목우의 물 섭취량

방목우의 물 요구량은 대기온도, 습도, 우군 크기, 산유량, 사료 등에 따라 다르지만 일반적으로 물 섭취량은 〈표 7-36〉과 같다. 방목우는 수분 함량이 70~90%인 생풀로부터 물 공급을 받지만 깨끗한 물의 공급은 필수적이다. 특히 여름철과 햇볕이 쬐는 날에는 물 공급을 해줘야 한다.

7.3.9. 젖소 방목과 TMR 우사 사육시 경제성 비교

최근에 낙농사료로 TMR사료가 전 세계적으로 보편화되고 있으며 TMR사료는 건물기준으로 곡류사료가 40~60%를 차지하고 있어 총생산비 중 젖소에 급여하는 사료비가 높은 비율을 차지하고 있다. Johson(2008)은 미네소타 대학에서 방목과 TMR 급여 농가의 소득을 비교한 연구결과를 보면 방목을 할 경우 TMR로 우사 사육한 것보다 산유량은 떨어지지만 사료비절감, 가축건강 개선 및 목장주 관리 스트레스 감소 등의 많은 이점도 있다고 보고하였다.

또한, Fredeen 등(2002)은 캐나다에서 산유량이 9,000kg인 홀스타인 착유우를 방목과 TMR 우사 사육시 생산성 비교시험을 한 결과는 다음과 같았다. 이때 사용한 방목지 식생은 페레니얼라이그라스 65%, 티머시 25%, 화이트클로버 10% 초지에 대상방목 실시하였다. 공시축은 10두의 초산우와 10두의 경산우를 분만 후 64일 경과한 산유 초기의 착유우로 평균산유량이 37.1kg, 체중은 686kg이었다. 우사 사육인 TMR은 건물함량이 51.6%인 사료를 자유채식시켰으면 방목은 농후사료를 산유량 1kg당 농후사료를 0.33kg 급여하였다. 시험결과 소득은 TMR로 우사 사육보다 방목이 5.5% 더 증가하였다.

그리고 유럽에서 실시한 한 연구결과에 의하면 산유량이 8,000~9,000kg 젖소의 방목이용

표 7-37 젖소 착유우 TMR 및 방목시 산유량과 이익 비교

구분	TMR	방목
산유량(kg)	9,328.2(30.6)*	6,869.3(22.5)
소득(원/두)	3,974,964	3,267,390
직접경비(원/두)	2,328,375	1,770,090
간접경비(원/두)	737,950	527,342
순이익(원/두)	639,282	668,420
순이익 지수	100	105

*두당 1일 산유량

표 7-38 착유우의 TMR 및 방목시 이익 비교

구분	우사 사육(TMR)	방목+농후사료 0.33kg/1kg 산유량
ㅇ산유량(kg/일)	31.0	31.1
ㅇ유지방(%)	3.8	3.54
ㅇ유단백(%)	3.31	3.11
ㅇ체중(kg)	674.5	641.5
ㅇ소득		
– 유대(원, A)	14,307	13,851
– 사료비(원, B)	4,270.2(137.7/우유 1L)	3,264.2(104.9/우유 1L)
– 이익(A–B)	10,036.8(100)	10,586.8(105.5)

표 7-39 젖소의 방목이용 상·하위 농가 간 경제성 비교

구분	산유량 8,000~9,000kg	
	방목이용 상위 농가 25% 평균	방목이용 하위 농가 25% 평균
ㅇ우유생산성(kg/년)		
– 산유량	8,408	8,677
– 목초로부터 생산된 유량	3,579	2,030
– 목초로부터 생산된 유량 비율(%)	43	23
–방목으로부터 생산된 유량	2,076	302
ㅇ유질		
– 유지방(%)	4.18	4.01
– 유단백(%)	3.38	3.21
– 체세포수(천/mL)	165	183
ㅇ사료이용		
– 농후사료(kg/두)	2,201	2,766
– 우유 1kg당 농후사료 섭취량(kg)	0.26	0.32
– 우유 1kg당 사료비(원)	7,752.0	10,506.0

상·하위 농가 간의 경제성을 비교한 결과 방목이용 상위 농가가 하위 농가보다 소득이 35.5% 증가하였다. 이는 초지관리 및 이용에 따라 농가 소득에 큰 차이가 있기 때문에 초지

관리가 매우 중요함을 의미하고 있다. 따라서, Bernard와 Carlisle(2000)에 의하면 농후사료 급여비율에 따른 수익은 농후사료 및 조사료 가격 및 유대(산유량, 유지율)에 따라서 지역별로 달라질 수 있으나 일반적으로 착유우 방목시 우유 4.5kg당 1kg의 농후사료를 급여할 때 수익이 가장 높았다.

7.4. 염소 및 산양

7.4.1. 염소의 채식습성 및 소화능력

염소는 먹이를 선택하는 데 있어 소나 면양과는 채식행동에 상당한 차이가 있다. 채식습성을 보면 염소는 같은 풀이라도 좋아하는 부위, 즉 부드러운 부분만 구별해 채식하고 먹이가 항상 신선하고 청결한 새로운 것만을 채식한다. 소는 방목할 때 풀을 한곳에서 깨끗하게 뜯어 먹지만 염소는 계속 돌아다니면서 좋아하는 풀만 듬성듬성 뜯어 먹는 습성이 있으며 어느 정도 배가 부르면 풀을 뜯는 것보다는 계속 돌아다니기만 한다.

또한, 염소는 수엽류(나뭇가지와 잎)를 좋아하며 때로는 나무껍질까지도 벗겨 먹기도 한다. 염소는 설사질환이나 기생충성 질환이 많이 발생해 큰 피해를 입고 있는데, 염소가 좋아하는 수엽류에는 일반 풀 속에는 거의 없는 페놀 화합물과 타닌 성분 등이 함유되어 있으며 이러한 성분들은 염소의 설사나 기생충성 질환을 예방할 수 있다. 이러한 채식습성은 염소가 야생 상태에서 생존하기 위한 본능적인 채식습성이 아닌가 여겨지며 다른 가축보다는 아직도 야성의 기질이 상당히 남아 있는 것으로 생각된다.

일반적으로 염소는 체중에 비해 조사료의 채식 비율이 높으며 조사료 이용성이 높은 가축이다. 염소가 면양이나 소보다 사료의 소화율, 특히 조섬유 소화율이 양호한 것은 염소의 반추위 내의 사료 체류시간이 면양에 비해 더 길며, 휘발성 지방산 생산량이 더 많고, 섬유소 분해 미생물이 면양보다 더 많고, 건물과 조섬유의 소화율은 염소〉면양〉물소〉소의 순으로 염소가 가장 높아 조사료의 소화능력이 다른 반추가축보다 높다는 것을 알 수 있다.

7.4.2. 산지 방목 시 구비조건

우리나라는 국토의 전 면적 중 65% 이상이 산지로 여기에서 생산되는 산야초와 같은 부존자원이 상당량 있고 또한 염소는 수엽류에 대한 기호성이 높아 이들 자원을 활용하고 산지 방목을 통해 가축 복지 및 가축의 생리적 욕구를 충족시킴과 동시에 토지와 가축과의 조화로운 관계에 기여할 수 있다.

이러한 부존자원을 활용하기 위해 산지에 염소를 방목하기에는 다음과 같은 방목입지 조건이 필요하다.

〈방목 입지조건〉
① 산야초, 수엽류 등 조사료의 생산, 공급이 최대한 용이한 지역
② 신선한 물을 상시 급여할 수 있을 것
③ 혹한, 혹서 및 강우로부터 가축을 보호할 수 있을 것
④ 질병예방 및 차단을 위해 격리된 지역

7.4.3. 산지 방목시 필요시설

(1) 방목장 목책

방목장의 목책 설치는 주로 산지에서 이루어지며 지면이 고르지 않고 암석이 많아 힘든 작업이다. 목책 지주는 앵글이나 파이프를 이용하는데 되도록 가격이 저렴한 앵글이 유리하다. 앵글 규격은 5.0mm가 견고하며 작업에도 편리하다. 지주의 길이는 2.0m로 해서 50cm는 땅속에 묻고 1.5m는 지상으로 올라오게 하며 지주의 간격은 3.0m 간격으로 묻어서 설치하는 것이 적당하다. 철책을 설치하는 철망은 아연도금으로 처리한 10#선이나 8#선 철망을 이용하며, 지주와 지주 사이에 보조대를 가로로 지면과 중간 그리고 맨 위에 3개 정도 대어 주어야 철망이 휘지 않고 견고하게 설치된다. 또한 염소는 방목장에서 목책에 몸을 문지르는 습관이 있으므로 반드시 중간 보조대가 필요하다.

(2) 방목장 급수시설

방목장이나 운동장에 급수시설이 필요하다. 여름철 방목 중인 염소는 물 섭취량이 많아 물이 부족하면 채식량이 줄어들고 일사병에 걸리기 쉽다. 산지에서 방목하는 염소는 산에서 흐르는 계곡물을 이용하는 경우도 있으나 급수원이 없는 방목지의 식생, 대기 온도, 염분 섭취량 등에 영향을 받으며 가능하면 깨끗하고 신선한 물을 염소가 자유로이 섭취할 수 있도록 해야 한다.

(3) 비가림 시설

산지에는 나무나 바위 등이 많아 햇빛이나 비를 피할 수 있으면 좋으나 그렇지 못할 경우에는 혹서 및 강우로부터 가축을 보호할 수 있는 비가림 시설을 설치해 주는 것이 좋다.

7.4.4. 산지 방목에 필요한 적정면적

염소는 적정 두수를 방목시키는 것이 매우 중요하다. 좁은 면적에 너무 많은 두수를 방목하게 되면 방목장이 황폐해지며 산림에 피해를 준다. 염소는 먹이가 부족해지면 나무의 껍질, 뿌리까지 먹는 습성이 있기 때문에 결국 나무가 고사하게 된다. 그러므로 이와 같은 피해를 방지하기 위해서는 적정 두수 방목이 이루어져야 한다.

염소의 방목두수는 방목장의 식생조건과 여건에 따라 달라지며 1ha당 번식 가능한 암염소 6~10두가 적당하다. 1ha당 10두를 방목시키더라도 가을이면 번식을 하여 20~30두가 되므로 겨울이 오기 전에 적정 두수만 남기고 판매를 하든가 아니면 방목지를 보유두수에 맞게 더 확장시켜 과방목을 피해야 산림에 악영향을 주지 않는다.

7.4.5. 방목적기

풀의 영양성분 즉 단백질, 탄수화물 등이 알맞게 함유되어 있고 풀도 부드러워 가축이 즐겨 먹으며 소화율도 높고 목초의 생산량이 많은 시기가 바로 방목적기인 것이다. 목초는 일반적으로 조단백질 함량이 15~20%, 조섬유 함량이 21~25%일 때 소화율이 높아 방목에 좋은데 이와 같은 목초의 상태는 보통 초장이 20~25cm 때이다.

목초의 재생속도는 계절에 따라 많은 차이가 있는데 5~6월에는 약 20일, 8~10월에는

표 7-40 지역별 초지의 방목이용 시기

지역	방목 시작시기	최종 방목시기	방목기간(일)
북부	5월 상순	10월 중순	160~170
중부	4월 중·하순	10월 하순	180~190
남부	4월 상·중순	10월 하순~11월 상순	190~210
제주	3월 하순~4월 상순	11월 상·중순	210~230

30~40일이 지나야 방목에 알맞게 자라며 평균은 약 4주일이 소요된다. 봄철의 방목시작 시기는 중부지방에서는 보통 4월 중·하순, 남부지방은 4월 상·중순경이 되며, 가을의 마지막 방목은 중부지방은 10월 하순경에 끝내야 하며 남부지방은 이보다 10일 정도 늦은 11월 상순경에 끝내는 것이 좋다.

7.4.6. 방목초지에서 두과목초의 중요성

두과목초가 있을 때 전체 초지의 기호성 개선, 섭취량 및 사료가치 증진 및 가축생산성 증대, 화학비료 사용량 절감 등에 의한 환경농업 육성 등이 가능하다. 두과목초의 비율에 따라 사료가치와 가축의 생산성은 크게 달라지므로 두과목초의 중요성을 재인식해야 한다.

두과목초가 많을수록 사료가치가 높고 가축이 많이 섭취하여 에너지의 이용효율이 높게 되고, 풀 사료의 제 1위 내 소화속도도 빨라지고 그만큼 더 양질의 풀을 많이 먹고 증체나 젖 생산량이 높아진다.

7.4.7. 산지 방목이 흑염소 발육과 육질에 미치는 영향

국내 흑염소 사육은 소비 형태에 따라 크게 두 가지로 나뉘는데, 육류소비를 위해서는 배합사료 급여 위주의 사사형태로 사육되며, 중탕 위주의 약용인 경우 산지 방목을 통해 흑염

표 7-41 방목과 사사 사육 형태에 따른 흑염소 생산성 비교 (황보, 2014)

	방목 사육	사사 사육
시험 개시 체중(kg)	20.4	20.7
시험 종료 체중(kg)	28.1	28.7
총증체량(kg)	7.74	8.00
일당증체량(g/day)	50.6	52.3

표 7-42 방목과 사사 사육 형태에 따른 흑염소 육질특성 비교 (황보, 2014)

	방목 사육	사사 사육
전단력(kg/cm²)	3.16 a	3.04 b
가열감량(%)	30.5	30.6
보수력(%)	54.0	55.1
다즙성	4.57	4.73
연도	4.83	5.10
풍미	4.83	4.93

그림 7-5 산지 방목 중인 흑염소

소를 사육하는 형태가 일반적이다.

흑염소를 방목과 사사형태로 사육하였을 때의 생산성과 도체특성의 차이를 보면, 사사 사육시 급여되는 조사료의 품질이 방목지의 조사료와 동일하고 보충사료의 양 또한 방목 사육과 차이가 나지 않을 경우 생산성에는 차이가 나타나지 않았으나, 육질과 물리적 특성에서 사사형태의 사육이 우수한 것으로 나타나, 중탕 위주의 약용인 경우 방목형태로 사육하는 것이 생산비 절감과 함께 흑염소 생산 농가의 소득 증대에 기여할 것으로 판단된다.

7.5. 사슴

7.5.1. 사슴의 소화 생리적 특징

사슴은 반추동물이지만 소, 면양 등과 소화기관의 구조가 다르며 사슴의 종류에 따라서도 차이가 있다.

반추동물은 채식, 습성, 소화 생리적 기능의 차이에 따라 농후사료 섭취형, 조사료 섭취형, 그 중간 형태로 구분된다. 우리나라에서 주로 사육하고 있는 적록속의 꽃사슴, 레드디어, 엘크 등은 모두 중간형에 속하며, 소나 양 같은 조사료 채식형에 비해 섬유소 함량이 낮아 소화 이용률이 높은 고급 조사료를 선호한다. 사슴은 다른 초식동물에서는 발견할 수 없는 송곳니를 가지고 있어 나뭇가지의 껍질을 잘 벗겨먹기도 한다. 또한 사슴은 야생 상태에서 겨울철에는 충분한 사료를 공급받을 수 없으므로 체지방을 에너지로 전환해 유지해 나가고 체지방이 떨어지면 체조직을 에너지 생성에 이용해 생명을 유지한다.

사슴은 겨울 동안 에너지 소모를 최대한으로 줄이기 위해 휴식 상태로 활동을 줄이고 조밀하고 두꺼운 겨울털을 갈아입음으로써 체내의 열과 에너지를 보전한다. 그 후 봄이 되면 사료섭취량도 많아지고 활동량도 증가해 겨울 동안 소모된 영양분을 보충시킨다. 여름에는 유지 등에 필요한 양 이상의 에너지를 섭취해 체내에 지방을 축적시켜 다가올 겨울에 대비하며 가을(번식기)부터는 수분을 흡수하는 3위가 작아 다즙사료에 대한 기호성이 떨어지고 1위 내의 돌기가 작고 장의 길이가 짧아(체장의 15~17배) 사료의 장내 통과 속도가 빠르기 때문에 섬유질이 적은 사료를 요구한다. 특히 침샘이 일반 반추동물에 비해 3~4배 정도 크며 타액 중에는 프롤라인리치 단백질(proline-rich protein) 함량이 높아 참나무류의 잎 등에 많이 함유되어 있는 타닌을 단백질과 결합시켜 보호 단백질을 만들어 이용성을 높여준다.

표 7-43 사슴의 조사료 채식 기호도(%)

구 분	꽃사슴	레드디어	엘 크
관 목 류	60	60	10
광엽초본류	30	30	40
야 초 류	10	10	50

표 7-44 국내 양록 농가에서 이용하는 조사료의 종류

구 분	관목류	알팔파	사료작물	볏 짚	기 타
급여 비율(%)	66.51	11.43	9.44	0.89	11.76

사료의 섭취량은 계절 간에 차이가 있다. 대형종의 겨울철 사료섭취량은 체중의 1.5~2.2%이고 여름철은 2.5~4.0%이며, 소형종 사슴은 겨울철에 체중의 2.0~3.5%이고 여름철은 4.0~6.5%이다. 꽃사슴, 레드디어 및 엘크의 사료섭취량은 각각 2.2~4.2%, 2.0~3.3% 및 2.0~3.3%의 범위다.

7.5.2. 사슴의 조사료 채식 기호성

사슴은 조사료 채식 기호성이 소, 면양 등과는 달리 수엽류에 대한 채식 기호성이 높은 것으로 보고되고 있으며 품종에 따라서도 차이가 있다. 이는 관목류가 수분 함량과 조섬유 함량이 목초나 야초에 비해 상당히 낮은 수준이고 대부분 타닌을 함유하고 있으며 단백질 함량도 약 12~18% 수준으로 사슴의 소화 생리 구조에 적합하기 때문이다. 현재 국내 양록 농가에서 이용하고 있는 조사료는 관목류가 가장 높은 비율을 차지하고 있으며, 그중에서도 떡갈나무, 칡 및 아카시아나무의 잎을 주로 이용하고 있다.

7.5.3. 산지 방목효과

초지의 이용방법 중에서 가장 효율적인 것이 방목임은 널리 알려진 사실이나 우리나라에서는 방목보다는 채초이용이 더 중요시되어 왔다. 그러나 인력이 부족한 요즘 예취만으로 초지를 이용한다는 것은 양축경영상 불리하다. 서구에서 방목 위주로 초지를 이용하고 있는 것은 초지의 생산성이나 이용 효율뿐만 아니라 초지의 식생유지 면에서도 바람직하기 때문이다.

〈방목이 채초이용보다 유리한 점〉
① 다두사육을 할 수 있고 사양노동력을 줄일 수 있다.
② 방목은 일광과 신선한 공기 및 생초를 공급한다. 또 가축이 운동을 할 수 있어 목초의 채식량을 증가시켜서 건강에도 좋을 뿐 아니라 번식률을 높이고 가축의 생산성을 증가시킨다.
③ 초지를 방목이용 함으로써 단위면적당 생산성이 높고 초지의 식생유지를 좋게 하며 가축분뇨가 초지에 환원되므로 자원순환 농업에 기여한다.

7.5.4. 방목방법

방목은 보통 초지의 일정한 면적에다 목책을 설치하여 일정기간 동안 가축에게 직접 풀을

뜯게 하는 방법인데 우리나라에서는 보통 목을 매어 기르는 계목을 해왔다. 그러나 길들여지지 않은 엘크와 같은 대형 품종의 사슴의 경우 계목은 불가능하므로 보통 고정방목과 목구를 나누는 윤환방목으로 나눈다. 또 윤환방목의 소목구를 다시 전기목책으로 나누어 하루씩 또는 몇 시간씩 방목시키는 것을 대상방목이라고 하는데, 이것은 가장 집약적인 초지 이용방법이다.

7.5.5. 채식량과 목구설정

방목을 실시하려면 먼저 사슴의 두수와 이들이 하루에 먹는 풀의 양을 알아야 하며 방목구의 크기를 결정할 수 있다. 보통 사슴이 하루에 먹는 풀의 양은 품종마다 다른데 생초로 약 5~11kg 수준이며, 여기에 이용되지 않은 손실량을 추가하여 소요면적을 산출해야 한다.

사슴을 방목으로 사육하는 뉴질랜드의 경우 1ha당 사슴 1두 비율로 방목을 시키고 있으나 초지의 식생밀도, 생산량, 사슴의 품종 및 두수 등에 따라 달라지는데 초지면적과 사육규모가 클수록 여러 개의 목구로 나누어 이용하는 것이 효과적이다.

7.5.6. 방목방법과 목구수의 결정

목구수의 결정은 방목방법과 전체 목초지의 면적 및 사슴의 두수에 따라 달라진다. 고정방목은 하나의 목구에서 연중 계속 방목을 시키므로 목구를 나눌 필요는 없다. 그러나 초지의 방목이용에 있어서 고정방목은 결코 바람직하다고는 할 수 없다. 초지의 생산성이 떨어지고 쉽게 부실화된다.

윤환방목은 목구를 5~10개의 작은 목구를 나누고 하나의 목구에서 짧으면 2~3일, 길면 5~6일 정도 방목시킨 다음 옆의 목구로 이동시키는 것이다. 집약적인 윤환방목이라 할 수 있는 대상방목은 목구를 15~20개의 작은 목구로 나눈 다음 하나의 목구에서 1일 정도 방목시키므로 목구수는 많이 필요하나 초지의 이용효율은 그만큼 더 높아진다.

사슴의 경우 우리나라의 가족단위 농가라면 영구책으로 방목구를 3~5구 정도로 고정하여 설치해 놓고 나머지는 필요에 따라 이동용 전기목책으로 분할 이용하는 것이 가장 바람직한 방목방법이라 할 수 있다. 또 목구수는 계절에 따라 달라질 수 있는데 목초의 생육이 좋은 4~6월에는 목구를 세분화하여 한 목구당 3~4일 이내 이용이 바람직하며, 한여름철에는 목초의 생육이 좋지 않으므로 목구의 크기를 크게 조절하든지 방목 두수를 줄여 주어야 한다. 방목으로 초지를 이용할 때 많은 비가 온 다음에는 땅이 습하고 상당히 무른 상태이므로 방목을 피해야 한다. 특히 경사초지에서 과방목은 금물이다.

그림 7-6 산지 방목 중인 사슴

말

7.6.1. 말의 소화 특성

조사료를 주요 에너지원으로 이용하는 초식동물은 식물체의 구조를 이루는 섬유소를 화학에너지로 이용하는데, 독특한 소화기관의 해부학적 특성을 가진다. 섬유소를 에너지원으로 이용하는 초식동물의 가장 큰 특성은 미생물이 사료를 발효시키는 데 필요한 어느 특정 장기의 일부가 확대되어 있다는 것이다 .

말의 경우 마른 마분의 무게 중 절반 이상이 미생물이며 소화 장기에 있는 미생물의 수는 전체 체조직의 세포수보다 10배 이상 많다. 포유동물은 섬유소를 흡수 가능한 형태로 분해할 수 있는 효소를 생산하지 못하고, 단지 미생물이 이를 분해할 수 있는 효소를 분비한다. 또한 섬유소의 분해과정은 전분이나 단백질에 비해서 상대적으로 느리다. 따라서 섬유소를 숙주동물이 유익하게 이용하기 위해서는 관련 소화 장기에서 장기간 머무르면서 미생물에 의한 충분한 분해 및 발효가 이루어져야 한다.

말의 대장은 맹장, 결장 및 직장으로 이루어져 있으며, 결장은 다시 각 부분으로 나누어진다. 이유 후부터 1세까지는 더 많은 섬유소와 부피가 큰 사료를 수용하기 위해 대장의 발달이 다른 소화 장기에 비해 빠르다. 맹장과 결장에서의 섭취한 섬유소 소화는 전적으로 미생물의 활동에 의존한다.

7.6.2. 조사료원의 이용

말은 적정량의 조사료를 반드시 급여해야 하고 양질의 조사료(방목초지 또는 건초)만으로 정상적인 사양이 가능하기 때문에 조사료를 쉽고 저렴하게 확보할 수 있는지가 말 사육 및 경영에 영향을 주는 주요 요인이 된다.

조사료는 말의 장내 정상적인 미생물 활성에 필수적이고 또한 에너지, 단백질, 비타민 및 광물질 등을 공급해 주기 때문에 중요성은 매우 크다.

방목초지의 목초는 건초보다 어리고 엽비율이 높아 단백질과 같은 영양소 함량이 높고 ADF 함량이 낮아 사료적 가치가 높다. 따라서 방목초지를 이용하는 것은 영양소 손실이 적고 경제적이므로 말 사양가는 초지를 적절히 유지, 관리하여 생산성을 높여야 한다. 그리고 두과와 화본과의 적절한 혼파초지는 화본과 초지보다 단백질 및 무기물 함량(Ca, P 등)을 높여 주기 때문에 성장하는 망아지나 포유마에게 매우 중요하다. .

7.6.3. 말의 방목관리

말은 태어나서 방목을 중심으로 하여 육성기를 보내는데, 말에게 있어서 방목지는 여러 가지 의미를 가지고 있다. 그중 중요한 것은 청초의 섭취 장소이지만 자발적인 운동에 의한 근육이나 심폐기능의 단련, 놀이 및 무리사회에서 교육의 장소이기도 하다. 모든 동물은 태어나서 초기 환경이 그 동물의 장래 행동에 여러 가지 영향을 미치게 되는데, 말도 가능한 좋은 방목 환경을 조성하는 것이 좋은 말을 만드는 중요한 요소가 된다. 좋은 방목 환경이란 공기가 깨끗하고 적당한 면적에 양질의 청초가 풍부하고 급수 설비나 목장의 주변 환경이 잘 정비되어 있는 것을 말한다. 육성마에 있어서 적당한 방목지 면적은 하나의 초지 구역에 방목시키는 말의 두수와 섭취하는 풀의 양을 기준으로 산출하나, 방목 시간이나 말의 이동(걷는) 거리도 감안해야 한다.

(1) 신생 망아지의 방목

어린 말의 방목은 생후 1주일 전후에서 시작하는데, 처음에는 작은 패독에서 어미 말과 함께 일광욕을 시키는 것에서부터 시작한다. 서서히 방목 시간을 연장해 나가며, 방목지가 넓고 충분하게 풀이 자란 곳으로 옮겨가고 적당한 말 무리에서 집단생활을 할 수 있도록 해야 한다. 포유를 하는 경우를 제외하고 거의 모든 시간을 휴식 상태로 지내고, 어미 말하고만 놀다가 3~4주 정도 지나면서 같은 방목지의 동료들과 같이 놀게 된다. 이 놀이 행동은 망아지의 육체적·정신적 발달에 크게 기여한다. 어미 말과 떨어져서 적극적으로 동료 말과 놀게 되는 시기는 4~5개월까지 성장한 이후이다.

(2) 육성기 방목

질 좋고 풍부한 풀이 있고, 충분한 운동이 확보되는 점에서 육성기 말을 위한 방목지는 넓은 편이 보다 바람직하다. 그러나 광대한 면적의 방목지는 말들이 이용하지 않는 부분이 많아 초지 이용의 경제적 측면에서 보면 비효율적일 수가 있다. 어린 말의 방목지 면적은 3~5두 정도의 방목두수인 경우 2ha 정도를 최적이라 할 수 있으며, 방목지 초생은 어린 말의 운동에 의한 제상(발굽에 의한 피해)이나 배설물에 의해 오염되는 것을 고려하여 방목지에 여유가 있으면 윤환방목에 의해 각각의 방목지 또는 초지에 휴목기간을 충분히 두는 것이 필요하다. 목초 재생력에는 계절적 변화가 크게 작용하고, 가을에는 봄에 비해 재생력이 반감된다. 따라서 계절에 맞게 목초의 휴식기간을 줄 필요가 있다. 그 기간은 봄이 약 20여 일 전 후, 가을에는 40일 정도로 하면 된다.

방목시간 중 어린 육성마의 이동거리는 주간 6~7시간 방목인 경우 5~7km 범위이고, 24시간 주야 방목인 경우에는 12~15km를 걷는데 그중 8~9km는 풀을 먹으면서 평보로 걷는 거리다. 생후 12~18개월 정도 되면 방목초지의 어린 풀이 점점 성장해 가기 때문에 적절한 초지 및 방목 관리를 통하여 양질의 싱싱한 풀을 먹이게 되는데 보통으로 행해지는 방목 시간대에는 15~20kg 정도의 풀을 먹는다.

방목지의 형태에 따른 이용효율을 보면, 정방형에 가까운 방목지 쪽이 가늘고 긴 방목지보다 말이 방목지의 전면을 균등하게 이용하여 사고 위험성이 적다. 안정성 및 방목지의 효율적 이용의 관점에서 그 형상이 정방형에 가까운 쪽이 유리하다.

육성마의 방목지 형태 및 방목규모를 생각할 경우에는 사고발생 가능성을 줄이는 것에 유의할 필요가 있다. 특히 육성기 말인 경우 방목지에서 볼 수 있는 자발적인 운동은 동료들과의 놀이와 유사투쟁 행동이 주를 이룬다. 그러므로 이 시기의 말을 무리에 포함시켜 방목사양 하는 것은 필요한 근육과 건의 단련이라는 측면에서 유리한 점이 많다. 그러나 너무 과밀한 상태에서 무리하게 사양할 경우 많은 사고가 발생할 수 있다는 것을 잊어서는 안 된다.

말을 방목사양 할 경우 한 그룹을 몇 두로 구성하면 좋은가 하는 객관적 기준은 없다. 적은 두수(3두 미만)의 방목의 경우, 말은 방목지를 잘 움직여 돌아다녀 운동량이 증가하는 반면, 채식시간이 짧아지고 동시에 머리를 위아래로 자주 움직이는 등 정신적 불안감을 많이 느낀다. 육성마의 건전한 정신적 발달의 관점에서 볼 때 3두 미만으로 무리를 구성하여 방목하는 것은 그다지 바람직하지 않다. 많은 두수의 무리한 방목의 경우에 예상되는 문제점으로는,

개체 간 투쟁행동의 다발로 사고율 증가에 있다. 적정 방목두수는 방목장의 규모에 따라 4~6두가 가장 적당하다.

방목은 방목마의 채식량이 최대가 될 수 있는 상태의 초지에서 이루어져야 한다. 그러기 위해서는 초지의 초생 밀도를 가능한 높게 유지해야 하고, 과방목을 지양하여야 한다. 또한 목초의 재생력을 보존하기 위해서는 목초의 길이가 6cm 이상일 때만 방목하도록 하는 것이 초지관리의 한 방법이다.

7.7. 방목축의 질병관리

7.7.1. 장내 기생충

(1) 간질증

소, 염소 및 산양의 담관에 간질충이 기생해 영양장애를 일으킨다. 주로 여름과 가을철에 발생하며, 원인충은 간질(Fasciola hepatica)이다. 전염경로는 부화된 유모유충이 중간숙주인 애기물달팽이에서 스포로시스트와 레디아를 거쳐 물속으로 나온 유미유충이 풀잎에 붙어 피낭유충으로 발육해 숙주동물의 입으로 감염된다.

① 증상

급성일 때는 뚜렷한 임상증상 없이 폐사하고 비공과 항문에서 혈액이 섞인 배설물이 나오며, 아급성일 때는 체중감소와 점막의 창백 등을 볼 수 있다. 만성형에서는 영양장애, 체중감소, 유량감소, 빈혈, 만성설사 등이 나타난다.

② 예방

산란 중인 성충을 구충제로 구제하고 목장에 존재하는 달팽이를 약품으로 살멸해 생활사를 차단한다. 하천부지, 논두렁 등 오염지의 생풀과 저습지 하천의 물을 이용할 때 주의해야 한다.

(2) 회충증

성충이 장내에 다수 기생하며 소화장애나 성장부진을 일으키는 한편 유충이 간이나 폐 조직으로 이행하는 동안 급성증상을 나타내는 기생충병이다. 원인체는 회충으로 소장에 기생한다. 회충의 전염경로는 말이나 돼지를 밀사하는 곳에서, 수년간 같은 방목지에서 사육된 동물에게 주로 나타난다.

① 증상

어린 동물에게 피해가 커서 발육부진과 질병에 대한 저항력 감소를 나타내고, 중감염되면 심한 호흡곤란, 급성 간기능 부전, 장폐색, 장파열, 폐색성 황달 등의 증상을 보인다. 성축이 감염되면 임상증상은 나타내지 않지만 어린 동물의 감염원이 된다.

② 구충

구충제로는 피페라진, 레바미졸, 벤지미다 등이 사용된다.

(3) 염전위충증

충이 부착된 풀을 가축이 섭취함으로써 감염되는 경구감염으로 방목지에서 감염되는 경우가 많다. 기생충의 감염이 심할 경우 빈혈을 일으켜 영양불량 상태에 빠지며, 심하면 아래턱에 부종이 생긴다. 축군에 한 번 발병하면 해마다 발생하는 경우가 많으므로 방목장을 옮겨서 방목할 필요가 있다. 특히 이 기생충은 여름철에 감염이 심하므로 늦겨울이나 초봄의 구충으로 여름의 감염을 예방하도록 한다.

(4) 내부기생충증 예방을 위한 구충제 투여방법

봄철의 구충은 방목 직전 실시해 목초지 오염을 방지하고, 여름철 구충은 기후와 환경조건이 기생충란의 부화 및 발육에 가장 좋은 시기이므로 기생충 감염이 가장 활발한 시기에 실시하는 것이며, 가을철 구충은 실질적으로 기생충 유충이 숙주 체내에서 이행하는 시기로 피해가 가장 심한 시기에 실시하는 것이며, 겨울철 구충은 숙주 체내에서 잠복하고 있는 기생충을 구제함으로써 봄철 방목지의 오염을 방지할 수 있다.

7.7.2. 진드기 감염증

진드기의 감염으로 일어나는 질병이다. 감염에 의한 직접적인 손실은 물론 파이로플라즈마 등 주혈원충의 전파로 피해가 더 커지게 된다. 진드기가 가축의 피부에 달라붙어 기생하며 표피를 뚫고 진피층에서 피를 빨아 먹으며 기생하는데, 이때 파이로플라즈마 원충이나 진드기 자체의 신경 독소를 가축의 혈액 내로 들여보낸다. 턱, 귀, 배, 항문 주변과 유방 주위에 많이 붙는다.

감염된 수에 따라 차이를 보이지만 경증은 발열과 식욕 및 원기 감소를 보이다 회복한다. 중증 감염 예에서는 원기 소실과 식욕부진, 체중감소, 호흡곤란과 황달 증세를 보인다. 진드기 독소에 의해 마비증상을 나타내기도 한다. 진드기가 활동을 시작하는 늦봄에서 여름 사이에 다발하므로 이 시기 이전에 진드기 구제제를 도포해 주도록 한다.

7.7.3. 고창증

(1) 원인

고창증은 제1위 내에 들어 있는 내용물이 이상 발효를 일으켜 발생한 가스가 급격히 증가하는 한편, 트림반사의 장애로 가스가 배출되지 못하고 위 내에 축적됨으로써 위가 극도로 팽창된 것을 말한다. 초봄에 방목 시에 새로 돋아난 부드러운 풀을 갑자기 다량으로 섭취하거나 부패된 사료나 콩과식물을 과식했을 때, 발효하기 쉬운 것을 다량으로 주었을 때, 항생물질의 남용 등으로 제1위의 소화 기능 감퇴로 자주 발생한다.

(2) 증상

팽창된 제1위와 제2위에 의해 복부가 팽대해지고 혈액 순환과 호흡작용을 억제해 호흡이 빨라진다. 초기에는 불안해져 앉았다 일어서는 동작을 반복하고 복부를 발로 차는 복통 표시를 한다. 제1위와 제2위의 수축운동이 멈추고 되새김도 없어지며 간헐적으로 동통을 호소한다. 이때 치료를 즉시 하지 못하면 가축은 죽게 된다. 특히 포말성 고창증은 죽음에 이르는 수가 많다.

(3) 치료

가스성 고창증일 경우에는 위관을 투입해 축적된 가스를 배출한다. 포말성 고창증의 경우에는 가스제거제를 사용하거나 가축이 매우 가쁜 호흡을 하거나 쓰러져 있는 급할 경우는 투관침을 사용해 반추위 중앙 부위를 찔러 직접 가스를 뽑는 방법도 있다. 투관할 부위를 옥도나 알코올로 잘 소독을 하고 투관침을 찔러 가스를 배출한 다음 투관 부위를 소독하고 항생제로 2차 감염을 막도록 해야 한다. 이 방법은 전문수의사에게 맡긴다. 재발하는 경우가 많으므로 안정시키고 자주 관찰해야 한다.

7.7.4. 계파(Stringhalt)

계파란 닭의 걸음걸이처럼 말이 한쪽 또는 양쪽 뒷다리를 불수의적으로 정상보다 많이 굽히는 상태를 말하고 일반적으로는 양쪽의 경우가 많다. 아직까지 정확한 원인이 잘 알려져 있지 않지만 팽이밥류 식물에 포함되어 있는 독소가 원인이라고 주장하기도 하는데, 이 식물들이 많이 있는 초지에서 방목되던 환마들이 이 식물을 제거하면 흔히 증세가 좋아진다는 근거에서 제기되는 주장이다.

(1) 증상

말이 후지를 과도하게 굽히면서 전형적인 거위걸음으로 걷는 것이 특징적인 증상이다. 이러한 걸음은 환마의 보행 초기에 더 심하게 나타나며 시간이 지나면서 약간 좋아진다. 심한 경우에는 후지의 굴절이 과도하여 구절 전면부가 복벽에 닿을 정도가 되기도 하며 증세가 오래된 경우(2~3개월)에는 경골 외측 부위의 신근이 위축되기도 한다.

(2) 진단 및 치료

원인이 식물독소에 의한 것이라고 판단되면 환마를 다른 곳으로 이동시키면 되는데 보통 수개월 정도 이동 기간이 필요하다. 방목지 이동과 같은 방법으로도 증세가 호전되지 않는 경우에는 외지신건을 절단하는 외과적인 방법을 이용하기도 하는데, 이 경우 성공률이 약 80% 정도에 이른다.

7.7.5. 도토리 중독

(1) 원인

도토리 및 도토리나무 잎을 섭취하여 발병하는 중독증이다. 도토리에 함유된 타닌산이 원인이 된다. 주로 송아지에서 발병하며, 증상은 행동이 둔해지고 식욕이 감퇴되며 되새김 정지 및 복통이 온다. 혈액 및 점액성 변이 있고 급성신장염으로 오줌이 나오지 않으며, 위장염 증상이 있다.

(2) 예방 및 치료

도토리나 도토리나무 잎을 먹지 않게 관리 사육하며, 발병 시에는 예후가 불량하며 특별한 치료법은 없고 기름을 먹여서 설사를 시키는 것이 효과적이다.

7.7.6. 고사리 중독

(1) 원인
고사리독이 원인이 되고, 이른 봄에 풀 속에 들어 있는 고사리 싹을 풀과 함께 먹거나 8~9월에 풀은 없어지고 고사리만 남은 초지에서 먹을 것이 없어 고사리를 먹은 경우 발생한다. 특히 처음 방목하는 가축은 고사리와 풀을 구분하지 못해 고사리를 섭취함으로써 고사리 중독이 많이 발생한다.

(2) 증상
초기에는 식욕이 없어지고 경과할수록 눈, 코, 입속 및 질점막에 황달과 출혈반점이 나타나며 심하면 코피가 난다. 체온이 40℃ 정도로 오르고 몸 표면의 흡혈곤충이 흡혈한 부위와 주사 부위에서는 혈액이 응고되지 않고 계속 흘러내린다. 악취가 나는 타르 모양의 설사와 피 섞인 오줌 그리고 반사기능 감퇴, 호흡곤란을 일으키고 12~72시간 내에 폐사한다.

(3) 예방
방목지의 고사리를 제거하고 고사리가 섞인 건초의 급여를 피하며, 방목 시에는 목초량이 충분해야 한다. 월 1회 혈액검사를 실시해 이상이 있는 가축은 방목을 금지시킨다.

7.7.7. 농양
방목 시에는 나뭇가지나 철책의 철망 등에 찔려 화농되는 경우가 많다. 주로 안면부, 발굽 부위, 무릎 부위, 목 부위에 다발한다. 우울증이 되며 식욕이 떨어진다. 환부가 붓고 동통을 느낀다. 환부를 절제하고 농을 배출시키고 강옥도로 심을 박아 개방 치료한다. 항생제를 투여한다.

연/구/과/제

1. 한우 및 젖소이용 산지 방목 농가를 방문하여 가장 어려운 일이 무엇인지 알아보라.
2. 산지 방목을 이용해 생산한 축산물에 대한 소비자들의 반응을 조사하라.
3. 산지 방목을 하기 위한 준비과정에서 가장 어려운 점이 무엇인지 알아보라.
4. 산지 방목이 가축의 생산성을 증가시키는 이유에 대하여 조사하라.

참/고/자/료

1. 강수원, 임석기, 정종원, 우제석, 손용석. 2001. 가을송아지 거세한우의 육성기 방목 및 농후사료 급여수준이 성장 및 도체특성에 미치는 효과. 동물자원지 43: 681–694.
2. 강수원, 임석기, 정종원, 우제석, 전기준. 2003. 농후사료 급여수분 및 방목이 추계분만 한우 암송아지의 성장발육, 번식능력 및 사료이용성에 미치는 효과. 동물자원지 45: 975–986.
3. 강수원, 임석기, 정종원, 우제석, 전기준. 2003. 농후사료 급여수분 및 방목이 춘계분만 한우 암송아지의 성장발육, 번식능력 및 사료이용성에 미치는 효과. 동물자원지 45: 101–112.

4. 기광석, 최재관, 박성재, 임현주, 이현준, 서성, 최순호, 함준상, 허태영, 정영훈, 박중국. 2010. 유산양. 농촌진흥청 표준영농교본.

5. 김상우, 진영화. 2013. 사슴기르기. 농촌진흥청 농업기술길잡이.

6. 서성, 이종경, 조무환. 1996. 서로 다른 화본과/두과 방목이용 초지에서 사초생산성 및 초지 이용률 비교 연구. 한초지 16(3): 183–189.

7. 이종언, 강동희, 조상래, 김남영, 양재혁, 박용상. 2013. 말. 농촌진흥청 농업기술길잡이.

8. 최순호, 최창용. 2007. 흑염소 기르기. 농촌진흥청 표준영농교본.

9. 한우사양표준. 2012. 농촌진흥청 국립축산과학원.

10. 황보순. 2014. 방목 및 사사 사육이 흑염소의 발육과 육질에 미치는 영향. 농업생명과학연구 48(2): 123–131.

11. Bernard, J.K. and R.J. Carlisle. Effect of concentrate feeding level on production of Holstein cows grazing winter animals. 2000. The professional animal scientist 15 : 164–168.

12. Ceballos, A., J. Kruze, H.W. Barkema, I.R. Dohoo, J. Sanchez and F. Wittwer. Barium selenate supplementation and its effect on intramammary infection in pasture-based dairy cows. 2010. Journal of Dairy Science, Vol. 93, Issue 4, p.1468–1477.

13. Cicconi-Hogan, K.M., M. Gamroth, R. Richert and Y.H. Schukken. Associations of risk factors with somatic cell count in bulk tank milk on organic and conventional dairy farms in the United state. J. Dairy Science 2013. 98: 1–14.

14. Cranix, M., A. Steen, H. Van Laar and V. Fievez. Effect of Lactation Stage on the Odd- and Branched-Chain Milk Fatty Acids of Dairy Cattle Under Grazing and Indoor Conditions. J. Dairy Science 2008, 91; 2662–2677.

15. Daley, C.A., S. Horton and D.E. Holmes. Improving net profit under Intensive Grazing Management. 2010. FAFO Report.

16. Dennis, T.S., L.J. Unruh-snyger, M.K. Neary and T.D. Nennich. Effect of co-grazing heifers with goats on animal performance, dry matter yieldand pasture forage composition. J. Animal Science 2012. 90:4467–4477.

17. Devendra, C. and M. Burns. 1983. Goat production in the tropics. Commonwealth Agricultural Bureaux. Floch, J., M. Lees and G. H. Sloane-Stanley. 1957. A simple method for the isolation and purification of total lipid from animal tissue. J. Biol. Chem. 26: 497–507.

18. Fredeen, A.H., T. Astatkie, R.W. Jannasch and R.C. Martin. Productivity of grazing Holstein cows in atlantic canada. J. Dairy Science 2002. 1331–1338.

19. Gihad, E. A., T. M. El-Bedawy and A. Z. Mehrez. 1980. Fiber digestibility by goats and sheep. J. Dairy Sci. 63: 1701–1706.

20. Johnson. D. What is needed to improver dairy grazing systems. 2008. http://www.extension.umn.edu.

21. Kolver, E.S. and L.D. Muller. Performance and nutrient intake of high producinh holstein cows consuming pasture or a total mixed ration. J. Dairy Science 1998. 81: 1403–1411.

22. Lopes, F., W. Coblentz, P.C. Hoffman and D.K. Combs. Assessment of heifer grazing experience on short-term adaptation to pasture and performance as lactating cows, 2013. Journal of Dairy Science, Vol. 96, Issue 5, p.3138–3152.

23. Macoon, B., L.E. Sollenberger and J.E. Moorell. Grazing management and supplementation effects on forage and dairy cow performance on cool—season pastures in the southeastern United States. J. Dairy Science 2011. 3949—3959.

24. O'Neil, B.F., M.H. Deighton and E. Lewis. Effects of a perennial ryegrass diet or total mixed ration diet offered to spring—calving Holstein dairy coe on methane emissions, dry matter intake, and milk production. J. Dairy Science 2011. 94:1941—1951.

25. Realini, C.E., S.K. Cuckett and D. Demattos. Effect of pasture vs. concentrate feeding with or without antioxidants on carcass characteristics, fatty acid composition, and quality of Uruguayan beef. 2004. Meat Science 66: 567—577.

26. Rego, O.A., S.M.M. Regalo, H.J.D. Rosa, S.P. Alves, A.E.S. Borba, R.J.B. Bessa, A.R.J. Cabrita and A.J.M. Fonseca. Effects of Grass Silage and Soybean Meal Supplementation on Milk Production and Milk Fatty Acid Profiles of Grazing Dairy Cows. 2008. Journal of Dairy Science, Vol. 91, Issue 7, p.2736—2743.

27. Roche, J.R., K.A. Macdonald, K.E. Schütz, L.R. Matthews, G.A. Verkerk, S. Meier, J.J. Loor, A.R. Rogers, J. McGowan and S.R. Morgan, S. Taukiri, J.R. Webster. Calving body condition score affects indicators of health in grazing dairy cows. J. Dairy Science 2013: 96, 5811—5825.

28. Sheahan, A.J., S.J. Gibbs and J.R. Roche. Timing of supplementation alters grazing behavior and milk production response in dairy cows. J. Dairy Science 2013: 96, 477—483.

29. Soriano, F.D., C.E. Polan and C. N. Miller. Milk Production and Composition, Rumen Fermentation Parameters, and Grazing Behavior of Dairy Cows Supplemented with Different Forms and Amounts of Corn Grain. 2000. J. Dairy Sci. 83: 1520—1529.

30. Tozer, P.R., F. Bargo and L.D. Muller. The Effect of Pasture Allowance and Supplementation on Feed Efficiency and Profitability of DairySystems. 2004. Journal of Dairy Science, Vol. 87, Issue 9, p.2902—2911.

31. Tucker, W.B., B.J. Rude and S. Wittayakun. Performance and Economics of Dairy Cows Fed aCorn Silage—Based Total Mixed Ration or Grazing Annual Ryegrass During Mid to Late Lactation. 2002. The Professional Animal Scientist 17: 195—201.

32. Undersander, D., B. Albert and P. Peterson. Pastures for profits: a guide to rotational grazing. 2002. www 1. uwey. edu.

33. Wales, W.J., E.S. Kolver, A.R. Egan, R. Roche. Effects of strain of Holstein—Friesian and concentrate supplementation on the fatty acid composition of milk fat of dairy cows grazing pasture in early lactation. 2009. Journal of Dairy Science, Vol. 92, Issue 1, p.247—255.

34. Whelan, S.J., K.M. Pierce, C. McCarme and F.J. Mulligan. Effect of supplementary concentrate type on nitrogen partitioning in early lactation dairy cows offered perennial ryegrass—based pasture. J. Dairy Science 2012: 95, 4468—4477.

8장

축산 연관 산업과 초지 운영사례

개 관

지속 가능한 개발을 위하여 관광분야의 경우에는 지속 가능한 관광 모델을 만들기 위한 노력들이 계속되고 있으며, 대표적인 것이 농촌관광이다. 농촌관광은 농업의 6차 산업화의 한 축인 3차 산업의 중심 역할을 담당하고 있어 그 중요성은 앞으로도 계속 증가할 것으로 보인다. 초지의 경우 초지의 경관보전기능과 보건휴양기능은 관광자원으로서의 역할이 크다. 산지초지를 관광자원으로 활용하기 위해서는 초지를 관광체험형 목장으로 조성하여야 하며, 이를 위해서 첫째 방문객 중심의 조성부지 선정, 둘째 다채로운 경관조성 및 체험프로그램 개발, 셋째 경관과 생산성을 고려한 초지 조성 및 관리가 필요하다.

학/습/목/표

1. 관광체험형 목장의 개념을 이해하고, 일반목장과의 차이점을 안다.
2. 관광형 목장에서 초지경관의 특성을 이해한다.
3. 체험형 목장에서 체험프로그램의 중요성을 이해한다.
4. 관광체험축산의 운영사례를 바탕으로 관광형 목장의 가능성을 생각해 본다.

주/요/용/어

관광체험형 목장 / 농촌관광 / 체험형 축산 / 관광형 축산 / 초지경관 요소

관광체험축산과 초지의 이용

8.1.1. 농촌관광의 활성화

1987년에 환경과 개발에 관한 세계 위원회가 발표한 '우리의 공통된 미래(Our Common Future)'에서는 환경자원을 다음 세대를 위하여 훼손시키지 않으면서 이용하기 위한 방안으로 '세대 간의 형평성'과 오염 물질의 배출은 자연의 정화 능력 안에서 해야 한다는 '환경 용량 내에서의 개발'을 제시하였다. 이와 함께 경제 발전과 환경보전의 양립을 위하여 새롭게 등장한 개념이 지속 가능한 개발(Environment Sound and Sustained Development)이다. 1992년의 리우환경회의를 계기로 환경문제를 국가단위가 아닌 지구적 차원에서 접근할 필요성이 강조되면서 지속 가능한 개발이라는 개념은 전 세계적인 현안으로 확산되었다.

우리나라의 경우도 1990년대 이후부터 지속 가능한 개발이 환경과 경제와의 관계를 설정해 주는 기본 이념으로 정착되어 왔다. 이와 관련하여 관광분야의 경우에는 친환경적 휴양서비스 제공이나 농산어촌 체험프로그램 제공 등 지속 가능한 관광 모델을 만들기 위한 노력들이 계속되고 있으며, 이러한 지속 가능한 관광 모델 중 대표적인 것이 농촌관광이다.

농촌관광이란 '그린투어리즘'이라고도 하며 농촌의 자연경관과 문화, 생활을 관광자원으로 활용하여 도시 거주민과 농촌 거주민의 교류형태로 추진되는 체류형 여가활동이다. 농촌의 경우는 인구감소와 고령화가 급속히 진행되면서 지역의 활력이 저하되고 있는 상황이고 도시의 경우는 주 5일제의 실시와 함께 자연을 찾아 도시 밖으로 나아가려는 욕구가 더욱 증가하고 있는 추세이다. 이러한 상황에서 도시민에게 농촌의 자연과 문화를 체험할 수 있도록 해주는 농촌관광의 수요가 점점 증가하고 있다. 따라서 농촌관광은 도시민에게 농촌의 자연 속에서 농촌의 문화를 경험하면서 일상의 스트레스를 해소하고 새로운 에너지를 얻게 되는 체험을 제공할 수 있고, 농가에는 새로운 관광수입원이 될 수 있으며 또한 지역경제의 활성화와 농촌의 활성화를 도모할 수 있다.

이미 영국, 프랑스, 이탈리아 등의 유럽에서는 1970년대부터 '산촌 관광'이라는 개념으로 농촌관광사업이 시작되었고, 가까운 일본의 경우에는 1990년대 초반부터 정부차원의 농촌관광 정책을 실시하여 농가의 소득증대와 농촌 환경의 보전을 위하여 힘을 쓰고 있다.

우리나라의 경우에도 농림부에 의하여 2001년에 농촌관광사업을 위한 기본계획이 마련되었으며, 이를 바탕으로 마을이나 마을 연합을 기본단위로 하여 농촌주민의 합의와 자발성을 기초로 한 농촌관광이 추진되어 왔으며, 최근에는 지방자치단체가 중심이 되어서 지역 주민들의 자발적인 참여를 통하여 농촌관광을 활성화시키는 방안이 모색되고 있다. 그리고 이를 통하여 농촌경제의 활성화와 함께 농촌에 새로운 활력을 불어넣는 긍정적인 성과를 만들어 나가고 있다.

이러한 농촌관광사업은 주 5일 근무제의 시행으로 인한 여가활동의 중요성 증가와 도시민의 농촌체험관광에 대한 수요증가에 따라 점차 확대되어 왔고, 이에 대응하여 2007년에는 농어촌체험사업과 휴양마을사업의 지원 및 육성을 위한 '도시와 농어촌 간의 교류촉진에 관한 법률'이 제정되었다. 이 법률은 농어촌체험, 휴양마을사업자 지정제도, 도농교류지원기구의 지정제도, 도농교류확인서의 발급제도 등을 포함하고 있어, 이 법률을 통하여 농촌관광 사업이 지속적으로 유지, 발전하기 위한 법적, 제도적 장치가 마련되었다.

한국농촌경제연구원(KREI)이 발행하는 농업정보지 「농정포커스」의 2012년 조사결과에 따

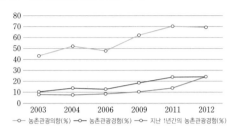

그림 8-1 농촌관광에 관한 경험 및 의향 (농촌경제연구원, 2012)

르면 우리 국민들의 국내여행 경험횟수가 전반적으로 줄어드는 상황에서도 농촌관광의 이동 총량과 경험횟수는 크게 늘어나고 있는 것으로 나타나고 있다(그림 8-1).

농촌관광은 정부가 적극적으로 추진하고 있는 농업의 6차 산업화를 위해서도 중요한 역할을 하고 있다. 농업의 6차 산업화란 농업이라는 1차 산업을 출발점으로 농산물 가공인 2차 산업과 직판장이나 음식업, 숙박업, 관광업 등 3차 산업을 농촌지역에서 담당하는 것을 말한다. 농촌관광사업은 농촌 6차 산업화의 주요 수단 중 하나로서, 농업의 6차 산업화의 한 축인 3차 산업의 중심 역할을 담당하고 있어 그 중요성은 앞으로도 계속 증가할 것으로 보인다.

지금까지의 초지는 농업자원으로서의 기능과 환경보전의 기능이 중심이 되어 왔다. 농업자원으로서의 초지는 사초생산과 방목의 기능을 가지고 있으며 초지의 환경적인 기능으로는 환경보전, 대기보전, 생물상보전 그리고 경관보전과 보건휴양 기능이 있다. 초지의 환경적인 기능 중에서 경관보전기능과 보건휴양기능은 관광자원으로서의 역할이 크며 산지초지조성사업의 실시와 함께 그 중요성이 더욱 커질 것으로 판단된다.

8.1.2. 농촌관광자원으로서의 관광형 축산

초지는 환경자원으로 중요한 역할을 하면서 또한 축산물을 생산하기 위하여 중요한 가축의 사료원이다. 이러한 초지는 대규모로 경작이 이루어지고 있는 농경지가 일정하고 변화가 적은 경관을 제공하는 것과 다르게 공간적이나 시간적으로 다채로운 경관을 제공하게 된다. 예를 들어 일반적으로 초지가 조성되는 산지초지의 경우 산림의 경관과 초지의 경관이 어울려 독특한 경관을 만들어내며 초지에 가축을 방목할 경우 방목되고 있는 가축들이 주변의 경관을 돋보이게 하는 요소로 작용하게 된다. 이러한 초지의 경관적인 독특함은 다른 농업자원과의 차별성을 가지게 하여 중요한 농촌관광자원이 될 수 있는 요인이 된다.

초지경관의 다른 중요한 요인으로 경관적인 독특함뿐만 아니라 초지가 가지는 개방성이 있다. 여기서의 개방성이란 시각적인 개방성뿐만 아니라 방문자가 실제 대상 속으로 들어가서 경관을 가까이에서 체험할 수 있는 것을 말한다. 초지경관과 마찬가지로 산림전망이나 대규모 농경지의 전망에서도 우리는 시각적인 개방성을 느낄 수 있다. 그리고 이러한 개방성은 일상에서 벗어나 한가로움을 느낄 수 있도록 하는 요인이 된다. 그러나 산림전망의 경우 실제 산림 속으로 들어가게 되면 산림의 나무들에 의하여 원거리에서의 경관과는 전혀 다른 경관을 가지게 된다. 농경지의 경우는 관광체험을 위하여 실제 농경지 안으로 들어가기도 하지만 단지 조망을 위하여 농경지 안으로 들어가는 것은 어렵다. 반면에 초지의 경우는 초지의 산책로를 따라서 이동하면서 초지의 경관을 다양하게 조망하는 것이 가능하다. 이러한 초지의 공간적인 개방성 또한 초지경관이 가지는 독특한 요인이 된다.

초지로 분류되기도 하는 도시공원이나 골프장의 경우도 초지와 같이 산책로를 따라서 이동하면서 경관을 즐길 수 있는 개방성을 가지고 있으나 초지와의 차이점은 공간적인 폐쇄성이다. 도시공원이나 골프장 같은 공간은 주변의 공간과 명확히 구분되는 특징을 가지고 있고 이러한 특성은 어느 정도의 시각적인 폐쇄성으로 느껴지게 된다.

이러한 초지의 경관은 넓게 펼쳐진 초원의 개방감과 산림과 초지가 어우러져 만드는 경관의 다채로움 그리고 가축이 방목되어 풀을 뜯고 있는 모습이 주는 목가적인 느낌을 제공하여 초지를 방문한 사람들에게 잠시나마 일상의 스트레스를 벗어나 자연 속에서 치유되는 느낌을 가지게 한다. 따라서 초지를 관광자원으로 이용하려 할 경우 이러한 초지의 경관적인 장점을 잘 이해하고 이러한 장점들을 잘 살릴 수 있도록 계획되어야 한다.

8.1.3. 농촌관광자원으로서의 체험형 축산

농어촌생활체험은 농어촌지역에서 지역의 자연, 문화, 주민들과의 교류를 즐기는 체재형 관광을 의미한다. 주로 농수산물의 채집 및 채취형 활동과 해당 지역 고유의 농어촌의 생활 방식을 지역주민과 같이하는 활동 등으로 이루어진다.

농촌관광에서 농어촌체험은 농촌관광의 기본적인 아이템으로서의 중요성을 지니고 있다. 특히 주 5일 근무제와 주 5일 수업제의 실시로 여가시간이 증가되면서 증가된 여가시간에 다양한 활동을 하려는 수요가 증가하고 있으며, 이러한 추세 속에서 농촌관광에서 농업활동 자체가 새로운 여가활동으로 인식되면서 체험관광형 사업들이 주목을 받고 있다. 도시민에게 농촌관광은 체험해 보고 싶은 프로그램으로 인식되고 있으며, 특히 어린이나 청소년의 교육프로그램은 직접 농업활동에 참여하여 도시에서 체험할 수 없는 자연의 소중함을 일깨워 주고 있다.

농촌관광자원으로서 초지의 중요성은 관광체험축산으로 활용될 수 있다는 점이다. 배인휴(2008)는 '관광체험목장'을 '깨끗하게 정비되고 일정한 시설을 갖춘 목장을 도시민에게 개장하여 일정한 요금 체제하에서 목장운영과정의 현장을 체험할 수 있는 각종 체험프로그램을 운영하는 목장'으로 정의하고 있다. 이러한 관광체험형 목장은 송아지에게 사료 급여하기, 손착유 등의 목장운영과정과 치즈만들기, 아이스크림 만들기 등 유제품의 제조과정을 관광체험상품으로 개발하여 운영하는 것으로서 관광체험상품을 통한 목장의 소득증대뿐만 아니라, 목장운영과 유제품의 제조과정을 체험하면서 축산에 대한 인식을 제고하는 계기를 가지게 하는 효과도 가지고 있다.

8.1.4. 관광체험형 목장의 조성

(1) 초지경관의 구조와 요소

초지는 경관적인 독특함으로 다른 농업자원과 차별성을 가지는 중요한 농촌관광자원이다. 초지가 이러한 경관적인 독특함을 가지는 이유를 경관의 구조적 특징을 통하여 살펴보면 다음과 같다. 초지의 경관은 경관의 기본이 되는 지형과 그 위에 형성되어 있는 경관요소들로 나누어 볼 수 있다. 경관요소는 기본적으로 초지와 초지를 둘러싸고 있는 산림이 경관의 기초가 되고 초지 위의 나무, 산책로, 방목된 가축 등이 초지경관을 더욱 독특하게 만들어 주는 경관요소가 된다. 그리고 산책로를 따라 설치된 목책과 조경수 그리고 야생화들이 초지의 장식적인 경관요소들로 작용하게 된다.

이러한 초지의 경관은 거리에 따라 크게 원경(遠景), 중경(中景) 그리고 근경(近景)으로 나누

그림 8-2 초지경관의 원경, 중경, 근경

어 볼 수 있다(그림 8-2). 원경은 산이나 드넓게 펼쳐진 평야같이 초지의 배경이 되는 경관이고, 중경은 소가 방목되고 있는 눈앞의 초지 자체의 경관이다. 그리고 근경이란 산책로의 포장이나 목책 그리고 산책로를 따라 심어진 야생화같이 가까운 거리의 경관이며 목책에서 접촉이 가능한 방목가축도 근경의 요소로 볼 수 있다. 거리에 따른 세 가지의 경관요소들이 유기적으로 결합하여 초지의 독특한 경관을 만들게 된다.

따라서 관광체험을 위한 초지를 조성할 때는 이러한 초지의 경관적인 요소들을 이해하고 각각의 경관요소들의 배치에 유의하여 토지이용계획을 세워야 한다. 예를 들어 방문자에게 매력적인 경관을 제공하기 위해서는 원경요소를 고려하여 방문객의 이동경로상에서 주요 조망점을 파악하고 주요 조망점에서 보이는 경관을 기준으로 초지의 위치나 배치를 결정해야 하고, 중경요소를 고려하여 초지의 넓이 확보, 식생설계, 방목설계 등을 해야 하며, 근경요소를 고려하여 가축을 용이하게 접촉할 수 있는 산책로 설계, 경관을 매력적으로 만들기 위한 식재설계 및 목책 등의 시설물설계를 해야 한다.

(2) 초지경관의 조성을 위한 핵심요소

기존의 목장의 경우, 관광목장을 목적으로 계발되지 않았어도 관광목장에 필요한 요소(개방성, 초지경관, 가축)들을 기본적으로 가지고 있다. 그러나 관광목장으로서의 목장의 기능을 극대화하기 위해서는, 가축생산을 목적으로 한 목장과는 다르게 이용자 중심의 접근 방법이 필요하다. 이를 위해서는 초지조성에 대한 인식의 전환이 필요하다. 먼저 조성된 초지경관을 방문자가 와서 즐기는 것이 아닌 방문자에게 초지경관을 제공하기 위하여 계획단계에서부터 경관에 대한 고려가 있어야 한다.

초지경관을 고려한 계획은 기존의 초지를 관광체험형 목장으로 조성하는 경우뿐만 아니라 초지를 새롭게 조성하는 경우에도 같이 적용된다. 특히 산지에 초지를 조성할 경우 초지조성을 위하여 산림의 수목을 벌채하여야 하며, 이 경우 산림을 다시 복구하는 것은 시간이 많이 걸리고 어렵기 때문에 벌채 전의 조성계획의 수립을 더욱 신중하게 할 필요가 있다. 이를 위해서는 경관적인 요소들을 고려하여 조성계획안을 수립하고 수립된 조성계획안에 대하여 경관을 시뮬레이션 하는 과정이 필요하다.

관광체험형 목장 조성을 위한 핵심요소는, 첫째 방문객 중심의 조성부지 선정, 둘째 다채로운 경관조성 및 체험프로그램 개발, 셋째 초지의 경관과 생산성을 모두 고려한 초지 조성 및 관리로 볼 수 있다(그림 8-3).

각각의 핵심요소들을 실행하기 위한 방안은 다음과 같다.

그림 8-3 관광체험형 목장의 조성을 위한 핵심요소

방문객 중심의 조성부지 선정	• 방문자 이동경로계획 후 이동경로에서 보이는 초지경관을 고려하여 초지의 개발위치, 방목 장소 등을 결정해야 함.
다채로운 경관조성 및 체험프로그램 개발	• 야생화나 조경수목을 심어 다채롭고 흥미로운 경관을 조성하고 낙농체험프로그램을 제공하여 여가 및 교육의 장이 되도록 함.
초지의 경관과 생산성을 고려한 초지 조성 및 관리	• 초지의 생산성을 높이면서 초지경관을 유지할 수 있도록 해야 함.

① 방문객 중심의 조성부지 선정

관광체험형 목장의 조성을 위해서는 이용자의 관점에서 잠재적인 고객(방문객)의 특성을 분석할 필요가 있다. 이를 위하여 예상 방문객의 관심대상이나 선호요인을 분석해야 하며 또한 방문객의 수요분석을 통하여 수요를 예측해야 한다. 관광객의 선호요인 분석은 일반인을 대상으로 한 설문조사나 기존의 관광체험형 목장을 방문한 방문객을 대상으로 한 만족도 설문조사를 통하여 이루어지며, 수요예측은 관광체험형 목장의 테마 및 체험프로그램, 숙박시설이나 휴게시설 같은 편의시설 그리고 계절성 등의 요소들에 대한 분석을 통하여 이루어진다. 그리고 이러한 수요분석의 결과는 조성부지 선정을 위한 기본자료로 사용되게 된다.

조성부지의 선정은 수요와 지정학적인 특성을 고려한 입지분석을 통하여 이루어진다. 입지분석은 GIS(Geographic Information Systems, 지리정보시스템)분석을 통하여 이루어지며 경사도, 방향, 토양, 현존식생 등의 지형조건과 주요 도로와의 거리, 주변 도심지로부터의 거리 등의 접근성 그리고 주변의 관광지나 숙박시설의 유무, 토지 가격, 환경오염 등의 여러 가지 요인들을 종합적으로 분석하여 최적의 조성부지들을 선정하게 된다.

조성부지 선정을 위해서는 컴퓨터를 이용한 입지분석방법이 가장 일반적이나 컴퓨터를 이용한 분석만으로는 완전한 평가가 어렵기 때문에 현장조사와 전문가 의견을 통하여 종합적으로 판단할 필요가 있다. 특히 초지의 경우 관광의 목적뿐만 아니라 축산활동의 목적을 동시에 가지고 있기 때문에 두 가지 목적을 적절하게 만족할 수 있는 계획의 수립을 위해서는 입지분석결과에 축산전문가와 조경전문가 양쪽의 경험적인 판단을 적절하게 수용하여 조성계획을 수립하여야 한다.

그림 8-4 초지 조성부지의 선택을 위한 GIS를 이용한 입지분석 화면

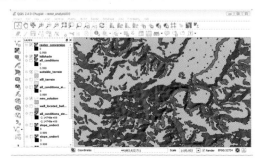

그림 8-5 포토샵을 이용한 경관시뮬레이션의 예

② 다채로운 경관조성 및 체험프로그램 개발

관광체험형 목장의 방문객에게 초지의 경관을 효과적으로 제공하기 위해서는 방문객의 이동경로를 중심으로 경관계획을 수립하여야 한다. 방문객은 자가용이나 대중교통을 이용하여 목장으로 진입하게 되고 목장에 진입한 이후에는 산책로를 따라 걸으며 목장의 경관을 보게 된다. 이러한 이동경로 중에서 시야가 넓고 경관이 좋은 곳들은 잠시 멈춰 서서 경치를 감상하게 되는 조망점이 되기 때문에 이러한 조망점을 중심으로 경관을 계획하여야 한다. 또한 산책로를 따라서 매점, 화장실, 식당 등의 편의시설이 위치하게 되면 이 또한 중요한 조망점이 되기 때문에 편의시설의 위치 선정도 초지경관을 고려하여 이루어져야 한다.

이러한 경관계획을 효율적으로 하기 위하여 방문자의 이동경로를 기준으로 시각적인 시뮬레이션을 실시하기도 한다. 예를 들어 방문자의 이동경로 중에서 주요 조망점에서 보이게 될 조성 후의 예상경관을 포토샵(photoshop)과 같은 사진편집프로그램을 이용하여 만들고 이를 바탕으로 조성계획안을 수정, 보완하기도 한다(그림 8-5).

초지를 더욱 다채로운 경관으로 만들기 위해서 조경수목이나 조경화를 식재하기도 한다. 이 경우는 대상지의 토양과 기후 등의 환경요인을 분석하여 적합한 수종을 선택해야 한다. 최근에는 조경화 대신 자생화를 식재하는 경우도 있는데, 한국야생식물연구회에 따르면 일반적으로 목장지역은 장기간의 가축사육으로 일반지역에 비하여 거름기가 많고, 특히 축사가 인접한 곳이나 분뇨의 처리구나 배출구 주변은 질소나 인이 과다하게 집적되어 있어 토양의 개량이나 환경의 개선 없이 바로 야생화를 심기는 어렵다고 한다. 그러나 깨끗한 마사토나 모래를 이용하여 객토나 환토를 하고 토양을 개량한다면 야생화의 식재가 가능하고, 이렇게 목장의 진입로나 산책로를 따라 조성된 야생화 화단은 자칫 단조로워질 수 있는 목장경관을 보다 흥미로운 경관으로 만들 수 있다. 야생화 중에서 관상가치가 있는 것을 중심으로 100여 종이 상업화되어 있으며 이들을 식재할 경우에는 꽃이 피는 시기를 고려하여 식재하여야 한다.

관광체험형 초지의 조성 시에 경관의 계획과 함께 중요한 것은 적절한 낙농체험프로그램의 설계이다. 낙농체험프로그램의 설계는 잠재고객의 요구도를 분석하여 이루어져야 하며, 체험프로그램을 위한 시설물의 위치는 방문객의 이동경로와 행동패턴을 고려하여 계획되어야 한다.

③ 경관(녹색도)과 생산성을 고려한 초지 조성

체험관광을 목적으로 조성된 초지는 방문객에게 매력적인 경관을 제공할 수 있어야 한다. 일반적으로 일반인이 기대하는 초지의 모습은 넓은 면적의 녹색의 풀밭에서 동물이 풀을 뜯고 있는 모습이다. 따라서 초지가 눈으로 덮이는 겨울철을 제외한 나머지 기간 동안 초지가 녹색을 유지하도록 하는 것이 관광체험형 초지의 경관유지에 있어 관건이 된다.

그러나 초지를 녹색으로 오랜 기간 유지하기 위한 연구는 주로 골프장과 잔디구장에 적용되는 한국잔디류(Zoysia sp.)를 대상으로만 이루어졌고, 초지의 녹색도 유지를 위한 국내 연구는 미비한 실정이다. 따라서 앞으로 관광체험형 목장의 녹색도 유지에 관한 보다 많은 연구가 필요한 실정이다. 한국잔디류의 경우 축산활동을 목적으로는 생산성의 측면에서 적절하지 않지만 관광형 목장의 조성에 있어서는 부분적으로 사용이 가능하므로 여기서는 한국잔디류의 녹색도 연장에 관한 지금까지의 주요연구결과를 살펴보도록 하겠다.

난지형 잔디의 경우 생육개시 온도가 10°C 이상이고 생육적온은 27~35°C이다. 따라서 국내에서 난지형 잔디가 녹색을 유지하는 기간은 5~6개월 정도로 알려져 있다. 한지형 잔디의 경우는 생육적온이 15~24°C로서 유럽에서는 4계절 모두 녹색을 유지하지만 국내의 경우는 9~10개월 정도 녹색을 유지하는 것으로 알려져 있다. 이러한 잔디의 녹색도를 연장시키기 위해서는 가을철의 녹색도를 연장하는 것이 중요하며 이를 위한 방법은 다음과 같다.

먼저 가을철 한국잔디의 녹색기간의 연장을 위하여 질소비료가 효과가 있는 것으로 알려져 있다. 그러나 적절한 질소 시비량은 연구자에 따라 차이가 있다. 그리고 생육 후기의 질소 시비는 내한성의 감소 및 다음 해의 병충해 유발을 조장할 우려가 있는 것으로 알려져 있다.

내한성의 정도가 다른 잔디를 혼식할 경우에도 잔디의 녹색기간을 2~3주 연장시킬 수 있으나, 혼식을 할 경우에는 혼식효과의 감소나 답압 후 회복률, 예취량 등에 대한 전반적인 고려가 필요하다

또한 비닐피복이나 차광망 피복이 녹색기간 연장에 효과적이라는 연구결과도 있으나 대규모의 초지에 적용하기는 어렵다.

8.2. 관광체험축산의 운영사례

8.2.1. 시작하는 글

흔히 인생은 마라톤이라고 합니다. 하지만 저는 목장을 시작한 1988년부터 지금까지도 100m 달리기 하듯 전력 질주 하면서 살아오고 있습니다. 그 이유는 지금 여기서 속도를 늦추게 되면 그동안 제 청춘을 바쳐 일궈온 목장, 그리고 매일매일 되새기던 제 꿈이 물거품처럼 사라져 버릴 것이라는 생각이 들었기 때문입니다. 이런 이유로 아직까지도 아름다운 목장을 만들기 위해 장갑을 벗지 못하고 있습니다. 다행히도 최근에는 전국적으로 많이 알려진 목장이 되었고 많은 관람객들이 목장을 방문하고 있어 보람도 느끼면서 힘든지 모르고 일하고 있습니다.

과거에 비해 국민 소득이 높아지고, 시간적인 여유가 많아짐에 따라 주말 동안 여행을 다니는 인구가 늘어나고 있습니다. 이에 따라 관련 시장도 지속적으로 커져 가고 있습니다. 또한 몇 해 전부터 농촌의 관광체험축산이 새로운 관광상품으로 주목받기 시작하면서 이 분야에 관심을 갖는 분들도 늘어나고 있습니다.

앞으로 농촌관광과 관광체험축산 시장은 당연히 지속적으로 커져 갈 것이라고 본인은 확신합니다. 또한 이에 비례하여 이 분야에 관심을 갖는 분들도 많아질 것으로 생각됩니다. 이

런 이유로 이번 기회를 통하여 대관령양떼목장을 운영하면서 제가 평소에 느껴왔던 향후 농촌관광 및 관광체험축산의 발전 가능성과 관광체험축산의 운영 노하우를 소개해 드리려 합니다. 이 글을 통해 이 분야에 관심을 갖는 분들과 관광체험축산 분야를 연구하시는 분들에게 조그마한 도움이 되었으면 하는 바람입니다.

8.2.2. 관광체험축산의 중요성 및 발전 가능성

관광체험축산은 축사에 갇혀 사육되는 가축을 드넓은 초원으로 내보내는 것부터 시작됩니다. 즉, 초지를 아름답게 가꾸어 최대한 목가적인 모습이 잘 나타나도록 가축들을 방목시키고 여기에 각종 체험과 관광을 접목시켜 축산 소득 이외 부가가치가 높은 새로운 소득을 창출시킬 수 있는 자연 생태공간으로 조성하는 것입니다.

최근 박근혜 대통령께서도 농업의 활성화에 많은 관심을 가지시면서 미래의 농업은 1차 산업을 근간으로 하는 6차 산업으로 반드시 발전시켜야 한다고 재차 강조하고 계십니다. 체험관광축산이야말로 바로 축산분야의 진정한 6차 산업일 것입니다. 또한 축산의 6차 산업화는 현재까지 깊이 잠들어 있는 우리의 농촌관광을 발전시키고 도시민들의 정서 함양과 건강한 삶을 위해서도 아주 중요한 일입니다. 그렇기 때문에 단기적 처방으로 잠시 생겼다가 사라지는 임시 정책이 아닌 장기적이고 계획적인 국가의 주요 정책으로 정착시켜서 체험관광축산 분야가 농촌관광의 활성화에 중요한 중심축이 되도록 해야 할 것입니다.

(1) 선진국으로의 도약을 위한 발판

우리나라는 아직까지도 선진국으로 진입하기 위해 많은 노력을 하고 있으며, 실제로 '한강의 기적'이라는 말을 들을 정도로 눈부신 성장을 거듭해 왔습니다. 하지만 거기까지였습니다. 충분한 준비 없이 단기간에 이루어진 압축 성장으로 인해 우리나라는 선진국의 문턱을 넘어보지도 못하고 국력이 바닥나 어려움을 겪고 있습니다. 또한 고속 성장의 그늘로부터 각종 부작용들이 터져 나와 이를 처리하는 데 많은 국가적 에너지가 낭비되고 있습니다.

이 부작용 중 하나가 농촌의 몰락입니다. 지난 40여 년간 산업화를 이룩하는 동안 우리의 농촌은 소외되고 희생되어 왔습니다. 우리가 그토록 원하던 선진국은 단순히 경제력의 척도인 1인당 소득수준으로 정해지는 것이 아닙니다. 고소득 국가이지만 선진국으로 분류되지 않는 중동국가들을 보더라도 쉽게 알 수 있습니다.

유럽 또는 북미의 선진국들은 모두 튼튼한 농업 기반을 갖고 있습니다. 이것만 보더라도 우리나라도 선진국 진입을 위해서는 하루빨리 농업을 되살려야 한다는 결론을 얻을 수 있습니다. 다행히 많은 사람들이 농촌의 중요성을 인지하기 시작했습니다. 그리고 정부에서도 농촌을 살리기 위해 각 부문별로 많은 지원을 아끼지 않고 있어 농촌의 미래는 점점 밝아질 것으로 기대됩니다.

관광체험축산은 농촌의 발전을 이끌 중요한 사업들 중 하나가 될 것입니다. 이 사업은 자연 그대로의 아름다운 모습을 지닌 농촌에서만 가능한 것입니다. 뿐만 아니라 축산(1차 산업)을 기본으로 각종 제조(2차 산업)와 서비스 및 유통(3차 산업)을 융합할 수 있는 무궁무진한 가능성을 가진 블루오션 시장이기 때문입니다.

(2) 마음의 휴식처

전 세계를 둘러보아도 대한민국 국민과 같이 열심히 사는 사람을 찾기 힘들다고 합니다.

과거에는 당장 먹고 살기 위해서 일만 하면서 앞만 보고 달렸습니다. 하지만 GDP가 2만 달러를 넘어서고, 주 5일 근무 정착 등 각종 근무환경 변화로 인해 우리의 삶의 모습은 많은 부분에서 예전과 달라지고 있습니다. 사람들은 일보다 가족과의 시간을 보내는 것을 중시하고, 건강한 삶의 영위를 위해 건강한 음식을 찾고 운동을 시작했으며, 폭넓은 시각을 갖고 심신의 피로를 풀기 위해 쉬는 날만 되면 국내외를 가리지 않고 여행을 떠나고 있습니다.

이와 같은 변화 속에서 우리 농촌은 치열하고 전쟁과 같은 도시생활로부터의 피난처이자 안식처가 되어 갈 수 있습니다. 특히 농촌은 빛과 같은 속도로 변해 가는 변화 속에서 점차 잊혀져 가는 인간 본연의 정서적 가치를 발견할 수 있는 보물섬(농촌의 문화유산과 자연환경 등)과 같은 곳입니다. 지금 이 순간에도 도시 사람들은 농촌이 품고 있는 보물들을 보기 위해 먼 거리를 달려오고 있습니다. 그리고 엄마의 품과 같은 포근한 농촌에서 하룻밤 머물며 휴식을 취하고 싶어합니다.

오랫동안 대관령양떼목장을 운영하면서 얻은 풍부한 경험을 토대로 판단하건데, 우리 농촌이 간직하고 있는 많은 풍습과 문화, 자연환경 등은 도시민들에게는 훌륭한 관광체험자원이 될 것입니다. 앞으로 이러한 관광체험자원을 활용한 체험관광축산 분야는 폭발적으로 확대될 것이고, 우리 농촌을 활성화시키는 데 크게 기여할 것입니다.

8.2.3. 관광체험축산의 성공 요소

(1) 이미지의 실현

이미지(image)는 요즘 사회의 중요한 키워드 중 하나입니다. 애플의 아이폰이 나온 이후로 현대사회에서 이미지의 중요성은 더욱 커진 것 같습니다. 요즘은 제품 광고도 스펙을 알리는 데 역량을 집중하기보다는 제품에 감성을 입히는 것을 더 중시하는 것 같습니다.

관광체험축산에 무슨 이미지 타령이냐고 반문하시는 분들이 있을 것입니다. 하지만 이미지는 축산에서도 아주 중요합니다. 사람들이 축산에 대해 갖는 이미지는 두 가지로 압축할 수 있습니다. 악취와 배설물이 가득한 축사에서 가축들이 밀집 사육되는 모습, 그리고 다른 하나는 푸른 초원 위에서 가축들이 한가로이 풀을 뜯고 있는 모습. 전자는 축산업의 부정적인 모습이고 후자는 긍정적인 모습입니다.

관광체험을 위한 목장은 관광객들에게 후자의 모습만 보여야 합니다. 전자의 모습이 관광객들에게 각인되는 순간 관광객들은 목장에 대해 실망하게 될 뿐만 아니라 다른 사람들에게도 목장에 대한 부정적인 인식을 전파하게 됩니다. 하지만 후자의 모습에 각인된 관광객은 깊은 감명을 넘어 감동을 받게 되며, 다른 사람들에게 추천까지 하는 긍정적 효과를 불러일으키게 됩니다.

관광객들이 목장에 대한 부정적인 이미지를 불식시키고, 관광객들이 가지고 있는 긍정적인 이미지를 실제 모습으로 실현시켜 주어야 '성공'이란 목적지로 한발 나아갈 수 있습니다.

(2) 선택과 집중

선택과 집중이 중요하다는 사실은 누구나 알고 있지만 실천하기는 매우 어렵습니다. 얼마 전 삼성그룹이 계열사 4곳을 한화그룹에 매각한다고 발표했습니다. 삼성이 다른 기업을 인수했으면 했지 매각할 것이라고는 상상하기 힘들었을 것입니다. 내부 직원들도 지금껏 그렇게 믿고 있었기에 더 충격적인 발표였을 것입니다. 이런저런 이유가 많겠지만, 일단 이번 빅딜

의 가장 큰 동기는 삼성그룹이 자신의 강점과 약점을 파악한 후, 그들이 보유한 강점에 집중을 하는 것이 옳다고 판단했다고 볼 수 있을 것입니다.

관광체험목장은 축산업을 기본으로 삼고 운영해야 하는데, 실제로 목장을 운영하다 보면 이런저런 유혹에 많이 빠져들 수도 있습니다. 커피숍도 차려보고 싶고, 놀이기구도 가져다 놓고 싶고, 숙박업도 해보고 싶고… 이런 방법으로 단기적인 매출을 늘릴 수는 있지만 목장을 지속적으로 성장시키면서 장기적으로 운영하는 데 걸림돌이 될 수 있다는 사실을 명심해야 합니다. 본연의 사업에서 멀어지면 멀어질수록 관광체험목장의 본연의 모습은 사라지고 껍데기만 남을 뿐이기 때문입니다.

8.2.4. 대관령양떼목장의 성장 스토리

(1) 꿈

대다수의 사람들이 우리나라 국토가 좁다고 말합니다. 왜, 우리나라 국민들은 땅이 좁다고 불평만 하고 지천에 널려 있는 야산들은 유용하게 활용하지 못하는 것일까요? 유용하게 활용할 수만 있다면, 이 좁은 국토가 얼마든 넓게 사용될 수 있을 텐데요. 이런 점들이 제 청소년 시절의 막연한 의문점이었습니다. 성인이 되어 직장생활을 하면서도 제 머릿속엔 항상 이런 생각들이 아쉬움으로 남아 있었습니다.

그 후, 1986년 봄. 우연한 기회를 통해 대관령 지역의 어느 목장을 방문한 적이 있었습니다. 도시 생활에만 익숙해 있던 제게 목장의 푸른 초원에서 한가로이 풀을 뜯는 소떼들의 모습은 그야말로 한 폭의 살아 있는 풍경화였습니다. 저는 이 광경에 감동을 받았고, 감동에 취한 나머지 직감적으로 '이 느낌, 이 광경'을 혹시 미래의 관광상품으로 가꾸면 어떨까 하는 엉뚱한 생각이 끊임없이 제 머릿속을 맴돌았습니다. 제 눈에는 단지 가축을 사육하기 위한 초지가 하나의 훌륭한 관광자원으로 보였던 것입니다.

(2) 고민

그렇지만 그때에는 갈등도 참 많았습니다. 언론매체에서는 날이면 날마다 "UR협상으로 인해 앞으로 우리 축산은 희망이 없다."라는 우려의 보도가 많았습니다. 또한 개인적으로는 안

정된 직장과 지속적인 소득이 있음에도 불구하고, 산에 들어가 성공의 보장도 없는 꿈을 위해 위험한 모험을 시작해야 한다는 사실을 생각하면 눈앞이 깜깜했기 때문입니다.

그 후, 2년간의 고민 끝에 어려운 결단을 내렸습니다. 1988년 8월 서울의 직장생활을 청산하고 저희 가족 4식구(아내와 아들 2명)는 낯설고 황량한 대관령 정상 부근에 이삿짐을 풀었습니다.

(3) 도전

목장을 가꾸는 것은 생각처럼 쉽지 않았습니다. 축사도 지어야 하고 살 집도 지어야 하는데, 건축일을 해본 경험이 없어 공사판에서 건축일을 배우는 것부터 시작했습니다. 그곳에서 망치질부터 시작하여 전기, 수도 등의 일을 배워 와서 목장 시설들을 하나둘씩 만들기 시작했습니다. 자금도 항상 부족하여 아내와 둘이 모든 시설물들을 손수 만들어 나갔습니다. 정부로부터 자금을 지원받으면 조금은 수월할 수 있었지만, 면양은 기타 가축으로 분류되어 정부의 모든 지원 정책에서 제외되어 항상 자금난에 시달려야 했습니다.

그 당시 폐허같이 방치되어 있던 국유초지(약 20ha)를 지금과 같이 아름답게 만들어 내는 데에도 많은 시간과 노력을 들였습니다. 대관령에 처음 내려와 어느 목장에서 가슴속 깊이 감명받았던 '바로 그 느낌, 그 광경'을 실현시키기 위한 핵심적인 요소가 잘 가꾸어진 초지라고 생각했기 때문입니다.

(4) 결실

2014년. 올해를 기준으로 제가 귀농한 지 만 26년이 조금 넘었습니다. 제가 내려오기 전에는 폐허같이 방치되어 있던 이곳에, 제 청춘과 땀방울을 심고 혼을 불어넣어 최대한 '목가적인 모습'이 나타나도록 목장을 가꾸는 것에 전념하였습니다. 그러길 어언 15년. 이제는 목장이 아름답다며 한 명, 두 명씩 방문하기 시작하더니 입소문이 나기 시작하면서 이제는 제법 많은 사람들이 좋아하는 명소 중 한 곳이 되었습니다.

목장을 방문하는 관람객들로부터 아름다운 목장이라고 칭찬을 들을 때마다 대관령양떼목장을 가꾸기 위해 바친 제 청춘과 노력이 헛되지 않았음을 느끼고 있습니다. 이렇게 된 것은 제가 대관령에서 28년 전에 처음 느꼈던 '바로 그 느낌, 그 광경', 즉 '목가적인 모습'을 만들어야 한다는 목표를 가지고 목장을 가꾸었기 때문이라고 생각합니다. 앞으로 관광체험축산을 시작하시는 분들은 사업 성공의 핵심요소가 "목가적인 모습을 얼마나 잘 실현시켜서 관람객

들을 감동시킬 수 있느냐?"임을 명심하고 목장을 운영하셔야 할 것입니다.

8.2.5. 대관령양떼목장 개요

목장명	○대관령양떼목장
대표자	○전영대(1952년 출생)
목장 소재지	○강원도 평창군 대관령면 대관령마루길 483–32
연락처	○전화 : 033–335–1966 ○Fax : 033–332–1964 ○홈페이지 : www.yangtte.co.kr
직원 현황	○정규직원 : 15명(대표자 포함) ○아르바이트 : 주말 또는 여름휴가 시즌 등 관람객 수를 고려하여 탄력적으로 운영(5~9명)

8.2.6. 대관령양떼목장 시설 및 면양 사육 현황

(1) 초지 관리

면적	○약 20ha
초종	○티모시(timothy)와 켄터키 블루그라스(kentuckey bluegrass)가 주종임.
조성방법	○잡목제거와 화입 후에 지표면에 겉뿌림 실시 ※ 장마 전, 비료와 풀씨를 맨땅에 뿌려 놓으면 습한 장마기간 동안 발아가 잘됨.
관리방법	○전체 목구를 16구역으로 분할하였으며, 한 목구당 2일 정도로 윤환방목을 실시함.
시비방법	○벼 복합비료와 원예용 비료를 1ha 당 30포를 연 3회(봄, 여름, 가을)로 나누어 살포함.
관리상 문제점	○목장 운영 초창기에 운영비 부족으로 인해 초지 일부가 부실화된 상태에서 애기수영이 심하게 번져 매년 전액 자비로 보완을 하고 있음. 현재는 전체 면적의 80% 정도는 완전히 제거되었으며, 앞으로 계속해서 애기수영을 퇴치하는 데 중점을 둘 계획임.

(2) 면양 사육 관리

품종	○ 코리데일(corriedale) ○ 폴워스(polwarth) ※현재는 코리데일과 폴워스 교잡종이 대다수임.
사육두수	○ 연평균 260~280두를 유지 ※ 새끼 출산으로 증가되는 수는 분양으로 조절함.
사육관리	○ 5월 초순 ~ 11월 초순까지는 초지에 24시간 방목 (약 6개월) ○ 11월 중순 ~ 익년 3월 말까지는 축사 내 사육 (약 6개월)

(3) 축사 시설

축사 A동	○ 약 280㎡
축사 B동	○ 약 170㎡
축사 C동	○ 약 160㎡

※ 축사 C동은 먹이주기 체험장으로 활용하고 있음.

8.2.7. 대관령양떼목장 체험프로그램 운영 현황

(1) 목장체험프로그램
① 건초 먹이주기 체험
② 산책로 걷기 체험

(2) 목장체험료

대인	○ 4,000원 ○ 20세 ~ 64세
소인	○ 3,500원 ○ 6세 ~ 19세
노약자 및 장애인	○ 2,000원 ○ 65세 이상 ○ 장애등급 1, 2, 3급만 해당
무료입장 대상자	○ 5세 이하 영유아 ○ 국가유공자 본인 ○ 지역주민(대관령면)

※ 단체는 대인/소인 요금에서 각 500원씩 할인됨.

(3) 관람객 현황 및 분석
① 관람객 현황

연도	2011년	2012년	2013년
관람객수	약 42만 명	약 53만 명	약 58만 명

※ 2011년은 구제역 확산 방지 대책으로 3개월간 목장을 자진 폐쇄하였음.

② 관람객 분석

○필수 데이트 코스로 알려지면서 젊은 남녀 고객이 상당 부분 차지함.

○초, 중, 고 학생단체(현장학습)가 5월~6월, 9월~10월에 집중됨.

○가족 단위의 관람객은 꾸준히 많음.

○최근에는 65세 이상 장·노년층 고객이 증가하고 있음.

8.3. 산지초지 모범농가 소개

8.3.1. 농장소개

금성목장 연역 및 특징

○금성목장은 1983년에 초지를 조성하여 15두의 젖소를 방목해 원유를 생산하면서 시작되었다. 2006년 그 뒤를 이어 현 김원진 사장이 가업을 물려받으면서 한우를 키우기 시작했다. 금성목장은 30여 년의 역사를 가지고 있고 현재 자체 육종 시스템과 초지를 이용한 가축관리 기술을 보유하고 있다.

○금성목장은 해발 600~700m의 잘 조성된 초지 덕분에 건강한 소를 키워 경쟁력을 확보하고 있으며 2001년 15마리를 기르기 시작한 후 현재 200여 두로 늘어나는 동안 외부에서 유입된 소가 없이 자체 육종 기술로 우수한 축군을 유지하고 있다.

(1) 목 장 주 : 김원진
(2) 위   치 : 강원도 평창군 방림면 운교리 1131-1
(3) 축   종 : 한우
(4) 사육두수 : 번식우 130, 육성우 및 송아지 66 등 총 196두

그림 8-6 방목 중인 한우(평창 금성목장)

그림 8-7 초지 및 주요시설 배치도(금성목장)

● 축사 2동, 퇴비장

● 방목지 9ha(평지 3ha, 경사지 6ha)

그림 8-8 방목지 항공촬영 사진

(5) 방 목 지 : 9ha(평지 3ha, 경사지 6ha), 해발 600~700m
(6) 주요시설 : 축사 2동, 퇴비장

8.3.2. 초지 조성 및 이용

(1) 초지 일반현황

① 금성목장은 경사지 6ha, 평지 3ha로 총 9ha의 초지를 가지고 있다. 9ha의 초지는 5 개의 구역으로 나누어 윤환방목을 하고 있으며 평지 3ha의 경우 생산량이 많은 봄 철에는 채초로 그 이후에는 방목을 통하여 이용하고 있다.
② 금성목장의 방목지는 꾸준한 관리 덕분에 관리가 잘되고 있다. 〈표 8-1〉은 방목지 중 한 곳의 ha당 연간 목초 생산량을 나타낸 표이다. 금성목장의 초지는 목초 생산 량이 높은 상급초지로 목초비율이 90% 이상인 우수한 초지이다.

표 8-1 금성목장의 방목지 중 한 곳의 ha당 연간 목초 생산량

방목시기	생산량(kg/ha)	
	생초수량	건물수량
1차	25,067	5,460
2차	10,735	2,135
3차	2,135	1,937
합계	37,937	9,532

(2) 산지초지 관리

① 불경운초지 갱신

〈불경운초지개량〉

1. 특성
　① 불경운초지개량 방법은 땅을 갈아엎지 않고 땅 표면에 간단히 파종상처리를 하여 초지를 개량 하는 것이 특징이다.
　② 주로 대상지의 경사가 심하거나 장애물이 많아 기계투입이 어려운 곳에서 쓰인다.
　③ 초지개량에 소요되는 비용이 적은 반면 개량 후 초지가 완성될 때까지 기간이 길며 조성 후 꾸

준한 사후관리가 필요하다.

2. 중요성

① 완경사지나 평탄지의 경우 식량작물이나 원예, 화훼작물 및 사료작물과 경합이 되기 때문에 목초생산은 경사가 심한 산지가 적합하다.

② 국토의 64%인 산지를 보다 적극적으로 활용하고 친환경적인 축산을 영위하고 조사료 기반을 확보하기 위한 방법이다.

3. 불경운초지개량의 유리한 점

① 경운조성에 비해 노동력과 기계사용이 줄어든다.

② 초기 자본 투자가 적다.

③ 땅을 갈아엎지 않기 때문에 경사지에서 토양침식의 위험이 적고 토양유실을 줄일 수 있다.

④ 기계사용이 불가능한 지대라도 개발이 가능하다.

⑤ 땅 표면이 단단해서 비가 내리고 있는 도중이나 비가 온 직후 토양의 수분이 높을 때에도 목초의 파종이 가능하다.

⑥ 생산성이 낮은 산지를 적은 비용으로 개량할 수 있다.

⑦ 한발, 홍수 및 산불 등이 지나간 다음이나, 또는 초지에 있어서 초종의 균형이 깨어졌을 때와 같이 긴급한 복구가 필요할 때에 유리한 초지개량 방법이다.

4. 불경운초지개량의 불리한 점

① 종자와 토양의 접촉이 어려워 발아가 잘 안 되고 어린 목초의 정착이 빈약하다.

② 시간과 비용의 투입에 비하여 개량의 성과가 낮을 경우가 있다.

③ 대상지의 개발은 신속하지만 초지의 생산성을 높이는 것이 느리기 때문에 단위면적당 목초의 수량도 더디게 증가한다.

5. 개량 시 주의사항

① 불경운초지개량 대상지의 토양 중에 결핍되어 있는 목초의 필수양분은 반드시 공급되어야 한다.

② 개량 전부터 자생되고 있는 선점야초나 관목은 제거되어야 한다.

③ 목초의 종자가 토양과 잘 닿도록 주의하여야 한다.

④ 초지를 개량할 때에나 개량 후에도 알맞은 이용 및 적절한 관리가 계속되어야 한다.

6. 개량과정

① 불경운초지개량의 작업과정은 아래 그림과 같으며 농가상황에 따라 생략하거나 추가할 수 있다.

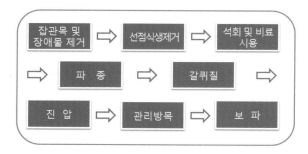

가. 파종상 조성

목초를 보파하기 전 목초의 정착을 돕기 위해 파종상을 잘 만들어 주는 것이 중요하다. 따라서 불경운초지개량 방법에 의하여 초지를 개량할 때에는 선점식생을 제거해 주는 것이 우선되어야 하며, 이때 파종상을 만들어 주는 방법으로는 제초제(herbicides) 사용과 가축에 의한 제경법이 있다. 금성목장의 경우 대상지에 가축의 방목강도를 높이는 중방목을 시켜 목초가 잘 정착할 수 있게 야초와 선점식생을 어느 정도 제거하는 방법을 이용한다. 이러한 방법을 제경법이라고 하며, 토양 지표층의 양분을 최대로 이용하고 발아 및 정착에 영향을 주는 부식층(litters) 및 선점식생(existing vegetation)을 가축의 중방목을 통하여 겉뿌린 종자가 토양에 잘 밀착하여 발아, 정착될 수 있도록 하는 방법이다. ha당 방목 두수는 개량 대상지의 식생 및 생산성에 따라 다르지만 ha당 15~20마리의 소를 3일 정도 방목시키는 것이 바람직하다.

그림 8-9 ▶ 방목축을 이용하여 파종상을 만드는 장면

〈제경법: hoof cultivation〉

초지조성법의 일종으로 잡관목 제거를 가축의 발굽(hoof)과 이빨(tooth)을 통해서 제거하고 그 위에 목초를 겉뿌려서 초지를 만드는 방법

나. 혼파조합

경운초지에 비하여 산지초지의 보파를 통한 개량은 많은 제약으로 쉽지 않기 때문에 이러한 다양한 조건하에 사용될 수 있는 혼파조합을 짜는 것이 무엇보다 중요하다. 금성목장의 경우 기존 오차드그라스, 티머시, 레드탑 위주의 초지를 톨 페스큐(Tall fescue)가 중심이 되는 혼파조합을 보파하여 식생을 개선하였으며, 톨 페스큐 위주 혼파조합은 기후에 대한 적응 범위가 넓고 관리가 쉬워 방목이용에 적합하다. 보파한 혼파 조합 비율은 〈표 8-2〉와 같다.

다. 파종시기

겨울 전에 뿌리가 충분히 발육하고 영양분을 저장하기 위해 파종은 적어도 서리 내리기 35~45일 전까지는 완료되어야 한다. 금성목장의 경우 8월 중순 정도까지 파종을 완료하여 월동에 지장이 없도록 하고 있다.

표 8-2 톨 페스큐 위주의 혼파조합

초 종	톨 페스큐	오차드 그라스	페레니얼 라이그라스	켄터키 블루그라스	합계
종자량 (kg/ha)	18	10	5	2	35

*기후 조건 및 환경에 따라 달라질 수 있음.

라. 파종 방법

파종의 경우 동력분무살포기(미스트기)를 이용하여 목초 종자를 산파(broadcasting)한다. 목초 종자가 고루 뿌려지게 하기 위해서 2회 정도로 나누어 파종하고 배출구를 바닥으로 향하는 것보다 위로 향하게 하는 것이 유리하다.

그림 8-10 동력분무살포기를 이용하여 목초 보파

그림 8-11 파종 후 레이크로 긁어 준 후 목초가 땅에 떨어진 상태

그림 8-12 진압 효과

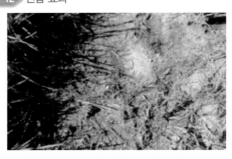 

마. 복토 및 진압

파종 후 종자의 정착을 돕기 위해 금성목장에서는 겉뿌림 후 레이크(rake) 등으로 지표면을 긁어 주고 있다. 이는 땅에 접촉되어 있지 않은 목초 종자를 떨어뜨려 목초 종자를 지면에 밀착시켜 준다.

또한 3ha의 면적을 30두의 방목축을 이용하여 2일 정도 방목을 시켜 방목축의 발굽으로 밟아주고 있다. 이것은 제압방목이라고 하며 목초 종자의 토양과 접촉을 촉진시켜 주는 역할을 한다. 〈그림 8-12〉는 진압의 중요성을 잘 나타내 주는 사진으로, 초지조성에 있어서 진압은 복토보다도 중요한 작업과정으로 초지조성 후 반드시 해주어야 한다. 특히 토양 중에 수분이 부족한 건조한 조건에서 진압을 하면 토양수분을 보존하고 건조를 막아주어 어린 식물의 생육을 촉진시켜 준다.

② 토양관리

우리나라 산지 토양은 보통 인산 함량이 낮으며 pH가 낮은 것이 특징이다. 따라서 불경운 초지에 겉뿌림할 때 부족한 인산을 보충해 주기 위해 〈표 8-3〉과 같이 인산의 비율이 높은 조성용 비료를 시비하여야 한다. 금성목장의 경우도 pH 4.7~4.9 정도로 산성토양이고 인산함량이 낮기 때문에 토양분석 결과에 따라 석회 및 관리용 비료를 꾸준히 사용하고 있다. 석회의 경우 월동 전에 ha당 2톤 정도 시용하여 토양 산도를 개선하고 있으며 비료 시비는 봄 추비 시용 20포/ha(21-17-17복비, 20kg), 1차 수확 후 시용 15포/ha(21-17-17복비, 20kg)를 시용하고 있고 생육상황 및 방목 여건에 따라 시비량을 달리하고 있다.

③ 잡초제어

잡초 방제를 위해서는 적절한 토양 산도와 충분한 토양 비옥도가 유지되는 것이 가장 중요하다. 따라서 주기적으로 토양 산도와 비옥도를 조사하여 토양관리를 해야 한다. 잡초 방제 방법에는 석회시용, 예취, 방목 및 제초제 등이 있다. 제초제를 이용하여 잡초를 제거할 경우 제초제 비용이 추가되고, 토양 및 수질을 오염시킬 수 있으며, 제초제

표 8-3 금성목장의 조성용 및 관리용 비료 사용량

조성용 (N-P-K kg/ha)	관리용 시비(21-17-17, 1포 20kg)	
	봄	1차 수확 후
80-200-70	20포	15포

*위 표는 참고용으로 토양에 따라 달라질 수 있음.

그림 8-13 부분적으로 발생된 잡초에 제초제 처리

에 저항성이 있는 잡초를 더욱 번식하게 하는 부작용도 있으나 적지적소에 잘만 사용한다면 가장 확실하게 잡초를 제거할 수 있는 방법이다. 금성목장의 경우 〈그림 8-13〉처럼 부분적으로 잡초가 발생되면 이를 제거하기 위해 점처리(spot application)하여 효율적으로 잡초를 방제하고 있다.

〈점처리: spot application〉

부분적으로 발생된 잡초를 제거하기 위해 약제를 포장의 필요부위에만 처리하는 방법

8.3.3. 윤환방목을 통한 우수한 번식우 관리

(1) 방목관리
① 방목관리의 목적은 가축이 필요로 하는 영양소 요구량과 이용가능한 풀 생산량과의 균형을 이루게 하는 것이다. 따라서 목초의 신속한 재생이 이루어지도록 관리하여 초지의 부실화를 방지하고 방목에 적합한 상태를 유지하는 것이 필요하다.
② 방목 대상축은 2산 이상의 번식우로 임신 감정이 나오고 5월에서 11월 사이에 출

그림 8-14 ▶ 방목 체계

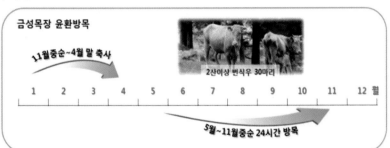

그림 8-15 ▶ 방목지 목초 생육

산하는 소를 대상으로 5월부터 11월 중순까지 24시간 방목한다.

③ 방목의 경우 초지를 5개의 구역으로 나누어 30마리씩 순차적으로 돌아가면서 방목하는 윤환방목을 하고 있다. 구역별로 작은 구역에서는 5~7일, 넓은 구역의 경우에는 10~15일로 면적별로 차등을 두고 있다.

〈윤환방목: Rotational grazing〉

초지를 여러 개의 목구로 구분하여 순차적으로 윤환하여 가면서 방목시키는 방법으로 생산량에 따라 생산성이 낮은 지역에서는 목구를 적게 나누어 연속방목에 가까운 형태로, 생산량이 높고 집약적인 유지가 가능한 경우에는 목구를 여러 개로 나누어 집약적으로 이용한다.

---

④ 금성목장의 경우 방목지의 나무를 남겨두어 방목축이 쉴 수 있는 비음림(shelter woods)으로 활용하고 있다. 방목지의 비음림은 방목 중인 소가 여름철 고온기에 직사광선에 노출되지 않도록 하여 고온으로 인한 생산성 저하를 방지하는 기능을 한다.

⑤ 소는 봄과 여름철에 많은 양의 물을 필요로 한다. 물은 소의 대사활동에 꼭 필요한 물질로 항상 신선한 음용수를 공급하는 것이 중요하다. 만약 물 섭취량을 제한하게 되면 대사활동에 영향을 줘 체온상승으로 호흡 및 소화 작용도 떨어지게 된다. 금성목장의 경우 계곡물을 음용수로 이용하고 있어 항상 깨끗한 물을 방목축에게 급여하고 있다.

그림 8-16 방목지 내 비음림

그림 8-17 방목지 내 음수대

(2) 번식 및 사양관리

① 분만 예정축의 경우 새끼를 분만하면 45일 동안 방목을 시킨 후 산하시킨다. 이는 소의 자연적인 분만과정을 통하여 분만 시 어미가 송아지를 보살필 수 있는 기회를 만들어 주는 것으로 초유를 안정적으로 급여하여 면역력을 높이고 어미와 새끼 소의 분만 스트레스를 최소하여 송아지가 건강한 소로 자랄 수 있게 한다.

② 금성목장의 경우 분만은 주로 봄철에 이루어진다. 분만 계절은 우수한 송아지 생산에 매우 중요한 요소 중 하나로 봄 분만은 송아지의 적정 생산 환경온도를 맞춰줄 수 있는 가장 적합한 계절이다. 봄철 생산된 송아지의 경우 쾌적하고 안정적인 사육환경으로 사료섭취량이 증가하게 된다. 또한 봄 분만우는 다른 시기의 분만우보다 비유량이 많다.

③ 방목지에서 분만 후 45일이 경과하면 축사로 내려오게 된다. 내려온 어미와 새끼를 분리해서 생활하게 한 후 어미소가 발정징후가 나타나면 다시 수정을 시킨다.

④ 새로 태어난 송아지의 경우 암수에 따라 관리를 달리한다. 수컷의 경우 6개월 사육 후 판매를 하고, 암컷의 경우 번식우로 키우게 된다.

(3) 번식성적

① 금성목장이 우수한 송아지를 생산할 수 있는 가장 큰 요인은 번식우의 다산이다. 보통 농가의 경우 2~3산 때 도축되기 때문에 2산 때 우수한 결과가 나와도 종모우로 이용을 할 수 없다. 하지만 금성목장의 경우 번식우 평균 산차수는 5산으로 최대 11산차까지 도태되지 않고 관리하기 때문에 후대 성적을 토대로 어미소를 선발할 수 있다.

② 금성목장의 경우 한우의 분만 후 발정재귀일은 개체 간의 차이가 조금 있으나 보통 50일 정도로 발정이 빨리 오기 때문에 분만 간격이 짧아 연 1회 송아지 생산이 가능하다. 발정재귀의 차이는 여러 요인에 의하여 결정될 수 있지만 금성목장의 경우 산지초지를 이용한 방목과 사양관리가 발정재귀일을 줄일 수 있는 가장 큰 요인으로 작용했을 것으로 판단된다.

③ 주요 도태 원인인 발굽 질병, 번식장애 등이 적어 이용연한이 길고 진료비가 적게 발생하여 경영비를 절감함과 동시에 건강한 소로 키울 수 있다.

그림 8-18 봄철에 방목 중인 어미소와 새끼

그림 8-19 우량소 선발 대회에서 1등 한 한우

(4) 우량한우 생산

① 금성목장은 자체 육종 시스템과 산지초지를 이용한 방목을 통하여 우량한우를 생산하고 있다. 최근 평창, 횡성, 정선 3개 군이 개최한 우량소 선발 대회에서 각각 1, 2, 5, 7 등을 차지함으로써 4마리의 우수한 수송아지를 배출하였다. 2013년에는 한우개량사업소에서 9두를 선발해가는 등 금성목장의 우수성을 다시 인정받고 있다.

② 우수한 특급 수송아지는 성적이 우수하여 시중가보다 높은 가격에 거래되고 있다.

(5) 가축분뇨처리

쾌적한 축사 환경을 만들어 주기 위해 수시로 가축분뇨를 제거하며, 수집된 가축분뇨의 경우 잘 부숙시켜 초지관리에 이용하고 있다.

(6) 차단방역

금성목장의 경우 구제역, 브루셀라, 요네병, 우결핵 4대 질병에 대하여 1년에 한 번 정기 검사를 실시하고 있으며, 외부와의 철저한 차단을 통해 전염성 질병을 예방하고 있다. 철저한 방역관리로 2010년 평창에 구제역이 발생했을 때에도 피해가 없었다.

8.3.4. 수익률 분석

금성목장의 수익 구조를 살펴보면 조수입이 타 농가에 비해 높은 편이다. 조수입이 높은 가장 큰 이유는 번식률이 95%로 높아 연간 생산할 수 있는 송아지 수가 증가하기 때문이다. 경영비 부분을 보게 되면 대상농가는 사료비가 일반농가에 비해 47% 정도 낮다. 그 이유는 6개월 방목하는 기간에는 양질의 목초를 급여하고 있어 초지관리 비용 이외에는 다른 비용이 발생되지 않았기 때문이다. 종합해 보면 금성목장의 경우 산지초지에 방목을 함으로써 번식효율을 높였고 사료비를 절감하여 타 농가보다 수익률을 높일 수 있었다.

(1) 산지초지 이용 방목 한우 번식우 수익성

① 산정 기준

○ 사육규모
- 190두(암소 130두, 육성우 30두, 송아지 30두)
- 초지 9ha(경사지 6ha, 평지 3ha)
○ 방목기간 및 방법
- 전기목책을 이용하여 5구간으로 구분하여 윤환방목
- 방목두수는 30여 두로 5월 초에서 11월 말까지(6개월)
- 임신우 2산 이상 방목
○ 사양 관리
- 방목시 사료 미급여
  * 미방목시 농후사료 4kg, 볏짚 4kg 급여
○ 번식률
- 1년 1산 정도(95% 이상)이며 1회 종부시 수정률은 90%

② 산정 결과

〈표 8-4〉는 금성목장의 수익성 분석으로 일반 번식우 농가는 적자인 반면에 금성목장의 경우 두당 소득은 650,422원으로 흑자인 것으로 분석되었다.

표 8-4 수익성 분석

(단위 : 원/두)

구 분			전국평균 (일반)	사례농가 (방목)	비 고
조수입			1,066,146	1,393,175	• 방목농가 번식률 : 95% • 전국평균 번식률 : 72.7%
경영비	사료비		1,085,576	505,880	• 6개월 방목
		농후사료	715,309	310,980	• 방목 이외 기간 사료급여
		조사료	326,501	194,900	• 볏짚 등 급여, 초지조성
		TMR 사료	3,766		
	기타 비용		415,427	236,873	• 수도광열, 방역차료 등 • 방목시 비료, 종자대 : 88,000원/두
	계		1,501,003	742,753	• 일반농가와의 차액 758천 원/두
소 득			− 434,857	650,422	

※ 전국평균은 '13년 생산비 추정
※ (시험장 수준) 번식우 기준 ha당 방목 가능 두수 9두(8ha시 72두)
※ (조사 농가) ha당 3.8두 수준으로 초지관리 개선 시 50여 두 방목 가능

연/구/과/제

1. 관광체험축산의 국내 성공사례를 조사하고 성공요인을 분석하라.
2. 현재 운영되고 있는 관광체험형 목장이 어떤 체험프로그램을 운영하고 있는지 조사하라.

참/고/문/헌

1. 김경남. 2013. 세 종류 잔디지반 구조에서 주요 초종의 엽색품질, 동절기 색상 및 이른 봄 녹화 특성비교. 한국잔디학회 31(3): 259~268.
2. 김상윤. 2001. 일본의 농촌관광 체험 프로그램의 효율적 운영에 관한 연구. 한국산림휴양학회지 5(2): 51~60.
3. 배인휴. 2006. 해외 관광형 치즈목장 사업의 사례. 월간낙농·육우 26(10): 140~153.
4. 송정섭. 2009. 우리 야생식물로 만들어보는 목장 야생화 정원. 낙농육우회보 29(4) 144-151.
5. 이동운 등. 2012. 파라핀오일 처리가 한국잔디의 녹색기간 연장에 미치는 영향. 한국잔디학회 26(1): 35~43.
6. 이효원 등. 초지학. OUN press.
7. 한국농촌경제연구원. 2013. 2012년 농촌관광 수요와 시장규모. 농정포커스 47호.

9장
동물복지와 산지초지

개 관

최근에 환경과 건강에 대한 국민들의 관심이 높아짐에 따라서 유기축산이라는 새로운 분야가 각광을 받고 있다. 가축의 분뇨를 토양으로 환원시키고 여기서 작물을 생산하여 인근의 도시로 판매되는 자원 순환형 농업의 근본은 유기축산에 있다고 할 수 있다. 유기축산은 크게 유기축산과 무항생제 축산의 두 가지로 분류하는데, 유기축산은 유전자 조작, 화학비료나 농약 등을 살포하지 않고 재배한 사료를 급여하면서 가축의 스트레스를 최소화하고 건강과 복지를 고려한 축산을 말하며, 무항생제 축산은 유기축산의 일환으로 유기축산과 동일한 사양조건에 사료에 항생제를 급여하지 않는 것을 원칙으로 한다. 두 가지 유기축산 모두 축산의 일환이기 때문에 축산에서 다루는 번식, 사양 그리고 생산물 처리를 잘 숙지하는 것을 기본으로 한다. 산지는 한국축산의 문제점인 분뇨환원과 동물복지를 두루 충족할 수 있기 때문에 중요한 의미가 있다.

학/습/목/표

1. 유기축산 인증기준을 숙지한다.
2. 가축의 사양특성을 알고 있다.
3. 유기사료의 원료를 설명할 수 있다.
4. 축종별 유기축산 경영의 문제점을 기술할 수 있다.
5. 유기가축의 질병치료에 대해 서술할 수 있다.

주/요/용/어

코덱스 / 유기축산 인증기준 / 무항생제 축산물 / 전환기간 / 난포자극호르몬 / 옥시토신 / 단위동물 / 초식동물 / 유기사료 / 채식가능량 / 유기낙농 / 유기양계 / 동종요법 / 대체요법

9.1. 유기축산의 현황 및 정의

9.1.1. 유기축산의 현황

2005년 유기축산물 인증제도가 시행된 이후 2011년에는 66호가 유기축산물생산에 그리고 3,628호가 무항생제 축산물 생산에 참여하여 총 501,611톤의 유기축산물을 생산하였는데 생산량의 대부분은 무항생제 축산물에 기인하는 것으로 총생산물의 96%가 무항생제 축산물이었다. 2012년에는 유기축산물 생산농가는 4호가 더 추가된 반면 무항생제 생산농가는 2,655호가 더 증가되어 총 9,254호가 참여하게 되었고 결과적으로 총 유기축산물 생산액은 57만여 톤에 이르게 되었다.

2013년에 이르러 참여 농가수는 더욱더 증가되어 10,749호였고 총생산액도 92만 톤에 달했으나 대부분은 무항생제 축산물이었고 유기축산물은 96농가에 18여 톤에 이르러 약 2%에 지나지 않았다. 이와 같은 사실은 무항생제가 관행과 유사한 사양조건에 항생제를 사용하지 않아 전환이 쉬운 반면, 유기축산물은 모든 사료를 유기사료로 대체하여야 하고 경지면적이 적고 지대가 비싸 국내생산이 불가능하여 모든 유기사료를 외국에서 도입해야 하기 때문에 그 생산량 증가가 미미하게 되었다.

9.1.2. 유기축산의 정의

유기축산은 세계 공통으로 코덱스 기준에 기초를 두고 있다. 우리나라의 유기축산기준은 기본적으로 이 기준에 준거하여 우리 형편에 맞게 제정한 것이다. 그 코덱스 기준은 다음과 같다.

1. 유기생산을 위해 사육되는 가축은 유기농장의 일부가 되어야 하며 본 가이드라인에 따라 사육, 관리해야 한다.
2. 가축은 다음을 통해 유기농장의 건전화에 크게 기여할 수 있다.
   (a) 토양 비옥도를 유지, 개선
   (b) 초지의 식물군을 관리(방목 시)

표 9-1 유기축산 생산동향

연도별	구 분	총 계	유기축산물	무항생제 축산물
2010	건수(건)	3,445	63	3,382
	농가수(호수)	6,264	98	6,166
	출하량(톤)	404,197	18,091	386,106
2011	건수(건)	3,694	66	3,628
	농가수(호수)	6,697	98	6,599
	출하량(톤)	501,611	20,695	480,916
2012	건수(건)	5,721	71	5,650
	농가수(호수)	9,351	97	9,254
	출하량(톤)	569,635	20,252	549,383
2013	건수(건)	7,089	69	7,020
	농가수(호수)	10,845	96	10,749

(c) 농장의 생물학적 다양성을 높이고 보완적인 상호작용을 촉진

(d) 농장 시스템의 다양성을 증진

3. 가축 생산은 대지와 관련된 활동이다. 초식 가축은 초지에 접근할 수 있어야 하고 다른 가축은 야외로 나갈 수 있어야 한다. 관할기관은 전통적인 영농 시스템이 초지 접근을 제약할 경우 예외를 허용할 수 있다. 단, 가축의 생리 상태, 기상 조건, 대지 상태에 문제가 없고 가축의 복지가 보장되어야 한다.

4. 가축 밀도는 지역의 사료생산 능력, 가축의 건강, 영양 균형, 환경 영향 등을 고려하여 적절히 정한다.

5. 유기축산은 자연 번식 방법을 사용하고 스트레스를 최소화하며 질병을 억제하고 화학약품(항생제 포함)의 사용을 점진적으로 배제하며 동물성 사료(예 : 육분)의 공급을 줄이고 가축의 건강과 복지를 향상시키는 데 목적을 두어야 한다.

9.2. 사육과 환경

우리나라 유기축산 인증기준은 크게 1. 일반원칙, 단체관리, 2. 사육장 및 사육조건, 3. 가축입식 및 번식, 4. 전환기간, 5. 사료 및 사양관리, 6. 동물복지, 질병관리, 7. 운송·도축·가공과정의 품질관리, 8. 가축분뇨처리 등에 대하여 상세히 기술하고 있다.

이 중 중요한 것은 경영자료의 보관(입식, 사료, 질병, 약품, 퇴비, 출하), 그리고 자유롭게 방사하여 유기적 조건(초지접근) 제공과 스트레스 방지 약품은 사용하지 않되 부득이한 경우에 수의사 감독하에 치료용 의약품을 사용할 수 있다는 것이 그 요지이다.

축사는 적정 밀도를 유지하고, 바닥은 미끄럽지 않게 하며 깔짚과 건조하게 하는 등의 복지적 차원에서 관리하도록 되어 있다. 번식돈은 분식돈의 군사(포유기간 제외), 그리고 육성돈의 케이지 사양지양이 특징적이다. 한편 산란계의 경우 깔짚, 횃대 그리고 산란상의 제공이 필요하며 인공광으로 자연광을 대체할 수 있다는 것이 요지이다.

한편 자급사료기반을 갖추도록 권장하여 유기 조사료 사용, 완숙퇴비 과다사용금지 등을 요구하고 있다. 사료는 100% 유기사료를 급여해야 하나 천재지변 시는 일반사료사육이 가능하며 반추가축은 사일리지만 사양을 금하며 단위동물도 조사료 사육을 권장하고 있다.

GMO 사료는 사용할 수 없고 기타 합성화합물, 포유류 유래물질(우유, 유제품 가능), 항생제, 성장촉진제, 구충제, 항콕시듐제, 호르몬제는 사용할 수 없고 생활용수기준의 음수를 제공해야 한다고 제시하고 있다.

기타 꼬리 접착밴드, 단미, 단치, 단이, 제각(건강, 복지 증진 시 가능), 물리적 거세는 가능하다. 기타 운송기준 도축 장소는 HACCP 적용 도축장 이용 그리고 도체 내의 동물의약품 잔류를 불허하고 있다. 한편 도체에 합성첨가물 사용이 금지되어 있고 포장제도 가능하며 분해 가능한 물질을 사용하도록 권장하고 있다.

이에 반하여 무항생제 축산물은 유기축산물보다 규제 정도가 완화된 것으로 우선은 일반사료로 사육이 가능하되, 인공수정으로 번식할 수 있고(자연교배 권장) 입식은 무항생제 가축이 원칙이나 일반가축을 이용한 사양도 가능한데 그 조건으로 1)이유, 부화 직후 가축 2)번식용 수컷 3)전염병으로 자신이 기르던 가축이 폐사한 경우만이다. 사양조건도 유기가축과 같은 규제를 받지 않는다. 기타 여러 사양조건은 〈표 9-2〉 내용을 참조하기 바란다.

표 9-2 유기축산 및 무항생제 축산물 인증기준

심사사항	구비요건	
	유 기 축 산 물	무 항 생 제 축 산 물
일반원칙, 단체관리	– 경영자료 보관(입식, 사료, 질병, 약품, 퇴비, 출하) – 자유롭게 방사 – 유기적 환경조성(초지접근용이) – 가축사육두는 유기사료 확보고려결정 – 사양시 스트레스 방지 – 부득이한 경우 치료용 의약품 사용가능(수의사 감독하) – 인증품 생산계획서 제출 – 단체 인증시 필요증빙자료 보관요 　(생산지침서, 교육, 예비심사)	– 경영자료 보관(입식, 사료, 질병, 약품, 퇴비, 출하) – 아래 자료 보관 　• 생산지침서 　• 교육 　• 예비심사 　• 생산관리자 지정
사육장 및 사육조건	사육장, 사료포, 토양오염 우려기준 1. 가축사육조건 – 충분한 활동면적(행동요구만족) – 사료, 음료 접근용이 – 실내의 쾌적 생활조건 충족(단열, 환기) 2. 가축밀도(표 9–18 유기축산물 축사밀도 참조) – 축종별 안락한 복지제공 – 활동요구 충족 　• 축사, 농기계 소독 청결 　• 소: 개체관리, 바닥 미끄럼방지 깔짚 제공, 건조(단, 압사 　　방지 25kg까지 케이지 가능) 　• 번식돈 군사(포유기간 제외, 자돈, 육성돈 케이지 지양) 　• 가금류 깔짚제공, 횃대, 산란상 설치, 충분한 활동 공간 　• 산란계: 인공광으로 자연광 대체가능 3. 방목조건 　• 포유동물 방목운동장 접근허용 　　(예외 : 수소, 암소의 겨울철 및 비육말기) 　• 오리: 연못 등 수계접근가능 4. 유기, 비유기 가축 동일 사육 　• 유기, 비유기 가축의 혼합사육 금지 　• 유기, 비유기 가축의 약품 별도보관 　• 축사입구 유기가축 사육 표시판 설치	1. 축사조건 – 생물적 요구만족 – 사료, 음료 접근용이 – 실내 쾌적 생활조건(단열, 환기) 2. 가축밀도(표 9–18 유기축산물 축사밀도 참조) 　• 축사, 농기구 청결유지 　• 축사바닥: 미끄럽지 않고 건조 3. 일반가축과 병행사양조건 　• 동일축사 사양금지 　• 일반가축과 분리된 사료, 약품투여 　• 무항생제 축산물 표시판 축사 전면게시
자급사료 기반	– 초식가축 사료포 확보 – 유기 조사료 구입급여가능 – 유기적 재배(멸강충 발생 시 농약살포 가능) – 완숙퇴비사용 및 과다사용 금지 – 3년 이상 된 자연초지는 유기사료로 인정	
가축의 입식 및 번식방법	– 내병성 품종 – 자연교배 권장, 인공수정 허용 – 유전공학기법, 수정란이식, 호르몬처리 불허 – 유기축산사육기준에 맞는 가축입식(단, 번식용 수컷 필요 　시, 전염병 폐사로 새로 입식시 예외)	– 자연교배 권장 – 인공수정, 수정란 이식기법 허용(번식 호르몬 　처리 불가) – 무항생제 가축입식 원칙 – 일반가축입식 허용조건 　• 이유, 부화 직후 　• 원유 생산용 가축은 성축 입식 　• 번식용 수컷 　• 전염병 폐사시

전환기간	〈표 9-3 참조〉 – 유기사료 100%가능 시, 전환기간 10%이내 단축가능 – 전환기간 미표시 축종 유사축종 전환기간 준용 – 동일농장 가축 목초지 유기 전환 시 사료 작물 전환기간 1년 가감	〈표 9-3 참조〉 유기축산물과 동일함

사료 및 사양관리	– 유기가축 유기사료 100%급여
	– 천재지변 시 일반사료 급여가능
	– 반추가축 사일리지 단일급여불가
	  비반추가축 조사료 급여권장
	– GMO 급여금지(비의도적 혼입용인)
	– 유기배합사료 원료(표 9-14 참조)
	– 비허용 사료물질
	  • 대사기능 촉진용 합성 화합물
	  • 포유동물 유래물질(우유 및 유제품 가능)
	  • 비단백태 질소화합물
	  • 항생제, 합성균제, 성장촉진제, 구충제, 항콕시듐제, 호르몬제
	– 생활용수 수질기준 음료제공
		– 항생제 불허(단, 천재지변 시 허용)
		  • 첨가불허물질 : 항생제, 항균제, 성장촉진제, 구충제, 항콕시듐제
		  • 반추동물 : 포유동물 유래물질(우유, 유제품 가능)
		  • 생활용수로 가능한 용수는 음수로 허용

동물복지, 질병관리	– 예방중심관리
	  • 위생관리, 비타민 등 급여 통한 면역기능 증진
	  • 예방백신 사용 가능
	  • 저항성 품종사육
	– 구충제 및 예방접종 가능
	– 1, 2항 시행 후 병 발생 시 치료가능 휴약 기간 2배 종료 후 유기가축 인정
	– 약초, 천연물질 치료가능
	– 호르몬은 치료 목적만 가능
	– 사육관리 금지사항 : 꼬리 접착밴드, 단미, 단치, 단이, 단각(단, 건강, 복지증진 시 가능)
	– 물리적 거세 가능
	– 모든 질병치료행위 문서비치 필수
		– 예방우선, 투약금지(발병 예외), 적정품종, 사육장 위생관리, 면역력증진 우선
		  구충제, 예방백신 사용 가능
		– 예방 관리 후 질병 발생 시 투약가능(휴약 기간 2배 경과 후 무항생제 축산물로 인정)
		– 약초, 천연물 사용 가능
		– 생산성 향상을 위한 호르몬제 사용 불가
		  (치료 목적시 가능. 수의사처방은 증명 문서비치 필수)

운송·도축·가공 과정의 품질관리	– 생축운송 시 고통, 상처 최소화(안정제나 전기 자극 불가) – 도축 시 스트레스, 고통 최소화, HACCP적용 도축장 이용 필수 – 가공은 HACCP적용 공장이용 필수(농가 직접 가공 제외) – 유기 축산물의 동물의약품 잔류 불허(불가시 1/10허용 가능) – 유통 시 부패방지용 합성물질 첨가불가(단, 천연제제 사용 가능) – 포장재는 생물 분해성, 재생품, 재생가능 자재사용	– 생축운송 시 상처, 고통 최소화, 청결유지 – 도축 시 HACCP적용(농가 직접 가공 시에는 불필요) – 동물용 의약품 잔류불허(수의사 처방 사육 도체는 잔류허용 기준의 1/10 가능) – 무항생제 축산물의 변성, 부패 방지용 합성 물질 불허, 천연제제 사용 가능 – 포장재는 생물 분해성, 재생품 또는 재생이 가능한 자재사용 권장
가축분뇨 처리	– 퇴 구비는 완전 부숙하여 사용 – 가축분뇨 청결 유지관리(외부유출금지) – 가축분뇨의 관리 및 이용에 관한 법률 11조, 7조 준수요망 – 퇴·액비 표면수 오염시키지 않는 범위 내 사용(단, 장마철 사용금지)	– 토양과 유기적 순환계 유지 – 분뇨의 적절한 처리

우리나라 유기축산 전환기간

표 9-3 유기축산의 전환기간

축종	생산물	최소사육기간
한·육우	식육	입식 후 출하 시까지(최소 12개월 이상)
	송아지식육	6개월령 미만의 송아지입식 후 6개월
젖소	시유	착육우는 90일 미경산우는 6개월
산양	식육	입식 후 출하 시까지(최소 5개월)
	시유	착유양은 90일, 미경산양은 6개월
돼지	식육	입식 후 출하 시까지(최소 5개월 이상)
육계	식육	입식 후 출하 시까지(최소 3주 이상)
산란계	알	입식 후 3개월
오리	식육	입식 후 출하 시까지(최소 6주 이상)
	알	입식 후 3개월
메추리	알	입식 후 3개월
사슴	식육	입식 후 출하 시까지(최소 12개월)
	녹용	녹용성장기간 4개월

이러한 유기적 사료 조건과 사양 환경에서 일정기간 동안 사육되어야 유기축산물로 인증받을 수 있다. 일정기간의 유기사양조건을 통과하도록 규정되어 있고 이를 유기축산 전환기간이라고 하며 이를 요약한 것이 〈표 9-3〉이다. 이에 따르면 한·육우는 12개월 이상의 유기축산 사육 환경이 필요하고 유기젖은 착유 90일, 미경산우는 6개월이다. 산양 양육은 5개월, 유기 식육 돼지는 5개월, 유기 산란계 3개월, 육계 3주, 유기 오리알 3개월, 메추리알 3개월, 유기 사슴 식육 12개월, 그리고 녹용은 4개월이 필요하다.

9.4. 주요 가축사양

9.4.1. 사양특성

유기농업 혹은 유기축산에 대한 한 가지 오해는 유기농업이 농업 전반적 이해나 생태학적 지식이 없이 파생된 새롭고 독특한 농업이라고 믿는 것이다. 그러나 기본적인 학문적 배경은 관행농업이고 따라서 이들을 잘 이해하는 것은 성공적인 유기농업의 지름길이다. 즉 유기축산을 한다고 하더라도 이것도 축산의 한 분야이기 때문에 축산 전반에 대한 이해와 이에 대한 지식을 쌓는 것이 중요하다.

우리나라에서 사육되는 젖소의 품종은 거의 100%가 홀스타인이다. 따라서 유기젖을 생산할 목적이 있다면 홀스타인에 대해서 잘 알아둘 필요가 있다. 그리고 만약 산지에서 방목 중심의 유기젖 생산을 목적으로 한다면 산지에 강한 건지나 저지 품종을 선택해야 할 것이다. 이들 두 품종은 특히 지방의 함량이 높기 때문에 유기버터를 생산코자 한다면 이 두 품종의

표 9-4 젖소 품종의 특성

품종명	원산지	체격(kg)	능력(kg/y)	임신기간	산지적응성	유기유우 적합성
홀스타인	네덜란드, 북부독일	암 600, 수 1000	6,000~40,000 (3.5%유)	285	낮음	고
저지	영국	암 450, 수 700	4,000(5%유)	285	높음	고
건지	영국	암 500, 수 800	4,000(5%유)	285	높음	고
에어셔	영국	암 550, 수 900	4,500(4%유)	285	낮음	저
브라운스위스	스위스	암 500, 수 700~1,000	4,000(4%유)	285	높음	고

표 9-5 산양 품종의 특성

품종	원산지	체격(kg)	젖생산량(kg/y)	유기축산 적합성
자넨	스위스	암 50~60	500~1,000	상
토겐부르크	스위스	암 54 이상	1,500	상
한국재래종	한국	45~50	−	상

표 9-6 닭 품종의 특성

품종	원산지	용도	크기	유기축산 적합성
백색레그혼	이탈리아	난용	백색란 57g	상
횡반플리머스록	미국	난육 겸용	3.6kg, 갈색란	상
뉴햄프셔	미국	난육 겸용	3.9kg(수), 60g	상
카키벨리	영국	난육 겸용	3kg, 75g	상

도입을 고려해야 할 것이다.

우리 여건을 고려할 때 산양은 유기축산의 가능성이 가장 많다. 특히 한국재래종(염소)은 이미 유기적 방법으로 사육되고 있고 관행 방법을 약간 달리하면 유기염소로 판매해도 좋을 정도다. 유생산을 목적으로 하면 자넨이나 토겐부르크 종이 좋은데, 이들은 산야초의 이용성이 높아, 야산에서 방목을 통한 유기사양이 가능하기 때문이다.

닭의 품종은 난용과 육용의 두 가지가 있는데, 이들은 체구가 작기 때문에 수입된 유기사료를 이용하더라도 어느 정도의 경제성이 있다고 본다. 여러 농가가 유기란을 생산하고 있다. 계란을 생산하는 농가가 방사란이나 토종닭 사육은 유기양계에 근사하기 때문에 그 방법을 적절히 개선한다면 유기양계로 인증을 받을 수 있을 것이다.

9.4.2. 번식

유기축산 농가는 자신의 농장에서 자축을 생산하여 사육하는 것을 목표로 번식에 관심을 가져야 한다. 말이 가장 긴 330일, 소 280일, 이에 닭은 부화기간으로 21일이나, 오리는 난각이 두꺼워 28일이 지나서야 병아리를 부화하게 된다(표 9-7).

가축의 임신은 기본적으로 발정과 배란을 통하여 그리고 여기에 수컷의 정액 중 정자의 난자 내 진입으로 시작된다. 이러한 발정과 임신은 여러 가지 호르몬의 작용을 통하여 이루어

가축의 임신기간(일)

품종	말	소	면양	산양	돼지	토끼	개	닭	오리
범위	330~340	270~290	144~158	146~155	112~118	28~32	58~65	19~24	24~32
평균	330	280	150	152	114	30	62	21	28

표 9-8 호르몬의 종류와 생리작용

분비장소	뇌하수체		성선호르몬	
호르몬 종류	작용		호르몬 종류	작용
난포자극호르몬(FSH)	난포발육촉진		웅성호르몬(Androgen)	정자생산
	정자생산촉진		난포호르몬(Estrogen)	발정호르몬
황체형성호르몬(LH)	배란장소황체형성			
	테스토스테론 분비촉진		황체호르몬(Progesterone)	자궁유선발달
황체자극호르몬(LTH)	최유, 황체유지		기타 호르몬	
성장호르몬(GH)	성장촉진		PMSG	임마혈청성 성선자극호르몬
갑상선자극호르몬(TSH)	기초대사촉진		HCG	융모성 성선자극호르몬
부신피질자극호르몬(ACTH)	대사활동촉진		PL	태반성 락토겐
옥시토신	태아분만, 젖생산			

표 9-9 각 가축별 발정주기(일)

구분	소	말	면양	산양	돼지	토끼
범위	14~30	15~40	15~20	12~24	18~24	일정한 주기
평균	20	21	17	19	19	없음

진다. 따라서 자가 번식을 위해서는 발정과 임신 그리고 정자 생산에 기본이 되는 호르몬의 기능을 잘 알고 있어야 한다.

호르몬은 조직 속의 반응을 조절하나 새로운 반응을 야기하지 않고, 에너지를 공급하지 않으며, 미량으로 작용하고 표적세포에 작용하는 특이성과 선택성이 있다. 또 효과가 비교적 느리고 그 분비율은 외부자극, 기상변화, 사료 등에 의해서 영향을 받는다.

호르몬은 분비되는 곳이 어디냐에 따라 뇌하수체에서 분비되는 것(FSH, LH, LTH, GH, TSH, ACTH, 옥시토신), 성선에서 분비되는 것(웅성호르몬, 난포호르몬, 황체호르몬), 태반에서 분비되는 것(PMSG, HCG, PL) 등으로 나눈다. 이들의 구체적 작용 요약은 〈표 9-8〉을 참조하기 바란다.

그러나 번식의 실제에 있어서는 발정주기를 잘 알아야 적절한 시기에 교미를 시켜 수정률을 높일 수 있다. 발정주기는 말이 21일로 가장 길고 소가 20일, 그리고 면양은 17일로 가장 짧다. 발정 후 교미를 하여 임신이 되지만 토끼는 주기가 없는 것이 특징이다(표 9-9). 수정이 되지 않으면 재발정을 기다려 다시 교미시켜야 한다.

9.4.3. 소화기관과 사료

가축은 그 소화기 구조 및 기능에 따라 단위동물, 비반추 초식동물, 반추동물로 분류할 수 있다. 물론 닭은 단위동물이나 근위와 선위 등을 가지고 있어 다른 단위동물과는 약간 다른

표 9-10 소화기관과 가축

항목/소화기관별	단위동물	비반추 초식동물	반추동물
가축명	돼지, 닭	말, 토끼	소, 면양, 산양
소화기특징	한 개의 위	단위동물이나 섬유질 사료 이용	반추, 벌집, 겹주름위, 진위, 섬유질 이용
주 사료	농후사료	조사료	조사료

표 9-11 가축의 관리

항목/가축명	젖소	한우	산양	돼지	산란계	육계
포유방법	인공포유 (초유)	자연포유	인공포유 (초유)	자연포유	인공육추 (모계육추)	인공육추 (모계육추)
포유기간	40일	6~7개월	3개월	30~40일	가온	가온
이유시 체중(kg)	50~60	88	18~20	12		
포유기사료	인공유	양질건초	양질건초	보조사료	육추사료	육추사료
육성기 관리	이표	이표	이표	이표		

특성을 가지고 있다. 유기축산과 유기사료급여를 원칙으로 하고 있기 때문에 국내 자급이 가능한 초식동물의 사육이 더 유리하다. 앞에서도 언급한 대로 돼지는 농후사료의 요구량이 너무 많아 문제이며, 그런 의미에서 산양이나 염소 그리고 농후사료 요구량이 적은 닭이 보다 유기축산의 가능성이 높다고 하겠다.

유기축산은 항생제나 기타 항균제 등을 쓰지 않기 때문에 자축기의 생존을 높이는 것이 무엇보다도 중요하다. 〈표 9-11〉은 가축의 자축관리의 핵심을 제시하였다. 유기축산에서는 제각, 단미 그리고 침지 등을 하지 않는데 이는 가축을 동물 차원에서 다루기 때문이다.

9.5. 유기사료의 급여

사료는 영양소의 조성에 따라 농후사료, 조사료 그리고 보충사료로 나눈다. 농후사료는 곡류를 중심으로 한 사료로 우리나라에서는 대부분 외국에서 수입하여 이용하고 있다. 장차 벼를 재배한 지역에서의 사료생산성이 예견되고 있으나 이 역시 얼마간의 시간이 필요한 일이다. 조사료는 산지나 벼의 이모작으로 재배할 수 있다. 현재 유기축산의 가장 큰 문제는 역시 사료이고 따라서 저렴하게 사료를 생산 및 조달할 수 있는 것이 유기축산의 관건이라는 점을 고려할 때 유기조사료의 생산은 무엇보다도 중요하다 할 것이다.

9.5.1. 유기사료의 개념과 정의

유기사료란 모든 원료 사료의 생산, 가공, 제조에서 최종 배합사료의 제조 시까지 반 유기적 성분이 포함되지 않으며 급여 대상 가축의 자연적 섭식 생리에 적합하게 제조된 사료를 의미한다. 유기가축은 유기사료를 급여해야 하며 반유기적 사료, 즉 관행축산에서 급여하는 일반사료를 급여해서는 안 된다.

여기서 반유기적 성분이란 환경 오염물질, 인공합성 화학 또는 생물물질, 유전자 조작 물질을 의미한다. 따라서 이들이 의도적 또는 비의도적으로 오염된 사료뿐만 아니라 이들이 오

표 9-12 사료의 분류

종류	정의	단미사료명	사료가격	자급가능성	유기자급사료 조달 용이
농후사료	영양분이 많이 함유된 것	곡류, 동식물성 단백질사료	고가	저	저
조사료	거칠고 부피가 큰 사료	볏짚, 건초, 산야초	저가	고	고
보충사료	소량으로 필수영양소 공급	소금, 항생물질, 첨가제	고가	고	고

표 9-13 사료에 오염되기 쉬운 반유기적 물질

분 류	오 염 가 능 물 질
사료 및 작물	화학비료, 농약, 살충제, 잡초제거제 등
저장 및 보존	항균제, 화학적 항산화제, 흡수제, 흡착제, 훈연제, 항진균제
제조 및 가공	발색제, 향취제, 기계오일, 인공향미제, 분해제, 유기용매, 유화제
종 자	GMO, 발아촉진물질, 항균물질
사료첨가제	항생물질, 합성성장촉진물질, 대사조절물질, 합성면역강화물질, 호르몬제, 요소

염된 토양, 수질 등 환경에서 생산된 것들도 여기에 포함된다. 무항생제 사육은 유기사료를 급여하지 않는다는 의미에서 엄격한 의미로는 유기가축이라 할 수 없으나 현행 법규상 그렇게 취급하여 이 범주에 넣었다.

9.5.2. 유기축산사료의 조성, 종류 및 특징

유기축산을 위해서는 유기사료의 확보가 필수적이다. 사료는 관행축산사료에서 사용하는 모든 단미사료가 그 대상이긴 하지만 기본적으로 유기적 기준에 따라 재배된 사료를 써야 한다. 여러 가지 첨가제의 사용이 금지되어 있는데, 예를 들면 육골분, 항생제, 호르몬제, 성장촉진제와 같은 화학물질이다.

9.5.3. 유기축산사료의 배합, 조리, 가공방법

사료가공의 목적은 가축이 이용하기 좋게 하고 배합에 편리하도록 하기 위함이다. 또 나아가서 유해물질을 없애고 보존성을 높이기 위해서 조리나 가공을 한다. 이를 위해서 사료를 물리적 또는 화학적으로 처리하여야 한다. 이렇게 사료를 조리, 가공했을 때의 효과를 요약하면 다음과 같다.

① 사료의 기호성 증진
② 입자도 조절 및 사료형태의 변경
③ 소화율 증가 및 영양소 이용률 향상
④ 사료의 보존성 증가
⑤ 특정 영양소의 증가 또는 감소
⑥ 중독물질 또는 유해인자의 제거
⑦ 저장과 취급방법의 향상
⑧ 사료 중 불필요한 부분의 분리 또는 제거

표 9-14 유기배합사료 제조용 자재 중 단미사료

구분	세분	사 용 가 능 자 재	사용가능조건
식물성	곡물류	(가) 옥수수 · 보리 · 밀 · 수수 · 호밀 · 귀리 · 조 · 피 · 트리트케일 · 메밀 · 루핀종실 및 두류 (나) (가)항 곡물의 1차 가공품 및 전분(알팔파 전분을 포함한다)	○ 유기농산물 인증기준에 맞게 생산된 것
	곡물부산물 (강피류)	곡쇄류 · 밀기울 · 말분 · 보릿겨 · 쌀겨 · 쌀겨탈지 · 옥수수피 · 수수겨 · 조겨 · 두류피 · 낙화생피 · 면실피 · 귀리겨 · 아몬드피 및 해바라기피	○ 유기농산물 인증기준에 맞게 생산된 것에서 유래된 것(다른 제품의 혼입이 없을 것)
	박류 (단백질류)	대두박(전지대두 포함) · 들깻묵 · 참깻묵 · 채종박 · 면실박 · 낙화생박 · 고추씨박 · 아마박 · 야자박 · 해바라기씨박 · 피마자박 · 옥수수배아박 · 소맥배아박 · 두부박 · 케이폭박 · 팜유박, 글루텐 및 주정박	
	근괴류	고구마 · 감자 · 돼지감자 · 타피오카 · 무 및 당근	○ 곡물류와 같음
	식품가공 부산물	두류가공부산물, 당밀 및 과실류 가공부산물	○ 곡물부산물과 같음
	해조류	해조분	○ 천연에서 유래된 것
	섬유질류	목초 · 산야초 · 나뭇잎 · 곡류정선부산물 · 임산가공부산물 · 볏짚 · 보릿짚, 그 밖의 농산물고간류 · 풋베기사료작물 · 옥수수속대 · 사탕수수박 · 사탕무박 · 감귤박 및 발효사료	○ 유기농산물 인증기준에 맞게 생산된 것. 다만, 야생의 것은 잔류농약이 검출되지 아니할 것
	제약부산물	농림축산식품부장관이 지정하는 제약부산물	○ 곡물부산물과 같음
	유지류	옥수수유 · 대두유 · 면실유 · 채종유 · 야자유 · 해바라기유 · 팜유 및 미강유	○ 곡물부산물과와 같음
동물성	단백질류	어분 · 어즙흡착사료, 우유 및 유제품, 육분 · 육골분(반추가축에 사용하는 경우를 제외한다)	○ 양식하지 아니한 것(어분 · 어즙흡착사료에 한함)
	무기물류	골분 · 어골회 및 패분	○ 순도 99퍼센트 이상인 것
	유지류	우지 및 돈지(반추가축에 사용하는 경우는 제외한다)	○ 순도 99.9퍼센트 이상인 것
광물성	식염류	암염 및 천일염	○ 천연의 것
	인산염류 및 칼슘염류	인산1칼슘 · 인산2칼슘 · 인산3칼슘 및 석회석 분말	
	광물질 첨가물	나트륨 · 염소 · 마그네슘 · 황 · 칼륨 · 망간 · 철 · 구리 · 요오드 · 아연 · 코발트 · 불소 · 셀레늄 · 몰리브덴 및 크롬의 화합염류(유기태화한 것을 포함한다)	
	혼합광물질	2종 이상의 광물질을 혼합 또는 화합한 것으로서 사료에 첨가하는 형태로 제조한 것에 한함	
	기타	국제식품규격위원회에서 유기축산물 생산용 사료로 사용이 허용된 물질이나 국립농산물품질관리원장이 정하는 물질	

사료를 가공처리 했을 때 위 효과 중 한 가지 또는 복합적인 효과가 나타난다. 그러나 사료의 가공은 식품과는 달리 경제적으로 유리하지 않으면 시행할 수 없다. 현재 사료에서 사용되고 있는 각종 사료 가공방법은 다음과 같다.

- 농후사료 : 분쇄(粉碎, Grinding), 펠릿팅(Pelleting), 박편처리(薄片處理, Flaking), 볶기(Roasting), 튀기기(Popping), 압출(壓出, Extrusion)

표 9-15 유기배합사료 제조용 물질 중 보조사료

구분	단위동물	사용가능조건
산미제	젖산, 개미산 등 천연 산미제	천연의 것 및 천연에서 유래한 것으로서 다른 화학물질이 첨가되지 않은 것일 것. 다만 배합사료에 1퍼센트 미만 사용되는 보조사료 중 화학물질의 함유량이 해당 보조사료 내 10퍼센트 이내인 경우에는 사용 가능.
항응고제	활성탄	
결착제	천연 결착제	
유화제	천연 유화제	
항산화제	천연 항산화제	
항곰팡이제	천연 항곰팡이제	
향미제	천연 향미제	
규산염제	제올라이트 · 벤토나이트 · 카올린 및 일라이트와 그 혼합물	
착색제	천연 착색제	
추출제	유카추출물 · 타우마린 · 목초추출물 · 해초추출물 및 과실추출물	
완충제	중조 · 산화마그네슘 및 산화마그네슘혼합물	
올리고당류	갈락토올리고당, 프락토올리고당, 이소말토올리고당, 대두올리고당, 만노스올리고당 및 그 밖의 올리고당	
효소제	아밀라아제, 알칼리성 프로테아제, 키시라나아제, 피타아제, 산성 프로테아제, 리파아제, 셀룰라아제, 중성 프로테아제, 프로테아제, 락타아제 및 그 밖의 효소제와 그 복합제	
생균제	엔테로코커스페시엄, 바실러스코아글란스, 바실러스서브틸리스, 비피도박테리움슈도롱검, 락토바실러스아시도필루스, 효모제 및 그 밖의 생균제	
아미노산제	아민초산, DL-알라닌, 염산L-라이신, 황산L-라이신, L-글루탐산나트륨, 2-디아미노-2-하이드록시메치오닌, DL-트립토판, L-트립토판, DL메치오닌 및 L-트레오닌과 그 혼합물	
비타민제(프로비타민제 포함)	비타민A, 프로비타민A, 비타민B1, 비타민B2, 비타민B6, 비타민B12, 비타민C, 비타민D, 비타민D2, 비타민D3, 비타민E, 비타민K, 판토텐산, 이노시톨, 콜린, 나이아신, 바이오틴, 엽산과 그 유사체 및 혼합물	

　－ 조사료 : 절단, 사일리지, 알칼리 처리

　물론 이러한 가공처리는 한 가지 방법만을 사용하기보다는 여러 가지 방법을 복합적으로 사용할 수도 있다. 예를 들어 조사료 분쇄는 절단 또는 세절과정을 거친 후 분쇄하며, 펠릿팅한 사료를 크럼블링 하기 위해서는 먼저 분쇄와 펠릿팅 과정을 거쳐야 한다.

9.6. 유기축산 경영

9.6.1. 유기낙농

　영국에서 유기 낙농가 335개소와 일반 낙농가 3,980개소를 조사한 결과 유기 낙농가는 평균 6,838kg/ha(초지)을 그리고 일반 낙농가는 9,352kg/ha(초지)의 생산량을 나타내어 일반농가가 2,469kg의 젖을 더 생산하는 것으로 조사되었다. 한편 유생산량이 6,000kg 이하인 농가를 대상으로 조사한 결과 일반 낙농가가 유기 낙농가에 비해 926kg 더 많이 생산하였다고 한다. 1일 생산량으로 볼 때 유기는 23.1kg이었던 반면 일반농가는 25kg의 유량생산을 나타내었다.

　유성분에 있어서 유지방은 일반 우유가 3.55%였던 반면 유기유는 3.1%, 유단백은 일반 우

유가 3.35% 그리고 유기유가 3.29%였고 유당, 무지고형분 역시 일반 우유가 유기유보다 높았다. 이 결과를 종합해 보면 생산량과 성분의 함량이 유지방을 제외하면 모든 성분의 함량이 더 많았고 이는 물론 일반 낙농가는 농후사료를 더 많이 급여한 데 기인하는 것으로 판단된다.

9.6.2. 유기양계

연 산란수는 일반농가가 290~305개였던 반면 유기양계농가는 139~282개를 나타내었다. 산란계 폐사율은 유기양계에서 0.22~0.35%였고 일반양계는 이보다 낮은 0.14%였다. 한편 육계인 경우 일반양계가 50g의 증체였으나 유기양계는 34~36%였고 사료 요구율 역시 유기양계가 3.5였으나 일반양계는 2.0이었다. 이는 항생제의 사용과 적절한 농후사료의 급여에서 기인한 것으로 보인다.

우리나라에서 현재 유기축산이 산란양계가 대부분이며 이것은 대형체인점에 일정량을 공급할 수 있고 또 사료요구량이 소나 돼지에 비하여 적기 때문에 외국에서 수입하더라도 그 경쟁력이 있기 때문으로 사료된다. 위에서 제시한 데이터는 앞으로 우리나라에서 유기축산의 가능성을 제일 먼저 찾을 수 있는 분야가 바로 유기양계라는 것을 시사하는 자료이기도 하다.

유기 및 일반 육계의 수익성 평가가 〈표 9-16〉에 제시되었다. 사육일수는 유기육계가 70일인 반면 일반 육계는 45일에 지나지 않는다. 사료가격은 약 1.8배 더 고가였으나 마리당 이익은 유기육계가 더 많은 것으로 나타났다.

그러나 실제로 유기농후사료 중심의 유기축산은 다음에 열거하는 세 가지 측면에서 문제가 있기 때문에 유기농후사료 중심의 유기축산은 재고되어야 한다. 그 첫째 이유로는 유기농후사료 가격이 고가이기 때문이다. 즉 우리나라에서 각종 유기곡류를 생산하여 유기축산의 사료로 이용하는 것은 현실적으로 불가능하여 외국에서 도입해야 하는데 외국의 유기곡류시장에서도 이들에 대한 경합이 심하기 때문에 가격은 상승할 수밖에 없다. 이와 같은 것은 농협 안성시범목장에서 관행농후사료 가격의 4배 정도를 예상하고 있다는 것에서 잘 나타난다.

둘째는 동물복지 차원이다. 밀폐된 공간에서 가축사육은 이것이 비록 규정에는 맞는 것이라 하더라도 자연스런 사육법은 아니다. 야외에서 방목형으로 사육하는 것이 좋다. 따라서 현재의 한국유기축산이 관행축산의 아류로 생각하여 추진하는 것은 바람직하지 않다. 셋째는 물질순환의 기본은 바탕에 두지 않고 상업적 축산에 기초한다는 것에 문제가 있다. 유기축산은 유축농업형태가 바람직하다. 즉 생산된 분뇨를 같은 농장의 다른 작목의 유기비료원으로 사용하는 것을 모델로 해야 하기 때문이다.

표 9-16 영국 유기육계 농가의 수익성 평가 결과(1996년)(축시, 2004)

항목	육계사육방법	
	유기육계	일반육계
사육일수	70	45
사료가격(원/톤)	600,000	382,000
수당 사료비(원)	5,290	1,670
수당 관리비(원)	20	80
수당 계육 판매가(원)	8,550	2,870
수당 순이익(원)	1,100	80

9.6.3. 유기한우

유기한우는 유기 조사료 생산이 가능하다는 점에서는 잠재력이 있으나 비육말기에는 농후사료를 급여해야 한다는 점에서 한계점을 가지고 있다. 유기배합사료는 그 원료를 전량 외국에서 도입해야 하고 그 가격 또한 관행사료보다 고가이다. 예를 들어 수입유기조사료의 가격은 국내산의 약 2배 이상 높게 형성되어 있다.

육성기는 볏짚＋농후사료 시험구가 일당 증체량이 0.71kg인 데 비해 방목＋건초는 0.64kg, 그리고 방목＋옥수수사일리지는 0.66kg이었다. 방목 위주 사양에서 증체량 감소가 나타났다. 거세우 사육적기는 방목＋건초구나 방목＋옥수수사일리지구가 관행구보다 높았으나 비육후기는 방목을 가미한 구에서 낮은 것으로 나타났다(축과원, 2011).

9.7. 유기축산의 질병 예방 및 관리

9.7.1. 가축위생

가축의 생명과 건강을 해치는 생물학적 및 이화학적 요인들을 제거하기 위해서는 이에 필요한 여러 가지 학문, 수의병리를 비롯한 수의미생물, 기생충, 약리, 화학 등에 기초를 두어야 한다. 그러나 유기축산에서는 각종 호르몬제나 화학약품 등을 사용하지 않기 때문에 전통적 수의학과는 여러 면에서 다르다. 따라서 기존의 수의학이 발병한 가축의 치료에 초점을 맞추었다면 유기축산에서는 예방이 더 중요하다. 따라서 관행축산농가가 유기축산을 위해서는 위생에 초점을 맞추고 나아가서 이들의 동물복지에 관심을 두고 관리해야 한다. 그렇기 때문에 가축이 자라는 기본환경조건에 대해서 잘 알아두는 것이 무엇보다도 필요하다.

9.7.2. 환경위생

(1) 기후

가축은 외부환경에 비교적 잘 적응하는 편이나 유기가축은 항생제나 기타 첨가제를 사용하지 않기 때문에 관행적 축산에서 해온 바와 같은 조악한 환경에 약할 수밖에 없다. 외부 기후조건은 가축의 생산성에 영향을 미치기 때문에 계절에 따라 이에 알맞은 관리를 해주어야 한다. 기후는 기본적으로 기온, 습도 그리고 기압 등으로 구성되어 있다고 할 수 있는데 가축은 저온보다는 고온에 약하다. 즉 기온이 너무 높으면 식욕이 떨어지고 따라서 각종 병에 대한 저항성도 약해지게 된다.

기온에 민감하게 반응하는 가축은 닭과 젖소라고 할 수 있는데 젖소는 산유능력에 큰 영향을 미친다. 젖소의 적온은 $10 \sim 15^{\circ}C$이고, $21^{\circ}C$가 되면 산유량이 감소한다. 우리나라 젖소의 대종을 이루고 있는 홀스타인은 특히 고온에 약해 $27^{\circ}C$가 되면 산유량이 급감하며 저지종 역시 $29^{\circ}C$이면 산유량 감소를 초래한다. 저온에 대한 적응은 비교적 강하여 홀스타인은 $-15^{\circ}C$ 그리고 저지는 $0^{\circ}C$가 되어도 유량생산에 큰 차이를 나타내지 않는다. 돼지의 생육적온은 $15 \sim 21^{\circ}C$이고 $32^{\circ}C$ 이상이면 영향을 받는다(이 등, 2002). 한편 닭은 고온에서 산란율이 저하하고 난각이 얇아진다.

건조하면 호흡기병에, 습하면 기생충 발생이 많아지며 춥고 습하면 폐렴, 디프테리아에 감염되기 쉽다. 계절적으로 볼 때 여름철의 장마기간 그리고 $1 \sim 2$월의 혹한기가 유기축산농가가 관심을 가져야 될 시기다.

광선 역시 가축의 건강에 직접적인 영향을 미친다. 혈액순환을 돕고 신진대사를 도와 피모 및 피부가 건강해지므로 외부의 변화에 대한 저항성을 갖게 된다. 또한 피하에 있는 콜레스테롤(cholesterol)을 비타민 D_3로 변화시키고 동시에 비타민 A의 공급을 원활히 하여 골격형성을 돕는다. 자연 살균력은 질병예방효과를 갖는다. 따라서 유기가축은 축사 내의 폐쇄공간이 아닌 햇볕을 쪼일 수 있는 장소에서 사육하도록 하고 적당한 가축밀도를 유지하도록 해야 한다.

(2) 물과 수질

물은 가축의 생리상 필요하며 산화 및 이화작용을 돕는다. 목욕, 축사의 청소에도 물이 쓰인다. 신선한 물을 공급하도록 해야 하는데, 만약 그렇지 않으면 전염병의 매개가 되어, 콜레라, 전염성 설사, 장염의 창궐로 막대한 피해를 주기도 한다. 또한 폐디스토마도 물에 의해 감염되므로 신선한 물의 공급은 유기축산의 기초다. 지역에 따라서 지하수는 오염된 경우 영향을 미치는 오염원이 없는지를 살핀 후에 이용하도록 한다.

9.7.3. 유기가축의 질병 관리

기생충에 저항성이 있는 가축을 선발하고 육종하거나 또는 기생충에 내성이 있는 가축을 사육하는 것이 필요하다. 이를 위해 방목강도의 조절 또는 전모나 부화 시기의 조절을 통해 달성될 수 있다. 또 어린 가축은 기생충에 약하고 따라서 기생충 발생의 빈도가 낮을 때 방목을 개시하는 방법을 이용할 수 있다.

유기가축과 일반가축의 건강 및 질병 관리의 가장 큰 차이는 전자는 그 예방에 치중하는데 비하여 후자는 치료에 두는 데 있다. 관리측면에서 볼 때 관찰을 철저히 하는 것이 좋은데 영국토양협회의 가축을 돌볼 때 다음 사항을 잘 살피는 것이 좋다고 한다. 첫째, 모든 방목가축이 있는지 낙오된 개체는 없는가를 살펴라. 둘째, 가축이 어떻게 서 있는가를 살피는데 이때 등이 굽은 개체, 귀를 떨군 것, 가만히 서 있는 가축, 고개를 숙이고 있는 것, 힘을 주지 않고 있는 다리가 있는 가축 그리고 안달하는 가축이 있는지를 살펴라. 셋째, 유방을 살펴라. 혹 유방염의 증세가 나타나는 개체가 있는지를 자세히 조사해 보아라(딱딱하거나 너무 말랑하거나 멍울이 졌는지를 검사). 넷째, 가축이 어떻게 느끼고 있는가를 살펴라. 가축은 부드러운가, 종기가 나 있는가, 진드기는 없는가, 굽이나 무릎 등에 열이 있는가를 조사하라. 다섯째, 오줌이나 똥의 상태를 자세히 보라. 변비, 똥에 벌레, 이상한 색깔의 오줌인지를 살펴라. 마지막으로 누워 있는 상태, 사료섭취 그리고 가축별 울음소리를 관심 있게 들어보라.

치료에 항생물질과 각종 호르몬제 등을 사용하지 않는 유기축산에서는 가축을 건강하게 사육하고 사고를 막을 수 있는 조치가 필요하다. 즉 사육 시 가축의 복지나 안녕(安寧, welling being)에 전력을 다하는 것이 좋다.

만약 병이 발병했을 때는 대체요법(代替療法, alternatives)을 사용하는데, 이때 많이 사용하는 방법이 동종요법(同種療法, Homeopathy)을 권장하고 있다(Macey, 2000). 동종요법에서 동종은 유사 또는 질병이란 뜻으로 치료원리는 같은 증상을 나타내는 병이나 약은 서로 상쇄되어 치료될 수 있다는 것이다. 이것은 1700년대 독일 의사인 하네만이라는 사람이 발명한 것으로 퀴닌(quinine)은 말라리아를 치료할 수 있는 약품인데 이 약을 사람에게 투여했을 때 말라리아와 같은 증상이 나타난다는 것을 발견하고 이에 대한 연구를 했다고 한다. 자세한 내

표 9-17 동종요법 및 항생제 치료율 비교

치료구	동종요법 치료율			항생제 치료율		
그룹	건수	완치율(%)	bact(%)	건수	완치율(%)	bact(%)
전체	178	20	41	154	34	51
경산우	121	14	36	111	32	50
미경산우	57	33	53	43	40	53
황색포도상구균	23	17	22	15	47	73
연쇄상구균	30	7	17	22	32	45
대장균	18	17	61	19	21	588
CNS	14	43	79	7	114	577
비특이성	56	30	50	46	41	50
Cross-over	44	41	73	20	25	

* 연쇄상구균 및 황색포도상구균에 의한 감염의 경우 동종요법의 치료율이 매우 낮음.

용은 소와 젖소의 동종요법에 의한 치료 그리고 중소가축의 동종요법치료(클리스토퍼 데이)를 참조하기 바란다.

현재 캐나다나 미국에서 사용되는 것으로는 외상(헤파 설퍼리스 칼카륨), 난산(카루로피럼 타릭트로라이드), 상처(하이퍼리쿰 퍼포라툼) 그리고 기타 질병에는 노소데스(Nosodes)가 쓰인다고 한다. 기타 가금의 호흡기병에는 호미아풀밀(homeopulmil)이 사용된다. 유기축산농가의 구급용으로 판매되기도 하며 그 가격은 캐나다 달러로 약 140달러 정도이다.

한편 식물을 이용한 치료법도 소개된 바 있는데, 가장 좋은 것은 목장의 일부에 이러한 식물을 식재한 후 가축이 스스로 채식할 수 있는 환경을 만들어 주는 것이 좋다. 만약 약으로 만들어 먹일 때는 봄이나 가을에 뿌리나 줄기 그리고 열매를 이용하는데, 초봄에 채취한 것 그리고 꽃이 피기 전의 것을 사용하고 또 이슬이 마른 다음에 채취한다. 가축치료용으로 이용되는 식물로는 회양풀, 루타, 금송화, 캐러웨이, 야생카밀레, 시과, 파슬리, 고수풀, 당귀류, 다북쑥, 서양박하, 박하, 세이지, 서양톱풀, 타임, 히숍풀, 산쑥 등이다. 유방염에는 생강, 마늘 그리고 샐비어 등을 꿀 등에 타서 먹이는 방법이 있다.

유기사육 시 문제가 되는 것은 내부기생충인데 대개 기생충 암컷이 분으로 배출되어 유충으로 자라게 되고 이것을 방목시 가축이 풀과 함께 섭취함으로써 감염된다. 소에서의 위충, 양이나 염소에 위충 및 폐기생충, 돼지에서 위충, 닭의 하품병충(gapeworm)이 문제가 된다. 구충에 대한 특별한 약제는 없으며 예방을 하는데 기생충의 가루를 먹여 면역성을 높일 수 있으며 사료에서도 버즈풋트레포일의 타닌은 알팔파보다 더 저항성을 높여주는 것으로 보고되고 있다. 또 인공 포유한 젖소보다는 모유 포유한 젖소가 기생충에 대한 저항성이 높다고 한다(Macey, 2000). 회충구제에 마늘을 이용하며, 기타 쓴쑥(wormwood), 사철쑥(tarragon), 쓴국화, 루핀, 호두, 제충국, 당근씨 그리고 호박씨도 구충에 효과가 있다고 한다. 그 밖에 규조토, 계면활성제, 황산구리 그리고 목탄도 내부기생충의 제거에 쓰인다.

9.7.4. 사육시설

(1) 사육시설, 부속설비, 기구 등의 관리
이에 대한 기준은 국립농산물품질관리원 고시에 제시되어 있다. 그런데 우리나라에서는

표 9-18 유기축산물 축사밀도

심사사항	구 비 요 건
가. 경영 관리	(1) 최근 1년간의 동물용 의약품의 구매량, 구매처, 사용량 및 보관량을 기록하고 국립농산물품질관리원장 또는 인증기관이 열람을 요구하는 때에는 이에 응할 수 있어야 한다. (2) 사육하고 있는 축산물 중 일부만을 인증받으려고 하는 경우 인증신청 하지 않은 축산물의 사육과정에서 사용한 동물용 의약품의 사용량과 해당 축산물의 생산량 및 출하처별 판매량(병행생산에 한함)에 관한 자료를 기록·보관하고 국립농산물품질관리원장 또는 인증기관이 요구하는 때에는 이를 제공하여야 한다.

나. 축사 및 사육 조건

(1) 유기가축 1두(수)당 갖추어야 하는 가축사육시설의 소요면적(단위:㎡)은 다음과 같다. (가축사육시설 소요면적의 산정방식은 「축산법시행규칙」 제30조 제3호의 규정에 따른 가축사육시설 단위 면적당 적정사육기준을 준용한다.)

(가) 한·육우

시설형태	번식우	비육우	송아지
방사식	10	7.1	2.5

① 성우1두 = 육성우2두
② 성우(14개월령 이상), 육성우(6개월령 이상 14개월령 미만), 송아지(6개월령 미만)
③ 포유 중인 송아지는 두수에서 제외

(나) 젖소

시설형태	경산우		초임우 (13~24개월령)	육성우 (7~12개월령)	송아지 (3~6개월령)
	착유우	건유우			
깔짚	17.3	17.3	10.9	6.4	4.3
프리스톨	9.5	13.2	8.3	6.4	4.3

(다) 돼지

구분	웅돈	번식돈				비육			
		임신돈	분만돈	종부 대기돈	후보돈	자돈		육성돈	비육돈
						초기	후기		
두당 소요면적	10.4	3.1	4.0	3.1	3.1	0.2	0.3	1.0	1.5

① 자돈초기(20kg 미만), 자돈중기(20kg이상 30kg미만), 육성돈(30kg이상 60kg미만), 비육돈(60kg 이상)
② 포유 중인 자돈은 두수에서 제외

(라) 닭

구분	소요면적	산정방식
산란, 성계, 종계	0.22㎡/수	①성계1수 = 육성계2수 = 병아리4수
산란 육성계	0.16㎡/수	②병아리(3주령 미만), 육성계(3주령이상 18주령미만)
육계	0.1㎡/수	성계(18주령 이상)

(마) 오리

구분	소요면적	산정방식
산란용 오리	0.55㎡/수	① 성오리1수=육성오리2수=새끼오리4수
	0.3㎡/수	② 산란용 : 성오리(18주령 이상), 육성오리(3주령이상 18주령미만), 새끼오리(3주령 미만)
육계	0.1㎡/수	③ 육용오리 : 성오리(6주령 이상), 육성오리(3주령이상 6주령미만), 새끼오리(3주령 미만)

(바) 양

구분	수당면적
면양, 산양	1.3㎡

구분	수당면적
꽃사슴	2.3㎡
레드디어	4.6㎡
엘크	9.2㎡

(2) 반추가축은 축종별 생리 상태를 고려하여 축사면적의 2배 이상의 방목지 또는 운동장을 확보해야 한다. 다만, 충분한 자연환기와 햇빛이 제공되는 축사구조의 경우 축사시설 면적의 2배 이상을 축사 내에 추가 확보하여 방목지 또는 운동장을 대신할 수 있다.

(3) 축사 및 축사의 주변에 유기합성농약을 사용하지 않아야 한다.

(4) 같은 축사 내에서 유기가축과 비유기가축을 번갈아 사육하여서는 아니 된다.

(5) 유기가축과 비유기가축의 병행사육 시 다음의 사항을 준수하여야 한다.

(가) 유기가축과 일반가축(무항생제 사육가축 포함)은 서로 독립된 축사(건축물)에서 사육하고 구별이 가능하도록 각 축사 입구에 표지판을 설치하여야 한다.

(나) 입식시기가 경과한 일반가축을 유기가축 축사로 입식하여서는 아니 된다.

(다) 유기가축과 일반가축의 생산에서 출하까지 구분관리 계획을 세우고 이를 이행하여야 한다.

(6) 산란계의 경우 자연일조시간을 포함하여 총 14시간을 넘지 않는 범위 내에서 인공광으로 일조시간을 연장할 수 있다.

다. 자급 사료기반

(1) 초식가축의 경우 가축 1두당 확보하여야 하는 목초지 또는 사료작물 재배지는 다음과 같다. (사료작물 재배지는 임차하거나 계약재배가 가능하다.)

(가) 한·육우 : 목초지 2,475㎡ 또는 사료작물 재배지 825㎡

(나) 젖소 : 목초지 3,960㎡ 또는 사료작물 재배지 1,320㎡

(다) 면·산양 : 목초지 198㎡ 또는 사료작물 재배지 66㎡

(라) 사슴 : 목초지 660㎡ 또는 사료작물 재배지 220㎡

다만, 축종별 가축의 생리적 상태, 지역 기상조건의 특수성 및 토양의 상태 등을 고려하여 외부에서 유기적으로 생산된 조사료를 도입할 경우, 목초지 또는 사료작물재배지 면적을 일부 감할 수 있다. 이 경우 한·육우는 374㎡/두, 젖소는 916㎡/두 이상의 목초지 또는 사료작물재배지를 확보하여야 한다.

라. 가축의 입식 및 번식방법

(1) 다른 농장에서 가축을 입식하려는 경우 해당가축의 입식조건(입식시기 등) 및 번식방법이 유기축산물 인증기준에 적합함을 입증할 자료를 인증기관에 제출하여 승인을 받아야 한다.

(2) 일반가축을 유기축산으로 전환하려는 때에는 가축의 이유 직후 또는 부화 직후부터 전환을 시작하여야 한다. 다만, 다음의 경우에 한하여 육성축 및 성축의 유기축산 전환을 시작할 수 있다.

(가) 최초 인증 시 현재 사육하고 있는 전체 가축을 전환하려는 경우

(나) 원유 생산용·알생산용·녹용생산용 가축을 전환하려는 경우

표 9-19 무항생제 축사밀도(관행축사 밀도)

축종	사육시설면적 (단위:㎡)			
한·육우	시설형태	번식우	비육우	송아지
	방사식	10.0	7.0	2.5
	계류식	5.0	5.0	2.5

※송아지(6개월령 미만) 육성우(6개월령이상 14개월령미만) 성우(14개월령 이상)

축종	시설형태	경산우		초임우	육성우	송아지
		착유우	건유우			
젖소	깔짚방식 (마리당 평균면적12.8)	16.5	13.5	10.8	6.4	4.3
	계류식(마리당 평균면적8.6)	8.4	8.4	8.4	6.4	4.3
	프리스톨(free stall) 방식 (마리당 평균면적9.0)	8.3	8.3	8.3	6.4	4.3

※송아지(3개월령이상 6개월령미만) 육성우(6개월령이상 12개월령미만) 초임우(12개월령이상 24개월령미만)

구분		웅돈	번식돈				비육			
			임신돈	분만돈	종부 대기돈	후보돈	새끼돼지		육성돈	비육돈
							초기	후기		
돼지	마리당 면적	6.0	1.4	3.9	1.4 (스톨) 2.6 (군사)	2.3 (군사)	0.2	0.3	0.45	0.8

일관경영	번식경영-1	번식경영-2	비육경영-1	비육경영-2
0.79	2.42	0.90	0.62	0.73

구분	새끼돼지		육성돈	비육돈
	초기	후기		
성장단계	20kg 미만	20kg이상 30kg미만	30kg이상 60kg미만	60kg 이상

구분		시설형태		면적	비고
닭	산란계	케이지		0.05㎡/마리	
		평사		0.11㎡/마리	
	산란육성계	케이지		0.025㎡/마리	100일령까지 사육
	육계	무창계사		39kg/㎡	
		개방계사	강제환기	36kg/㎡	
			자연환기	33kg/㎡	
		케이지		0.046㎡/마리	

※산란계·종계 – 병아리(3주령 미만) 육성계(3주령이상 18주령미만) 성계(18주령 이상)

구분	두당면적	비고	
오리 산란용오리	0.333㎡/마리		
육용오리	0.246㎡/마리	무창 또는 고상식 시설은 0.15㎡/마리 적용	
구분	새끼오리	육성오리	성오리
산란용오리	3주령 미만	3주령이상 18주령미만	18주령 이상
육용오리	3주령 미만	3주령이상 6주령미만	6주령 이상

이와 같은 기준에 의해 실제로 유기축산을 시도한 경우는 농협안성목장에서이다. 그 예를 축군별로 제시하면 다음과 같다.

유기산란계사인 경우 관행산란계 축사와 유사하나 기준에서 제시한 수당 축사면적을 충족시키고 깔짚 평사형태를 취했으며 깔짚은 왕겨＋볏짚을 사용하는 것으로 되어 있다. 유기한우사인 경우도 깔짚 우사의 형태에 톱밥을 깔짚으로 사용하였고 물론 이 때 밀도는 충족시켰다. 초지 조성 시에는 1두에 필요한 면적을 2,475㎡로 보았고, 사료포 조성 시는 두당 835㎡가 필요한 것으로 계획되어 있다. 유기육계사인 경우 깔짚 평사로 깔짚은 왕겨와 볏짚을 사용하는 것으로 계획되어 있다. 유기양돈사인 경우는 케이지에서 사육하게 깔짚 돈사를 이용하며 밀도 역시 정부고시를 준수하는 것으로 되어 있다.

이와 같은 기준은 철저하게 관행축산을 기준으로 한 것이다. 그러나 유기농업의 기본정신을 고려한다면, 사사보다는 방목의 방법을 택하는 것이 좋고, 특히 이러한 관점은 가축의 복지를 증진시킨다는 점에서 실제 유기축산을 할 때 고려할 사항이다. 단지 기준에 맞는다는 것 이상의 것이 유기농업의 배경에 깔려 있기 때문이다. 이런 측면을 고려한다면 현재와 같이 도시근교의 축산이 아닌, 산지나 오지에서 축산을 통하여 축산물과 유기비료를 생산하고

그림 9-1 유기축산물의 마크

표 9-20 작물재배 권역별 가용 유기자원(단위 : 톤)

재배권역	비료 소요량				가용 퇴비자원 중 비료 성분량				비율 (B/A)
	질소	인산	칼리	계(A)	질소	인산	칼리	계(B)	
상수원권	6.7	4.6	5.1	16.4	13.8	7.8	7.2	28.8	1.75
산간지	11.2	7.8	9.1	28.1	25.1	15.7	13.9	54.7	1.94
고랭지	13.5	9.9	11.7	35.1	6.6	8.1	4.8	19.5	0.55
평야지	11.7	7.8	9.1	28.6	7.4	4.0	4.3	15.7	0.55

(자료: 엄기철 외 8인, 2002)

이것을 다시 유기경종에 되돌리는 물질순환의 원리가 적용되는 유기축산이 바람직하다 할 것이다.

9.7.5. 분뇨처리

가축사육 시 발생되는 축산분뇨는 퇴비 또는 액비로 자원화하여 초지나 농경지에 환원하여 유기자급사료를 생산하거나 다른 유기작물재배에 이용하는 것이 원칙이다. 특히 자원의 순환, 이용이라는 측면이 강조되는 유기농업에서는 이의 사용은 당연하다.

돼지 사육농가는 축사구조를 분과 요를 분리 · 처리할 수 있도록 하고 분뇨는 퇴비 또는 액비로 처리하여 반출한다. 한편 소와 돼지의 운동장에는 요의 집수조를 설치하고 분은 매일 처리한다.

〈표 9-20〉은 가축 사육 후 배출되는 퇴구비에는 상당량의 영양분이 함유되어 있음을 보여주고 있다. 따라서 이를 사용한 자급유기사료생산 또는 기타의 유기작물재배는 그 지역에서 생산된 분뇨는 그 지역에서 재투입되고 거기서 재배된 작물을 다시 그 지역주민이 이용하는 지산 지소(地産地消)라는 철학을 실현하는 데 꼭 필요한 조치다.

9.8. 복지 및 인증을 위한 축산

9.8.1. 동물복지의 역사

동물이 인간과 같이 불멸의 영혼을 갖고 있다는 생각은 힌두교에서 찾아볼 수 있으며, 이러한 교리의 밑바탕에는 동물을 귀하게 여기고 인간의 눈이 아닌, 신의 눈으로 인간과 동등하게 바라보는 시각을 갖게 되었다. 불교에서도 비슷한 시각이 있으나 그 강도는 힌두교보다 약하다.

이에 반하여 기독교는 사람이 지구상의 모든 생물에 우선하여 인간본위의 세상을 강조하였다. 이슬람교도 기독교와 유사한 배경이나 코란은 동물학대를 금지하도록 전파하고 있다.

이러한 동물복지의 사상은 그 기원으로 볼 때 지금으로부터 약 3,500~4,500년 전으로 발상지는 인더스 문명에서 기원하는 것으로 보고 있다. 그 후 철학자인 아리스토텔레스는 인간만이 이성적이라 하여 인간 이외의 동물은 인간의 이익을 위해서 이용을 해도 무방한 것으로 인식되었다. 이러한 생각들은 기독교에서도 잘 나타나고 있는데, 동물을 자신의 목적에 맞게 이용할 수 있음을 창세기에서 기술하고 있다. 이러한 생각은 서구의 중세에도 이어졌다. 17~18세기에 이르러서도 인간이 이성적 능력을 가지고 있는 데 반하여 다른 동물은 감정이 없는 존재로 동물이용은 정당하다는 사조가 주를 이루었으나 볼테르 같은 철학자는 육식을 야만적인 습관이라 비판한 바 있다. 그러나 공리주의자였던 벤담은 감수성이 있는 동물을 고려해야 하며 동물에게 고통을 가하는 것은 인간의 횡포라고 비난하며 모든 창조물의 고통이 참작되어야 한다고 하였다. 대체로 보아 이성적 통찰에서 서구인은 동물을 인간복지 향상을 위한 피조물이라고 보았던 반면 동양인은 불교의 영향으로 동물의 살생을 금하는 정서가 사회의 밑바탕에 깔려 있었던 것으로 보인다(김, 2005).

동물복지에 대한 최초의 역사적 기록은 1822년 미국의 소의 학대에 관한 법률, 같은 해 영국의 동물학대 방지법(Martin's Anticruelty Act)이 의회에서 통과된 것이 시발점이 되었다. 그 이후 동물학대방지협회가 영국에서 성립된 것을 시발로 1866년 미국에서 같은 이름의 협회가 창립되었다. 이 협회는 동물복지에 관련된 법안을 1873년에 제정했는데 소위 「28시간」법이다. 이 법은 살아 있는 가축을 운반할 때 그 소송과정에서 최소한 매 28시간마다 적절한 휴식, 사료, 물을 공급하는 것을 골자로 한 법이다. 그 뒤 청결식품과 약물법의 폐해를 막는 법이 「인도적 도살법」이 통과되어서야 잔인하게 도축되는 것을 방지할 수 있었다. 근대적 의미의 동물복지가 법적으로 보장된 것은 1966년 미국에서 제정된 동물복지법이며 이 법률은 동물의 보호, 판매, 이동하는 데 있어서의 최소한의 기준을 제시한 것이다. 기타 관련된 법안으로는 미국이 식품안전법, 1991년에 제정된 동물이용에 대한 과학적 절차법이 있다. 이후 미국은 유기동물의 보호, 유기동물의 연구 목적이용에 관한 제 규정을 제시하고 있다.

9.8.2. 동물복지의 개념

인간의 동물에 관한 견해는 크게 다섯 가지로 분류할 수 있다. 첫째는 동물을 산업적으로 활용해야 한다는 그룹으로 인간은 동물에 대한 지배권을 가지고 있기 때문에 스포츠, 영리 또는 어떤 목적으로도 제약 없이 사용 또는 남용할 수 있다는 견해다. 둘째는 동물이용에 대한 의견으로 동물을 식품, 의생명과학연구, 모피, 노동, 의복 등 인간의 필요에 의해 이용할 수 있으며, 이것은 스스로의 통제가 가능하고 법이 필요하지 않다는 동물이용에 관한 보다 자유로운 견해이다. 셋째는 동물복지에 관심을 가져야 한다는 그룹으로 위해로부터 동물을 보호해야 할 책임과 의무가 개인과 단체에 있으며, 이용은 제약이 있어야 하고 이용을 위해서는 사회적으로 받아질 수 있는 법에 의해 규제가 필요하다는 입장이다. 넷째는 동물권리를 주장하는 그룹으로 동물은 사람과 마찬가지로 천부적인 권리를 가지고 있어 이 권리는 식품으로 이용되지 않을 권리, 실험이나 게임에 사용되지 않을 권리, 학대나 도살을 피할 수 있는 권리를 포함한다. 다섯째는 동물해방에 관한 견해를 가진 그룹으로 이 계층의 사람들은 동물은 어떤 경우도 사람의 이익을 위해서 이용 또는 생산되어서는 안 된다고 주장하며, 학대, 이용 심지어는 애완화도 반대하는 입장이다.

한편 동물복지에 관한 최초의 언급은 솔트(Salt,1892)로 그의 저서에서 동물에게 사료와 안식처를 제공할 뿐 아니라 불필요한 고통을 제거하는 것이 필요하다고 역설하였다. 동물복지에 관해서는 흔히 피터 싱어(Peter Singer)의 『동물해방(Animal Liberation)』이 유명하다. 이 책에서 그는 동물에게도 권리가 아닌 동등한 배려를 주장한다. 벤담의 철학에 바탕을 둔 그의 사상은 고통을 겪을 수 있는 동물은 마찬가지로 즐길 수 있는 능력을 가지고 있다고 주장하였다. 예를 들어 벽돌은 고통을 느낄 수 없기 때문에 고통이나 즐거움을 알 수 없지만 동물들은 기쁨과 고통을 느낄 수 있기 때문에 그들의 본능을 존중해 주어야 한다는 주장이다. 그는 특히 고통에 대해서 주장하기를 통증과 고통은 그 자체가 나쁜 것이며 인종이나 성별 또는 동물의 종류와 관계없이 해방되거나 최소화되어야 한다고 주장하면서 인간이 동물을 다루는 모든 분야에서(농장, 유희, 사냥 등) 그들의 고통을 최소화하는 데 노력해야 한다고 주장하였다.

동물의 생명존중에 대한 그의 입장은 다음의 글에 잘 나타나 있다. 즉 "성장한 침팬지와 개, 돼지 그리고 많은 비인간동물은 다른 개체와 관련이 있으며 독립적인 행동이나 지각능력에서 손상을 입은 신생아보다 훨씬 뛰어나다." 그럼에도 불구하고 같은 종인 인간에게는 여러 권리를 인정하면서 다른 종에게는 그 권리를 인정하지 않는 것은 부당하다는 주장이다.

리간은 『동물권리옹호론』을 통해 동물이 타고난 가치를 존중받아야 한다고 역설하여 싱어의 공리주의적 입장에서 인간생활의 전체적인 복지를 증가시킬 수 있으면 동물을 실험동물로 이용이 가능하다는 사상에 반하는 더 엄격한 의미의 동물권리를 주장하고 있다(김, 2005).

한편 캐나다의 데이비드 지벨(David Sztybel)은 동물복지를 크게 여섯 가지로 나누어 설명하고 있는데 동물지용자의 동물복지, 상식적 동물복지, 인도적 동물복지, 동물해방론자의 동물복지 그리고 신복지론이다. 여기서 신복지론이란 인간이 이용하는 동물에 대한 대대적인 개선방법은 결국 인간이 동물이용을 폐지하게 될 것이라는 뜻이다(이 등, 2008).

전체적으로 볼 때 동물복지란 결국 적절한 주거환경제공, 사료공급, 질병치료, 인도적 관리, 안락사 등 동물을 인간의 이용도구가 아닌 생명체를 가진 개체로 인정하고 보살피는 것으로 정의할 수 있을 것이다.

9.8.3. 복지의 기본원칙

사전적인 의미의 복지는 기본적인 욕구가 충족되고 고통이 최소화되는 행복한 상태를 말한다. 동물에 있어서 기본적인 욕구란 무엇인가? 이는 생명유지에 필요한 먹이가 필요하고 적절한 물이 있어야 하며, 추위나 더위로부터 보호될 수 있고 생활에 충분한 공간이 필요하며, 종류가 다른 동물과 접촉을 통하여 사회적인 활동이 가능한 상태인 것이다. 여기에 고통의 최소화란 질병으로부터 자유로워지거나 죽음에 이르러 최소한의 고통으로 죽어갈 수 있는 상태가 최소한의 복지가 유지된 것이라 할 수 있을 것이다.

이러한 기본적인 욕구 충족이 동물복지의 조건이며 이것은 영국의 농장동물복지위원회에 의해 산업동물에 있어서의 다섯 가지 자유와 기본적으로 같다. 다섯 가지 자유(Five freedom)는 아래와 같다.

① 배고픔과 갈증으로부터의 자유 : 건강한 영양 상태와 질병방지를 위한 신선한 음료와 사료를 접할 수 있게 한다.

② 불안으로부터의 자유 : 쾌적한 잠자리 및 휴식장소를 제공함으로써 달성될 수 있다.

③ 통증, 부상 또는 질병으로부터의 자유 : 신속한 진단과 치료 및 예방을 통하여 이룩될 수 있다.

④ 정상적인 행동표현의 자유 : 생활에 충분한 공간, 적절한 시설의 제공과 함께 동물 자신들과의 어울림의 조장을 통하여 가능하다.

⑤ 공포와 고통으로부터의 자유 : 심리적 고통을 피할 수 있는 조건의 제공을 통하여 달성될 수 있다.

이러한 자유를 담보하는 산업동물 사육을 위해서는 책임지는 경영, 목축업자의 식견, 적절한 축사, 수송과 취급 그리고 인도적인 도살이 전제가 되어야 한다고 위원회는 주장한다.

미국의 한 보고에 의하면 미국에서 실험동물에 사용되는 동물이 200만 두가 되나 이의 생산을 위해 약 2,000만 두가 실제로 사육되고 있다고 한다. 이들은 실험용 발암 쥐를 비롯하여 질병모델의 개발, 외과적 치료방법, 가정용 세제, 화장품, 농업용 화학물질 그리고 산업용 윤활유의 독성 여부를 판단하기 위해 인간 대신 실험동물들이 이용되고 있다. 직접적인 동물실험을 대체하기 위한 실험관 내 방법을 대안법(alternatives)이라고 한다. 이것은 원래 1959년 레셀과 버크가 소개한 인도적인 실험기법의 원칙에 따른 것으로 3Rs라고 하는데 replacement(대체), reduction(감소) 그리고 refinement(정제)를 말한다. 여기서 감소란 실험동물의 수를 가능하면 줄이자는 것으로 직접적으로 수를 줄이거나 또는 보다 좋은 통계기법을 사용하여 수를 줄이고도 많은 수의 실험동물을 사용했을 때와 같은 정확성을 보장할 수 있는 기법 등을 쓰는 것을 말한다. 정제는 실험 전 스트레스 감소, 건강 증진법, 인도적인 안락사 등이 포함된다. 대체란 세포배양을 통한 방법, 초음파, 자기공명영상 등을 이용하거나, 무척추동물, 식물이나 미생물 이용, 초기배아의 이용이 이에 해당된다. 컴퓨터를 이용한 시뮬레이션 사용 등이 그 예라 할 수 있다.

9.8.4. 우리나라 동물복지의 현황

우리나라는 2008년 법률 제8852호에 의해 원래의 법안이 일부 개정되어 현재 시행되고 있으며 그 시행령은 동년 10월 29일 대통령령 제21095호로 공포되었다. 그 요지는 법률이 정하는 동물은 등록을 하도록 되어 있으며 이에 따라 인식표를 등록대상동물에 붙이도록 규정하고 있다. 안전조치에 관한 사항으로 목줄을 매도록 하며, 학대금지를 하며, 판매, 도살방법, 유기동물에 대한 조치, 동물 장묘업 등에 대해 규정하고 있다. 감시관제도를 운영하고 실험동물시설에는 실험동물윤리위원회를 설치하도록 강제하였다. 전체적으로 볼 때 외국의 그것과 유사한 규제와 법적 조치를 규정하였다.이 법률은 결국, 동물의 구입, 사육, 판매, 유기 그리고 실험동물의 관리 시 동물을 보호하고 그들의 권리를 보장하는 전반적인 내용을 담고 있다.

그 뒤 2013년 8월에 개정한 법률은 동물학대에 대한 사회적 경각심을 높이고 동물학대 행위 촬영유포를 금하며 위반한 경우 300만 원 이하의 벌금을 물도록 개정하였다. 또 이 시행령은 동물운송시의 준수사항을 명시하고 던지거나 전기몰이 시에는 과태료를 부과하도록 하였다. 뿐만 아니라 동물판매시의 운송기준 준수, 그리고 직접 전달을 규정하고 있으며 나아가서 도살, 매몰 시 의식이 없는 상태에서 처리하도록 한 것이 특징이다.

산업동물은 인간에게 고기, 젖, 알, 털, 모피, 축력을 제공하여 인간의 식량자원으로 또한 농경을 가능케 하여 문화발전에 크게 기여해 왔다. 인간이 지구를 지배하는 생태학적 최강자의 개념을 도입하여 인간을 위한 것이라면 무엇이라도 어떻게 이용해도 관계없다는 생각이 주류를 이루었다. 그 후에 사회적 변화를 겪으면서 동물복지라는 개념이 도입되어 동물도 생명을 가진 유기체일 뿐 아니라 인간과 같이 초보적인 사고와 감성을 가지고 있다는 점을 인식하여 오늘에 이르게 되었다.

현재 산업동물의 복지에 관한 것은 양계에 있어서 케이지나 배터리 사육으로 충분한 공간을 확보하지 못하고 있으며, 카니발리즘을 막는다는 이유로 부리를 자르며 지나친 생산으로 뼈가 약해지며 도축장으로 이동시 골절이 일어나며, 또 마취 없는 도축 등이 문제로 거론되고 있다. 한편 양돈에서는 조기이유로 인한 너무 일찍 육성칸으로 이동되며, 깔짚이 없는 돈사에서 사육되고, 단미 그리고 난폭한 관리 등이 문제가 되고 있다. 육우에는 생존연한을 앞당겨 도축되며 공장형으로 인한 환기문제 등이 문제점으로 거론되고 있다.

결국은 가축의 기본적인 욕구를 만족시켜 줄 수 있는 시설이나 환경 그리고 사육체제 그리고 스트레스 감소, 생산성을 높이기 위한 부적절한 약품사용 등이 문제점으로 대두되고 있다.

한국의 산업동물 복지를 향상시키기 위한 대책으로 첫째 동물의 본능과 생물적 요구를 만족시킬 수 있어야 하며, 둘째 적절한 사육밀도를 유지해야 하고, 셋째 각종 약품(항생제)의 남용을 금지해야 할 것이다. 나아가서 환경문제(분뇨처리, 악취)를 해결해야 한다.

오락동물과 동물원의 전시동물 그리고 투우와 같은 흥행동물의 복지문제도 관심을 가져야 하며 기타 야생동물의 포획과 남획 등에 대한 조치도 동물복지 차원에서 접근할 필요가 있다. 반려동물의 복지에도 관심을 가져야 한다. 최근 유기견에 대한 보도도 많다. 인식의 변화로 애견에 대한 사육자들의 태도가 많이 개선되고 있으나 아직도 부적절한 사료공급, 학대행위 그리고 식육으로 사용하기 위한 식용견의 잔인한 도축 등이 매스컴에 오르는 경우가 많다. 애완견이 아닌 동반견 또는 반려견으로 취급하여 이러한 동물도 생명과 감성을 가진 생명체라는 인식을 확고히 하는 것이 동물복지실현의 첫 걸음이라고 할 수 있다.

9.8.5. 동물복지농장 인증제도

우리나라에서는 세계적 추세에 발맞추어 동물복지농장 인증제도를 도입한 바 있다. 즉 2012년 산란계, 2013년 돼지에 대한 동물복지 인증제도가 제정되어 시행되고 있으며 앞으로 육계나 축우에 대한 인증제도를 시행할 계획을 가지고 있다.

동물복지 산란계 농장 인증기준은 우선 이 기준에서 언급되고 있는 몇몇 용어들, 산란계, 산란장소, 깔짚 그리고 홰 등의 기초용어에 대한 정의가 내려져 있다. 인증기준은 크게 1)관리자의 의무, 2)닭의 건강상태 점검, 3)건강관리, 4)급이, 5)급수, 6)준수사항, 7)인도적 도태, 8)사육시설, 9)사육밀도, 10)사육환경, 11)자동화·기계화 설비, 12)청소 및 소독 등으로 구성되어 있으며 그 중요한 내용은 〈표 9-21〉에 제시되어 있다.

동물복지 양돈농장 인증기준은 크게 1)관리자의 의무 2)돼지의 건강상태 점검 3)건강관리 4)동물관리 5)급이 6)급수 7)사양관리 준수사항 8)도태 9)사육시설 10)사육공간 11)사육환경 12)자동화·기계화 설비 13)청소 및 소독으로 크게 나누어져 있다.

동물복지 산란계 농장과 양돈농장 인증기준의 핵심내용은 건강관리, 사육밀도 및 시설이 관행축산의 기준보다 더 넓고 쾌적하며 동물 본래 요구를 충족시켜 주는 데 초점이 맞추어져 있다. 닭의 경우 부리 다듬기, 강제 환우, 폐쇄형 케이지 사육을 금지하고 있으며 사육공간 역시 보다 넓은 면적의 제공을 강제하고 있다. 이와 같은 것은 관행축산의 사육밀도와 비교하면 잘 알 수 있다(표 9-22).

동물복지 돼지 사육에 있어서도 환경 및 사육공간을 더 넓게 하여 쾌적한 조건에서 사육될 수 있도록 고려한 것이 핵심이다. 사양 시 준수사항으로는 군사, 단미, 발치, 거세, 도태 등을 원칙적으로 금지하되 수의사의 허용하에 일부 가능하도록 한 것이 요지이다. 즉 발치인 경우 연삭만 가능한 조치가 사양관리의 핵심내용이다.

표 9-21 동물복지 산란계 농장 인증기준 주요내용(동물보호과)

구분	인증요건
① 관리자 의무 및 준수사항	○ 문서화 및 기록유지 　－ 사육개체 수 및 사육밀도(동물의 입식 · 출하 현황) 　－ 닭의 건강 상태 등 점검 내용 　－ 사료 및 물 섭취량(사료의 생산 · 구입, 영양 성분 및 급여내용) 　－ 계란 생산량 · 출하량, 출하처별 거래내역 　－ 점등 시간, 계사 내 최고 및 최저 온도 　－ 질병예방 프로그램(약품 · 백신 구입 및 질병관리현황) 　－ 청소 · 소독내용, 기계화 · 자동화 설비 등의 점검내용
② 건강관리	○ 매일 닭의 건강 상태 등 점검 후 기록 · 유지 ○ 이상행동, 질병 및 부상 등 발견 시 마른 깔짚이 깔린 편안한 휴식 공간에 격리 · 치료
③ 급이 및 급수	○ 매일 1회 이상 충분한 사료와 물 제공(사료나 물을 제한 금지) ○ 급이기 기준 　－ 선형은 1마리당 10cm 이상, 원형은 최소 4cm 이상 ○ 급수기 기준(수질은 1년에 1회 이상 정기 검사) 　－ 벨형은 100마리당 1개 이상, 니플형과 컵형은 10마리당 1개 이상 　－ 선형은 1마리당 2.5cm 이상, 원형은 최소 1cm 이상
④ 준수사항 및 인도적 도태	○ 농장 내 부리다듬기 금지(응급한 경우 수의사의 판단하에 허용) ○ 강제환우 금지(강제환우 시킨 닭 입식 금지) ○ 폐쇄형 케이지 사육금지
⑤ 사육밀도 및 사육시설(환경)	○ 사육밀도 　－ 바닥면적 ㎡당 성계 9마리 이하 ○ 산란상 기준 　－ 산란계 7마리당 1개 이상(산란계 120마리당 1㎡ 이상) ○ 횃대 기준 　－ 1마리당 최소 15cm 이상 　－ 굵기는 직경 3～6cm, 간격은 최소 30cm 이상 　－ 벽으로 20cm 이상, 높이는 최소 40cm ～ 최대 1m ○ 조명시간 　－ 최소 8시간 이상의 연속된 명기 및 최소 6시간 이상의 연속된 암기 ○ 공기오염도 　－ 암모니아 농도 : 25ppm 이하, CO_2 농도 : 5,000ppm 이하
⑥ 청소 및 소독	○ 계사 및 주변 청소 및 소독을 정기적으로 실시 ○ 농장 출입구 소독기 설치, 출입차량 및 출입자 소독 실시

표 9-22 동물복지 양돈농장 인증기준 주요내용(동물보호과)

구분	인증기준
① 관리자 의무 및 준수사항	○ 문서화 및 기록유지 　－ 동물의 입식 · 출하 현황 　－ 사료 섭취량 및 음수량, 돈사 내 일일 최고 및 최저 온도 　－ 깔짚 소요내역 및 구입 증빙자료 　－ 질병예방 프로그램, 약품 · 백신 구입 · 사용내용 및 질병관리 현황 　－ 돼지의 건강상태 등 점검 내용 　－ 출하량 및 운송차량, 출하처별 거래내역 등 ○ 돼지고기 이력제 등 농장 이력 추적이 가능한 시스템에 참여

② 건강관리	○ 매일 1회 이상 돼지의 건강 상태 등 점검 ○ 이상행동, 질병 및 부상 등 발견 시 격리실에 격리 · 치료
③ 급이 및 급수	○ 매일 충분한 사료와 물 제공 ○ 급이기 기준 　– 칸막이가 있는 급이기 : 1개의 급이공간당 최대 10마리 등 ○ 급수기 기준(수질은 1년에 1회 이상 정기 검사) 　– 1개의 급수공간당 최대 10마리
④ 준수사항	○ (군사) 군사사육 원칙, 수정 후 4주까지 스톨 사육 허용 ○ (단미) 돼지의 단미 금지, 수의사가 처방하는 경우에만 허용 ○ (발치) 송곳니 발치 · 절치 금지, 연삭만 허용 ○ (거세) 7일령 이후 외과적 거세는 수의사만 실시 ○ (도태) 수의사 또는 두부 타격 · 기절 후 방혈만 허용
⑤ 사육밀도 및 사육시설(환경)	○ (소요면적) 사육단계별 휴식공간 및 소요면적 설정

체중, kg	최소 휴식공간 면적, m²	최소 소요면적, m²
10 이하	0.1	0.15
10 ~ 20 미만	0.13	0.2
20 ~ 30 미만	0.2	0.3
30 ~ 60 미만	0.36	0.55(0.8*)
60 이상	0.66	1.0(1.3*)
후보돈	0.92	2.3
임신돈	1.3	3.0
웅돈	–	6.8

* 깔짚이 전체적으로 충분히 깔려 있는 경우의 최소 소요면적
○ (깔짚) 후보돈, 임신돈의 휴식공간에 깔짚 제공 의무화
○ (분만실) 분만 5일 이후 최소한 한 방향으로 돌 수 있는 구조
○ (격리실) 충분한 수와 적합한 위치의 격리실 설치
○ (조명도 · 암모니아) 최소 40lx 이상, 25ppm 이하

그림 9-2 동물복지인증 마크(농림축산식품부)

連/구/과/제

1. 유기축산 농가를 방문하여 유기축산에서 가장 어려운 일이 무엇인지 알아보라.

2. 서구에서 동물복지인증 축산물이 소비자들로부터 각광을 받는 이유를 조사하라.

참/고/문/헌

1. 윤세형 외. 2011. 유기축산. 이담.

2. 이효원. 2004. 생태유기농업. 방송대출판부.

3. 이효원. 2009. 유기농업원론. 에피스테메.

4. 이효원 등. 2008. 유기농업. OUN press.

5. Michael C. Appleby etc, 2011. Animal Welfare. CABI.

10장

산지초지연구 신기술 소개

개 관

두과작물의 질소공급효과를 측정하기 위하여 일반적으로 사용되는 방법은 동위원소 분석기법으로 동위원소의 조성을 알아내는 분석방법이다. 정밀농업이란 작물의 생산과 관련된 의사결정과 작물생산과정을 다양한 공간정보들을 바탕으로 하는 농업관리기술이다. 정밀농업에 필요한 공간정보를 수집하는 방법 중에서 가장 일반적인 방법이 원격탐사방법이다. 축산분야에는 정밀농업기술이 가축의 관리와 초지의 관리에 적용된다. 원격탐사방법은 초지의 표면상태를 종합적으로 탐지하고 이를 정량화하여 초지와 농업환경의 관리 및 정책수립에 필요한 기본정보들을 제공하게 된다. 근적외선 분광법은 반사되거나 투과한 빛의 파장을 측정하여 사료 성분을 분석하는 성분분석 방법이다.

학/습/목/표

1. 동위원소 분석기법에 대하여 학습한다.
2. 원격탐사방법이 산지초지연구에 어떻게 이용될 수 있는지를 학습한다.

주/요/용/어

동위원소 분석 / 근적외선 분광법 / 정밀농업 / 산지초지 / 방목 / 초지경관 요소

10.1. 초지연구와 동위원소 및 원격탐사

10.1.1. 동위원소 분석이란 무엇인가?

두과작물들은 토양에 질소 양분을 공급하는 기능을 하며, 또한 사료가치가 높은 조사료원으로의 이용이 가능하다. 이러한 두과작물의 질소공급효과를 정확히 아는 것은 초지의 관리 특히 두과와 화본과가 혼파된 초지의 계획·관리에 있어서 중요한 사항이 된다. 두과작물의 질소공급효과를 측정하기 위하여 일반적으로 사용되는 방법은 동위원소 분석기법으로 동위원소의 조성을 알아내는 분석방법이다.

10.1.2. 동위원소 분석의 원리

동위체가 발견된 이후에 자연에 존재하는 물질의 동위체 자연존재비(δ값)가 각기 다른 것이 확인되었고 δ값의 변동이나 폭 또는 변동의 규칙성이 확인되면서 δ값을 물질로 측정하고 추적하기 위한 지표(index)로 사용하기에 이르렀다. 일반적으로 이용되는 동위안정성 성분으로는 탄소, 질소, 산소, 수소 그리고 황이 있으며, 질소의 경우 경질소(^{14}N)와 중질소(^{15}N)의 두 가지이다.

대기 중의 질소 동위원소의 경우 ^{14}N이 약 99.634%로 현저히 높고 ^{15}N은 0.366%로 그 양이 적다. 자연적인 조건하에서는 $^{14}N/^{15}N$ 비율이 272:1로 거의 일정하다. 질소의 반응과정에서 반응물에서 생성물로 전환되는 원소의 동위원소 존재비 차이가 적기 때문에 동위원소 농도는 백분율(%)이 아닌 천분율편차(‰)로 나타낸다.

토양이나 식물체의 질소의 자연존재비는 질소원에 따라 상이한 값을 가지며, 질소고정 없이 생장하는 두과가 아닌 식물을 이용하면 토양 질소의 ^{15}N 존재비를 구할 수 있게 된다. 그리고 질소고정이 일어나면서 근류에서 고정한 대기의 N_2 중에서 낮은 ^{15}N의 존재비로 인하여 토양으로부터 동화되는 질소가 희석되고 이에 따라 질소를 고정하는 식물에서는 ^{15}N의 존재비가 저하된다.

10.1.3. 동위원소 분석을 통한 질소고정의 계산

질소고정 정도의 계산 시에는 다음의 가정을 따르게 된다.

화본과 식물의 $^{15}N/^{14}N$ 비율은 토양의 $^{15}N/^{14}N$ 비율과 같다.

두과식물과 비두과(참고식물)식물은 동일한 $^{15}N/^{14}N$ 조성의 토양 질소 풀(pool)을 이용한다.

이러한 가정하에서 두과와 비두과가 시비한 ^{15}N과 토양 질소로부터 동일한 양을 흡수한다는 원리를 바탕으로 분석을 하게 된다. 이러한 경우에 측정기간의 두과가 고정한 부분을 추정 가능한 장점을 가지고 있으나 수량과는 무관하기 때문에 양적인 측정을 위해서는 건물량을 알아야 한다. 주의할 점으로 시비한 ^{15}N이 질소고정에 영향을 미쳐서는 안 되며 일반적으로 5kg/ha 이하로 사용해야 한다고 알려져 있다. 그리고 두 식물(두과, 비두과)이, 살포한 ^{15}N과 토양 질소에서 질소를 동화하는 비율이 다르기 때문에 정확한 측정을 위해서는 비두과(참고식물)식물의 선정이 가장 중요하다.

10.1.4. 동위원소 분석을 통한 질소고정의 측정방법

(1) 표지방법 : 가장 일반적인 방법은 무기 N비료를 직접 살포하는 것이다. 그러나 식물의 생장기간 중에 일정한 간격으로 비료를 살포하기보다는 성장기 초반에 한 번 시용하는 것이 좋다.

(2) 적당한 참고식물의 선택 : 참고식물은 질소고정능이 없는 것, 두과와 뿌리깊이가 유사한 것, 상대 질소섭취능이 유사한 것, 생장기간이 같은 것 그리고 작부체계가 비슷한 것을 선택하여야 한다.

(3) 포장구획 및 시료채취 : 포장구획은 시험 목적에 따라 구획을 다르게 설계하며 비두과(참고식물)식물을 혼파시험구 옆에 식재한다. 그리고 작은 면적에 표지(^{15}N시비)를 하고 $1.5 \sim 2㎡$의 면적으로 ^{15}N 시용한다.

(4) 시료의 준비

(5) ^{15}N과 δ^{15}N 사이의 관계를 조사

(6) 분석 데이터의 평가와 질소고정 추정

10.1.5. 동위원소 분석의 한계

동위원소 분석방법을 사용하기 위해서는 질량분석기를 이용하여야 하나, 질량분석기는 그 값이 고가이고 조작방법이 복잡하기 때문에 일반인이 다루기에는 어려움이 있다. 또한 시료 채취 후 건조한 다음 분쇄하여 분석을 해야 하며, 분석에 적어도 1주일 이상 소요된다.

10.2. 초지연구와 원격탐사

10.2.1. 정밀농업과 정밀초지관리

(1) 정밀농업의 개념과 활용

정밀농업이란 작물의 생산과 관련된 의사결정과 작물생산과정을 다양한 공간정보들을 바탕으로 하는 농업관리기술이다. 기존의 농업관리가 한 포장의 생육상태나 토양조건을 평균적

그림 10-1 정밀농업의 개념도

으로 파악하여 포장의 모든 지역을 일괄적으로 관리하였다면 정밀농업은 한 포장에서도 위치마다 작물의 생육상태나 토양조건(수분, 양분, 토성 등)이 다른 것을 고려하여 각 위치에 적합한 관리를 위치별로 하는 농업관리 기법이다. 이러한 정밀농업을 적용할 경우 비료나 농약의 투입을 최소화하여 환경오염과 생산비용을 줄일 수 있으며 최적의 생육관리로 생산량을 극대화하는 효과를 가지게 된다.

정밀농업의 개념은 1960년대 중반부터 제시되기 시작하였으나 당시에는 농업공간정보(농경지의 토양조건이나 작물의 생육상태 등의 위치정보)를 획득하기 위한 기술들이 미비하여 실제 적용에는 어려움이 있었다. 그러나 공간정보를 획득하기 위한 원격탐사기술(대상을 직접 접촉하여 측정하지 않고 거리를 두고 측정하는 기술)과 GPS기술(인공위성의 신호를 수신하여 수신기의 위치를 결정하는 시스템)의 발달과 공간정보의 처리를 위한 정보처리기술과 지리정보시스템(지리정보를 활용할 수 있도록 하는 컴퓨터 시스템)의 발달로 정밀농업에 필요한 공간정보의 획득과 처리가 쉬워지면서 본격적으로 농업에 적용되기 시작하였다.

전통적인 농업은 자연에서 산물을 키우고 이용하며 다시 자연으로 돌려보내는 순환구조 속에서 이루어졌다. 그러나 최근의 농업기술은 비료와 농약 그리고 물과 같은 자원을 집중적으로 투입하여 최대한의 수확을 얻어내는 고투입, 다수확의 농업으로 이루어지고 있다. 이러한 고투입, 다수확의 농법은 고투입된 자원들이 농경지에서 모두 활용되지 못하고 주변지역으로 흘러들어가 수질오염이나 염류집적 등의 환경오염문제를 발생시킨다. 이러한 문제를 해결하기 위하여 친환경농법, 유기농법, 자연농업 등의 농업기술들이 기존 농법의 대안으로 제시되었으나 생산성 면에서 확산이 빠르게 이루어지고 있지는 않은 상황이다.

이러한 정밀농업은 단순한 농업기술이 아닌 기존의 고투입, 다수확 농업의 문제점 해결을 목적으로 한 농업에 대한 새로운 접근방법으로서 생산지역(축산의 경우는 개별 가축)과 주변 환경을 모두 고려하여 투입되는 비료와 물 등의 사용량을 조절함으로써 자원을 효율적으로 이용할 수 있다. 예를 들어 토양이 비옥한 곳에는 비료를 적게 투입하고 토양이 척박한 곳에는 비료를 많이 투입하거나, 병충해가 심한 곳에는 농약을 많이 투입하고 병충해가 심하지 않은 곳에는 농약을 적게 투입하는 식으로 농경지의 위치특성을 고려하여 자원의 투입을 조절하게 된다. 이렇게 위치특성을 고려하면서 자원을 투입하게 되면 수확량 향상을 위한 자원투입효율을 극대화하면서 농업활동으로 인한 주변환경에 대한 영향을 최소화할 수 있게 된다. 또한 이러한 모든 생산과정들이 농업의 정보화와 기계화를 통하여 이루어지게 되므로 급변하는 시장상황에 빠르게 대응할 수 있게 된다.

정밀농업은 조사, 분석, 작업, 결과분석의 단계로 이루어진다. 이러한 과정을 실행하기 위한 단계별 기술로서 정밀농업학회에서는 센서기술, 의사결정기술, 변량처리기술, 기반기술로 나누고 있다. 센서기술이란 토양상태, 작물의 생육상태, 기후 등의 정보들을 취득하기 위한 기술들을 말하며 정밀농업의 기본이 되는 공간정보의 정확도와 신뢰도에 직접적으로 연관되는 기술이다. 의사결정기술은 투입되는 비료나 농약의 양을 결정하는 단계이며, 기존의 농업과의 차이점은 획득된 공간정보를 바탕으로 위치별로 투입되는 양을 결정한다는 점이다. 변량처리기술은 위치별로 다르게 계획된 농자재의 투입량에 따라 적재적소에 적당한 양의 농자재를 투입하는 기술로서 GPS기술과 기계공학

기술이 뒷받침되어야 한다. 기반기술은 정밀농업의 모든 단계에서 필요한 정보처리 기술로서 공간데이터의 획득, 입력, 분석, 이용, 관리와 관련된 기술이다.

국내의 경우 정밀농업을 실행하기 위한 충분한 기술적인 기반을 모두 가지고 있는 상태다. 디지털토양도가 전국적으로 구축되어 있고, 공간정보취득을 위한 GPS, GIS, 원격탐사기술을 이용한 조사시스템이 구축되어 있으며, 정밀농업의 실행을 위한 자율주행 농기계와 무인작업기 등이 개발되어 있는 상태이다. 그러나 주로 소규모로 이루어지고 있는 국내의 농업에는 대규모의 경작이 이루어지고 있는 미국이나 유럽의 정밀농업기술을 그대로 도입하는 것이 어렵기 때문에 국내의 농업상황에 맞춘 한국형 정밀농업시스템의 개발이 요구되고 있다.

(2) 축산에서의 정밀농업

정밀농업의 관련기술들은 주로 농경지를 대상으로 하였으며 최근에는 축산까지 적용범위가 확산되고 있다. 축산분야에 적용 가능한 정밀농업기술을 살펴보면 크게 두 가지 접근방법으로 나눌 수 있다. 첫 번째는 가축의 관리를 위한 정밀농업의 적용이고, 두 번째는 조사료의 생산지인 초지의 관리를 위한 정밀농업의 적용이다.

먼저 가축의 관리를 위한 정밀축산은 기존의 군집(群集)식 관리방식을 벗어나, 정보(IT)기술을 이용해 가축을 개별 두수(頭數) 단위로 관리하는 것으로서 가축의 나이에 따라 도태하던 방식에서 재생산 능력과 폐사율, 육질, 가축건강 등의 자료에 기초한 도태로 우량가축을 생산하거나, 전자식별(EID) 등의 기술을 이용하여, 가축 개개의 혈통, 건강 상태 등을 파악해 질병의 확산을 조기에 효과적으로 막는 데 이용될 수 있다(홍영기 등, 2012).

초지관리를 위한 정밀농업의 적용은 일반경작지에 적용되는 정밀농업기술들이 그대로 적용된다. 그러나 기계의 투입이 어려워서 불경운으로 조성되는 산지초지의 경우는 주로 방목의 형태로 이용되며 따라서 방목이용을 위한 초지의 현황파악이 중요하다. 따라서 다음 절에서는 산지초지의 현황파악을 위하여 효과적인 원격탐사 기법에 관하여 알아보고 그 이용방법에 관하여 논의해 보도록 하겠다.

10.2.2. 원격탐사와 초지관측

(1) 원격탐사의 개념과 활용

정밀농업에 필요한 공간정보를 수집하는 방법은 크게 두 가지로 나눌 수 있다. 첫째는 지상탐사방법이고 둘째는 원격탐사방법이다. 지상탐사방법은 야외 관측, 현장 측정, 지상 측량 등으로 이루어지며 조사하려는 대상체를 사람이 직접 측정하여 정보를 취득하는 방법이다.

원격탐사란 대상물체, 지역, 현상에 대한 정보를 대상과 직접 접촉하지 않은 상태에

그림 10-2 지상탐사방법과 원격탐사방법

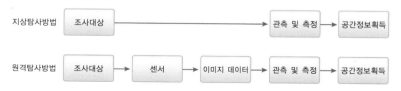

그림 10-3 지상탐사방법과 원격탐사방법

서 자료를 수집, 분석하는 것으로 그 정의는 광범위하다. 그러나 협의의 의미는 인공위성이나 항공기 등으로 지구 표면을 관측하는 기술을 가리키는 경우가 많다. 이렇게 원격탐사를 통하여 취득된 정보는 주로 영상자료의 형태로 저장되며 센서를 통하여 얻게 되는 정보는 주로 대상체 표면에서 반사되었거나 아니면 방사된 에너지이다. 이 에너지는 주로 가시광선영역을 다루지만 적외선이나 라디오파도 해당된다. 원격탐사는 관측을 위한 장치인 센서와 센서를 상공에서 이용할 수 있도록 해주는 플랫폼이 필요하다. 관측 장비로는 사진, 레이더 등이 사용되고 플랫폼으로 비행기, 헬기, 인공위성 등이 사용된다.

이러한 원격탐사방법은 농업분야에서 농경지의 표면상태를 종합적으로 탐지하고(작물의 생육, 토양상태, 물, 기후 등) 이를 정량화하여 농경지와 농업환경의 관리와 정책 수립에 필요한 기본정보들을 제공하고 있다. 또한 원격탐사로 얻어진 공간정보들은 정밀농업의 실행을 위한 기초데이터가 된다.

(2) 원격탐사의 원리

원격탐사는 다양한 형태의 전자기에너지의 측정을 기반으로 하고 있다. 지구상에서 가장 중요한 전자기에너지는 태양에너지이며, 이는 우리가 볼 수 있는 가시광선과 열, 적외선, 자외선 등을 방출한다. 원격탐사에서 이용되는 센서들은 주로 반사된 태양에너지를 측정하게 된다. 이러한 원격탐사의 원리를 이해하기 위해서는 전자기 에너지의 특성과 상호작용에 대한 기본적인 이해가 필요하다.

전자기에너지는 파동과 에너지를 가진 입자로 모델화할 수 있는데 원격탐사에서 중요한 것은 파장이다. 파장이란 전자기파의 마루 간의 간격으로 정의되며 단위는 나노미터(nm, 10^{-9}m)나 마이크로미터(μm, 10^{-6}m) 등을 사용한다. 일정한 온도의 모든 물질은 다양한 파장 범위의 전자기파를 방사하는데 이러한 파장의 전체 범위를 전자기 분광대역이라고 한다. 원격탐사에서는 이 중에서 주로 광학센서에서 관측 가능한 광학대역을 주로 사용하며 가시광선영역(0.4~0.7μm의 영역)을 포함하여 원적외선 영역(1,000μm)까지의 영역이다.

원격탐사에서 관측하고자 하는 것은 대상체의 표면특성이다. 따라서 원격탐사에서는 대상체에서 반사된 에너지를 측정하게 된다. 대상의 표면에 들어오는 에너지를 입사에너지라고 하고 표면에서 반사되는 에너지를 반사에너지라고 한다. 입사에너지와 반사에너지의 단위는 W/m²이다. 이러한 반사에너지는 물질별로 특별한 반사곡선(파장대별 입사에너지와 반사에너지의 비율)을 생성하는데, 이러한 반사곡선으로부터 각 파장별 반사 정도를 파악할 수 있다. 이러한 분광특성의 측정은 실험실에서 측정하기도 하고(근적외선 분광법) 현장에서 분광측정기를 통하여 측정하기도 한다.

원격탐사에서 대상체에 따른 반사특성 중에서 농업과 관련이 높은 식물의 반사특성을 살펴보면 다음과 같다. 먼저 식물체의 반사특성은 식물의 나뭇잎이나 줄기의 방향이나 구조 등 식물체의 구조적인 특성에 따라서 영향을 받으며, 분광대역별 반사율은 식물체 잎의 엽록소함량, 두께, 성분 그리고 잎에 포함된 수분함량에 따라 달라진다. 일반적으로 건강한 식물체의 경우 가시광선영역에서 광합성의 작용으로 적색광과 청색광을 식물체가 흡수하게 되어 반사율이 낮으며, 녹색은 반사율이 높다. 근적외선은 가시광선영역에 비하여 반사율이 상당히 높지만 이는 식물체의 성장단계에 따라 달라지며, 중적외선영역은 수분 양에 따라 반사율이 달라진다. 예를 들어 건강한 식물체는 광합성을 활발히 하기 때문에 광합성에 많이 쓰이는 적색광영역의 흡수가 높아 반사율이 낮고 광합성에 많이 쓰이지 않는 근적외선영역의 반사율이 높다. 반면에 건강하지 못한 식물체는 광합성이 활발하지 않으므로 적색광의 반사율이 높고 근적외선영역의 반사율이 낮게 된다. 이러한 식물체의 분광대역별 반사율의 특성 때문에 원격탐사를 통한 조사를 통하여 식물체의 종류뿐만 아니라 식물체의 생육상태에 대한 정보 또한 얻을 수 있게 된다.

이러한 식물의 반사특성에 따라 인공위성이나 항공기를 이용하여 획득한 다수의 분광대역의 정보를 포함한 영상은 지상의 대상물의 독특한 파장 특성을 나타내므로 이 특성을 이용하여 원하는 정보를 추출해 낼 수 있다. 따라서 각 파장대역에 따른 반사특성에 기초를 두고 분광대역 간의 특성을 조합하여 식생상태의 파악을 위한 공식을 만드는 것이 가능하며, 이러한 공식을 통하여 계산된 값을 식생지수라고 한다. 식생지수는 산림이나 농경지의 분포면적 파악, 농작물의 생육상태 파악 등을 위한 척도로 사용할 수 있으며, 사용하는 파장대역의 선택과 파장대역의 조합방법에 따라 여러 가지 방법으로 구현된다. 여러 가지 식생지수가 다양한 목적으로 사용되고 있으나 가장 대표적이고 일반적으로 사용되는 식생지수는 정규화식생지수(NDVI: Normalized Difference Vegetation Index)이다. 정규화식생지수는 앞에서 설명한 바와 같이 식물의 광합성과 관련된 가시광선의 적색광과 근적외선대의 두 영상으로부터 다음의 공식으로 계산하게 된다.

NDVI = (근적외선-적색광)/(근적외선＋적색광)

이러한 정규화식생지수는 지표면의 대상체가 하천이나 호수같이 수분을 포함하고 있을 경우 가시광선의 반사율이 근적외선의 반사율보다 크기 때문에 NDVI 값이 음수가 되며, 나대지에서는 두 파장대역의 반사특성이 거의 같기 때문에 NDVI 값이 0에 가깝게 나타난다. 식물의 경우에는 광합성을 위한 엽록소의 영향으로 가시광선영역의 반사율이 근적외선영역보다 작으며, 따라서 NDVI 값이 양수가 된다. 일반적인 식생은 보통 0.1~0.6의 정규화식생지수 값을 가지며 정규화식생지수가 높을수록 잎의 면적이 넓거나 식생이 건강한 상태라고 말할 수 있다.

(3) 원격탐사의 종류

원격탐사의 종류는 두 가지 기준으로 나눌 수 있는데, 하나는 플랫폼에 따른 분류이고 다른 하나는 센서에 따른 구분이다.

원격탐사에서 사용하는 모든 센서는 특수한 경우를 제외하고 모두 플랫폼에 설치되어 이용되며 일반적으로 원격탐사용 센서는 인공위성이나 항공기와 같은 이동 플랫폼에 설치되어 이용된다. 고정 플랫폼의 경우 주로 실험적인 목적으로 사용되며 예를 들어 특정 조사지의 시간별 혹은 일별 변화를 관측하기 위하여 사용될 수 있다.

위성원격탐사는 인공위성을 이용하며 센서의 관측능력은 위성고도(위성과 지구 평균 해수면과의 거리), 위성주기(위성이 궤도를 한 번 도는 데 걸리는 시간), 반복주기(동일한 궤도로 돌아오는 데 걸리는 시간) 등의 위성 궤도특성에 따라 결정된다. 인공위성은 높은 지역에서 촬영을 하기 때문에 넓은 면적을 한 번에 촬영할 수 있는 장점을 가지고 있으나 높은 고도에서 영상을 얻기 때문에 영상의 해상도가 항공영상에 비하여 낮고, 영상의 해상도가 고정되어 있어서 원하는 해상도의 영상획득이 불가능한 단점을 가지고 있다. 또한 위성의 궤도를 따라 주기적으로 지구를 돌며 촬영을 하기 때문에 정기적으로 촬영을 할 수 있는 장점을 가지고 있으나 위성궤도를 변경하지 않는 이상 원하는 시기의 영상을 얻을 수 없는 단점을 가지고 있다.

항공기를 이용한 원격탐사는 센서를 탑재하기 위하여 특별히 개조된 항공기를 사용하며 항공기의 아래쪽에 센서를 탑재할 수 있도록 구멍을 내어 항공사진기나 스캐너를 설치하여 사용하게 된다. 항공원격탐사는 위성영상에 비하면 저고도에서 촬영이 이루어지기 때문에 위성영상에 비하여 해상도가 높은 영상정보를 얻는 것이 가능하며, 필요에 따라 센서의 종류를 변경할 수 있기 때문에 원하는 해상도의 영상을 얻는 것이 가능하다. 또한 촬영 일정이 정해져 있는 인공위성과 다르게 원하는 시기에 촬영을 할 수 있는 장점을 가지고 있다. 그러나 촬영고도의 제한이 있어 위성영상처럼 넓은 지역의 촬영은 어려운 단점을 가지고 있다. 특히 항공기를 이용한 촬영은 항공기를 보유하고 운영 및 관리를 하여야 하며 숙련된 전문 비행사를 고용하여야 하기 때문에 비용이 매우 많이 드는 단점을 가지고 있다.

무인항공기를 이용한 원격탐사는 항공기를 이용한 원격탐사가 가지고 있는 장점(원하는 해상도의 영상을 원하는 시기에 얻을 수 있는)을 가지고 있으면서 항공기를 이용한 원격탐사보다 낮은 비용으로 손쉽게 영상을 획득할 수 있는 장점을 가지고 있다. 따라서 최근에는 높은 영상취득 비용이 필요한 항공기를 이용한 원격탐사 대신에 무인항공기를 이용하려는 연구가 활발히 이루어지고 있다.

무인항공기는 날개가 고정되어 있는 고정익항공기(예: 일반 비행기)와 날개가 회전하는 회전익항공기(예: 헬리콥터)로 나뉜다. 고정익 무인항공기는 군사용으로 기술개발이 시작되었고 항공측량용도로 상용화되기 시작하여 측량분야에서 많이 쓰이고 있다. 최근에는 센서기술의 발달로 무인항공기용 소형센서가 개발되어 무인항공기를 이용한 원격탐사가 농업, 환경, 방재 등 여러 분야에서 사용되기 시작하였다. 일반적인 회전익 무인항공기인 헬리콥터는 비행기에 비해서 기체의 조정이 어렵고 체공시간이 짧으며 진동이 큰 단점을 가지고 있어 항공촬영용으로는 많이 사용되지 않았다. 그러나 최근 몇 년 사이에 여러 개의 프로펠러를 사용하는 멀티콥터가 기술적으로 크게 발전되면서 멀티콥터를 이용한 원격탐사기법이 원격탐사의 새로운 분야로 떠오르고 있다. 특히 국내의 산지초지의 경우 접근성이 좋지 않기 때문에 사람이 지상에서 직접 식생의 생육상태를 조사하기에는 어려움이 있어 무인항공기를 이용한다면 저비용으로 신속하게 넓은 면적의 초지의 생육상태를 파악할 수 있는 방법이 될 수 있다.

그 밖에 기구를 이용하여 관측이 이루어지기도 하나 동력이 없어 원하는 위치의 촬영이 어려운 단점과 주로 비용이 높은 헬륨가스를 이용하기 때문에 다른 무인항공기에 비하여 유지비가 많이 드는 단점이 있다. 그러나 특별한 기술 없이도 운용할 수 있고 추락의 위험이 낮다는 장점을 가지고 있다.

그림 10-4 산지초지 관측을 위하여 사용된 무인항공기(좌)와 무인항공기에 부착된 카메라(중), 항공촬영영상(우)

그림 10-5 왼쪽부터 촬영영상, 정사보정을 위한 지상기준점, 색보정을 위한 대상물, 영상처리 후의 보정영상

   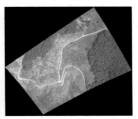

(4) 초지에서의 원격탐사

초지에서의 원격탐사방법 중에서 산지초지에서의 활용도가 점차 증가될 것으로 판단되는 무인항공기를 이용한 식생의 생육상태파악 방법은 영상의 취득, 영상의 처리, 지상조사, 검량식 작성, 분포도 작성의 과정으로 이루어진다. 각각의 단계별 내용은 다음과 같다.

먼저 무인항공기에 식생조사에 주로 쓰이는 파장대역인 적색광과 근적외선의 촬영이 가능한 다중분광카메라를 부착하여 공중에서 대상지를 촬영한다. 최근에는 여러 파장대역의 촬영이 가능한 무인항공기용 초분광카메라가 상용화되었고 이를 이용할 경우 다중분광영상보다 정확한 관측이 가능하지만 비용이 높은 것이 문제점이다. 촬영을 위한 무인항공기는 기구, 비행기, 헬리콥터, 멀티콥터 등이 이용될 수 있으며 각각의 특성을 고려하여 목적에 맞는 무인항공기를 선택하여 촬영을 하게 된다. 촬영시간은 태양이 수직에 위치할수록 그림자가 적게 생겨 그림자에 의한 오차가 줄어들기 때문에 정오가 촬영을 위한 최적의 시간이며 보통 아침 10시부터 오후 2시까지가 촬영에 적합한 시간이다.

영상의 처리는 촬영된 원본영상을 이용하기 위하여 정사보정과 방사보정을 실시하는 과정이다. 원래의 항공사진과 인공위성 이미지의 지형왜곡을 보정하는 작업으로 이를 보정하지 않은 이미지들은 정확도를 신뢰할 수 없으므로 정사보정이 필요하다. 정사보정으로 지형왜곡을 보정하게 되면 영상은 지도상의 위치와 일치하게 되므로 정사투영이 미치는 지리정보체계에서 사용할 수 있게 된다. 도심지의 경우 도로의 교차로나 건물의 모서리 등을 지상기준점(원격탐사에서 영상의 좌표계와 지도의 좌표계 사이의 정사보정을 위하여 사용하는 기준점)으로 할 수 있지만, 초지의 경우는 지상기준점이 될 수 있는 구조물이 거의 없기 때문에 지상에 지상기준점을 따로 설치하고 GPS를 이용하여 위치를 측정한 후 촬영을 하기도 한다. 그리고 원격탐사영상은 센서시스템 혹은 환경에 의해 야기된 잡음이나 오차가 있을 수 있으므로 방사보정을 통하여 영상을 표면 방사도로 변환시키는 방법이 있다. 보정된 원격탐사 영상은 다른 시기에 수집된 영상과 비교하거나 이차 생산물을 비교할 수 있도록 해준다.

예를 들어 정규화식생지수를 이용하여 초지의 사초수량 분포도를 작성할 경우에는 정사보정과 방사보정이 끝난 영상에서 적색광 밴드와 근적외선 밴드를 이용하여 정규화식생지수 지도를 작성하고, 지상에서 식생샘플의 위치를 GPS로 측정하고 샘플을 채취하여 사초수량을 측정한다. 이후 샘플의 건조중량과 영상의 정규화식생지수 값을 회귀분석하여 예측식을 만들고 예측식을 이용하여 영상으로부터 사초수량 분포도를 작성하게 된다.

10.2.3. 사초의 성분분석을 위한 근적외선 분광법

(1) 근적외선 분광법이란 무엇인가?
근적외선 분광법은 대상체에 반사되거나 대상체를 투과한 빛의 근적외선영역(800∼2,500nm)의 파장을 측정하여 대상체의 성분을 분석하는 성분분석 방법이다. 근적외선영역의 파장을 이용하기 때문에 근적외선 분광법이라고 불리고 있으나 실제 측정시에는 근적외선 영역뿐만 아니라 가시광선영역(350∼800nm)도 같이 분석에 활용하고 있다. 가시광선과 근적외선영역을 모두 이용하는 경우에도 통상적으로 근적외선 분광법이라고 불린다. 일반적으로 가시광선의 파장범위에서는 특정 색에 관련된 화학 물질의 분석이 가능하고 근적외선의 파장범위에서는 작용기, 유기물 및 물성의 분석이 가능하다.

(2) 근적외선 분광법의 장점
빛의 성질을 이용하는 근적외선 분광법은 대부분의 화학적 분석방법과 다르게 비파괴 분석을 하기 때문에 시약이 불필요하고 또한 전처리 과정이 불필요하다. 따라서 유지비용이 적게 드는 장점을 가진다. 또한 동시에 여러 가지 항목의 분석이 가능하며 분석 시간이 빠르다. 그리고 액체, 고체 등 다양한 형태의 시료 측정이 가능하다. 이러한 근적외선 분광법의 장점들 때문에 농업, 제약, 산업체 등의 실용분야에서 사용이 증가하고 있다.

(3) 근적외선 분광법의 측정방법
근적외선 분광법은 확산반사와 투과의 두 가지 방법의 사용이 가능하다. 확산반사는 고체나 빛이 투과하기 어려운 액체의 경우에 사용하는 방법으로 대상체에 빛을 비추고 빛이 대상체에 부딪친 후에 확산 반사하게 되면 확산 반사된 빛을 측정하는 방법이다. 투과방식은 빛이 투과할 수 있는 액체나 고압·고농도의 기체 등의 측정에 쓰이는 방법으로 빛이 대상체를 투과하면 투과된 빛을 측정하는 방법이다.

(4) 근적외선 분광법을 위한 스펙트럼 전처리
근적외선 분광기는 다른 측정기기들에 비하여 비교적 재현성이 우수하지만 그렇다고 완벽하지는 않다. 따라서 정확한 측정을 위해서는 측정조건에 따라서 기기를 보정해 주어야 한다. 이러한 작업을 스펙트럼 전처리 과정이라고 하며 스펙트럼 전처리 과정을 통하여 근적외선 분광법의 재현성을 향상시킬 수 있다. 가장 많이 쓰이는 전처리 기법은 스펙트럼을 미분처리하여 흡수대의 변화를 강조하는 미분법이다.

(5) 검량식의 작성
검량식이란 스펙트럼으로부터 원하는 변수를 예측하기 위하여 작성된 공식이다. 검량식 작성은 4단계로 분류할 수 있다. 먼저 시료의 스펙트럼을 얻는 과정이다. 이는 시료의 성질에 따라 확산반사를 이용할 것인지 투과를 이용할 것인지를 결정해야 하며 조명의 종류도 고려되어야 한다. 두 번째로는 시료로부터 얻은 스펙트럼을 전처리하는 과정이며 재현성을 높이기 위하여 사용된다. 세 번째로는 실제 검량식을 만드는 과정으로서 여러 가지 검량기법을 이용하여 작성하게 된다. 이 과정에서는 기존의 분석 데이터를 이용하여 근적외선 스펙트럼의 통계적 상호관계를 만드는 방법이기 때문에 검량식을 작성한 후 검량식의 예측능력을 검증하는 과정이 필요하다.

연/구/과/제

1. 근적외선 분광법의 장단점을 조사하라 .
2. 초지관리를 위한 원격탐사기법의 사례를 조사하라.

참/고/문/헌

1. 김동암. 2001. 초지학. 선진문화사.
2. 이효원. 2001. 동위원소. OUN press.
3. 이효원 등. 2008. 초지학. OUN press.
4. 정희일 등. 2000. 근적외선 분광법의 원리. Analytical Science & Technology 13(1) 1-14.
5. 홍영기 등. 10년 후를 준비하는 정밀농업. RDA 인테러뱅 제90호.